新一代通信技术
新兴领域"十四五"
高等教育教材

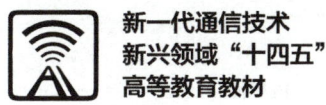

U0771620

通信网络基础

马东堂　赵海涛　主编

马东堂　赵海涛　黄圣春

周　力　王海军　虞红芳　编著

Fundamentals of
Communication
Networks

中国教育出版传媒集团

高等教育出版社·北京

内容简介

　　本书是新一代通信技术新兴领域"十四五"高等教育教材。本书系统介绍了通信网络的基础理论和关键技术,兼顾理论系统性和技术前沿性,理论与实践相结合,实用性强。全书共10章,主要内容包括通信网络概述、通信网络的数学基础、通信网络业务和协议建模、通信网中的传输与交换、多址接入、路由算法、流量控制和拥塞控制、网络结构设计、网络性能分析与仿真,以及新一代通信网络技术。

　　本书为新形态教材,全书一体化设计,制作了与章节内容相配套的教学视频、教学课件、扩展阅读等教学资源,可通过扫描书中相应的二维码阅览,以方便教师授课和学生自学。

　　本书既可作为电子信息类、电气类、自动化类、仪器类专业及其他相关专业本科生和研究生的教材,又可供从事通信网络研究开发的相关工程技术人员参考和借鉴。

图书在版编目（CIP）数据

通信网络基础／马东堂,赵海涛主编;马东堂等编著. --北京:高等教育出版社,2025.7. -- ISBN 978 - 7 - 04 - 063765 - 6

Ⅰ. TN915

中国国家版本馆 CIP 数据核字第 2024HJ6784 号

Tongxin Wangluo Jichu

策划编辑	平庆庆	责任编辑	高云峰	封面设计	李树龙	版式设计	杨 树
责任绘图	裴一丹	责任校对	刘娟娟	责任印制	刁 毅		

出版发行	高等教育出版社		网　　址	http://www.hep.edu.cn
社　　址	北京市西城区德外大街 4 号			http://www.hep.com.cn
邮政编码	100120		网上订购	http://www.hepmall.com.cn
印　　刷	涿州市京南印刷厂			http://www.hepmall.com
开　　本	787mm×1092mm　1/16			http://www.hepmall.cn
印　　张	16.75			
字　　数	370 千字		版　　次	2025年7月第1版
购书热线	010-58581118		印　　次	2025年7月第1次印刷
咨询电话	400-810-0598		定　　价	37.60 元

本书如有缺页、倒页、脱页等质量问题,请到所购图书销售部门联系调换
版权所有　侵权必究
物 料 号　63765-00

序

　　新一代信息通信技术以前所未有的速度蓬勃发展,深刻改变着社会的每一个角落,成为推动经济社会发展和国家竞争力提升的关键力量。本教材体系的构建,旨在落实立德树人根本任务,充分发挥教材在人才培养中的关键作用,牵引带动通信技术领域核心课程、重点实践项目、高水平教学团队的建设,着力提升该领域人才自主培养质量,为信息化数字化驱动引领中国式现代化提供强大的支撑。

　　本系列教材汇聚了国内通信领域知名的 8 所高校、科研机构及 2 家一流企业的最新教育改革成果以及前沿科学研究和产业技术。在中国科学院院士、国家级教学名师、国家级一流课程负责人、国家杰出青年基金获得者,以及来自光通信、5G 等一线工程师和专家的带领下,团队精心打造了"知识体系全面完备、产学研用深度融合、数字技术广泛赋能"的新一代信息技术(新一代通信技术)领域教材。本系列教材编写团队已入选教育部"战略性新兴领域'十四五'高等教育教材体系建设团队"。

　　总体而言,本系列教材有以下三个鲜明的特点:

　　一、从基础理论到技术应用的完备体系

　　系列教材聚焦新一代通信技术中亟须升级的学科专业基础、通信理论和通信技术,以及亟须弥补空白的通信应用,构建了"基础—理论—技术—应用"的系统化知识框架,实现了从基础理论到技术应用的全面覆盖。学科专业基础部分涵盖电磁场与波、电子电路、信号系统等;通信理论部分涵盖通信原理、信息论与编码等;通信技术部分涵盖移动通信、通信网络、通信电子线路等;通信应用部分涵盖卫星通信、光纤通信、物联网、区块链、虚拟现实、网络安全等。

　　二、产学研用的深度融合

　　系列教材紧跟技术发展趋势,依托各建设单位在信息与通信工程等学科的优势,将国际前沿的科研成果与我国自主可控技术有机融入教材内容,确保了教材的前沿性。同时,联合华为技术有限公司、中信科移动等我国通信领域的一流企业,通过引入真实产业案例与典型解决方案,让学生紧贴行业实践,了解技术应用的最新动态,并通过项目式教学、课程设计、实验实训等多种形式,让学生在动手操作中加深对知识的理解与应用,实现理论与实践的深

度融合。

三、数字化资源的广泛赋能

系列教材依托教育部虚拟教研室平台,构建了结构严谨、逻辑清晰、内容丰富的新一代信息技术领域知识图谱架构,并配套了丰富的数字化资源,包括在线课程、教学视频、工程实践案例、虚拟仿真实验等,同时广泛采用数字化教学手段,实现了对复杂知识体系的直观展示与深入剖析。部分教材利用 AI 知识图谱驱动教学资源的优化迭代,创新性地引入生成式 AI 辅助教学新模式,充分展现了数字化资源在教育教学中的强大赋能作用。

我们希望本系列教材的推出,能全面引领和促进我国新一代信息通信技术领域核心课程与高水平教学团队的建设,为信息通信技术领域人才培养工作注入全新活力,并为推动我国信息通信技术的创新发展和产业升级提供坚实支撑,做出重要贡献。

电子科技大学副校长

孔令讲

2024 年 6 月

前　言

　　通信网络是支撑国家、社会、经济发展和国防建设的重要基础设施,通信网络的快速发展对通信网络基础理论的发展提出了迫切需求。本书系统介绍了通信网络的基础理论,结合通信网络的发展,分析了通信组网的关键技术,力求使读者掌握通信网络的基础知识、相关理论和分析方法,了解通信网络的发展趋势和前沿进展,并为进一步的通信网络设计、分析和专业学习奠定基础。

　　与传统的通信网络教材相比,本书针对新一代通信网络快速发展的现状,强化了新型网络架构、软件定义网络、云计算与物联网,以及智能化网络等内容。在考虑理论系统性的同时,丰富了应用案例。

　　本书的主要特点是:

　　(1) 力求通俗易懂、深入浅出,在突出基础理论知识完备性的同时,兼顾理论和实践的结合,更贴近通信网络的工程实践。

　　(2) 应用案例主要侧重于无线通信网络,介绍无人机通信组网等最新研究进展,扩展阅读为读者了解相关技术的发展提供参考。

　　本书是新一代通信技术新兴领域“十四五”高等教育教材,全书共分10章。第1章从通信网络的基本构成与分类入手,介绍网络分层体系结构及功能、网络性能的评价指标以及通信网络的发展与应用;第2章介绍通信网络的数学基础——概率论与随机过程、排队论基础;第3章讨论通信网络业务和协议的建模方法;第4章介绍通信网中的传输与交换技术;第5章介绍多址接入技术,分别讨论静态多址接入、动态多址接入和非正交多址接入;第6章介绍路由算法,包括图论基础、路由算法设计和 Ad Hoc 网络安全路由;第7章介绍流量控制和拥塞控制;第8章讨论网络结构设计方法;第9章介绍网络性能分析与仿真方法;第10章讨论新一代通信网络技术。

　　本书为新形态教材,全书一体化设计,制作了与章节内容配套的教学视频、教学课件、扩展阅读等教学资源,可通过扫描书中相应的二维码阅览,以方便教师授课和学生自学。

　　参与本书编写的作者都是长期工作在通信与网络教学和科研一线的人员。全书的大纲拟定、统稿、修改、定稿由马东堂完成。第1、3、5、7章主要由马东堂和赵海涛执笔,第2、4章

主要由黄圣春执笔,第 6、10 章主要由周力执笔,第 8、9 章主要由王海军执笔。本书附带的虚拟仿真实验教学资源主要由虞红芳牵头建设。武汉大学的曹越教授对本书进行了详细的审阅。本书是在马东堂、赵海涛、黄圣春、王海军编著的《通信网络理论与应用》的基础上编著而成的,在此一并表示感谢。

同时,本书在编著过程中参考了大量国内外的文献和著作,在此对这些文献和著作的作者表示衷心的感谢。

本书涉及通信网络领域广泛的理论和技术问题,由于作者的知识局限,书中难免有不当之处,敬请读者批评指正。

编著者邮箱:dongtangma@ nudt.edu.cn。

编著者

2024 年 12 月于国防科技大学

目　录

第 8 章　网络结构设计 / 183

第 9 章　网络性能分析与仿真　　　　　　　　　　　　/ 205

第 10 章　新一代通信网络技术　　　　　　　　　　　/ 237

第 1 章

通信网络概述

　　通信网络是支撑国家、社会、经济发展和国防建设的重要基础设施之一,目前正朝着适变传输、资源共享、弹性组网、通信感知计算智能安全一体化融合等方向快速发展。软件定义网络、云计算网络和智能组网等新技术的出现使得通信网络具有更高的灵活性和综合性。新一代通信网络目前尚未形成统一的认知和明确规范的定义,但学术界和产业界已从能力、架构和技术三个维度,对其进行了深入的刻画。

　　在能力层面,新一代通信网络正在构建人、机器与物体之间智慧互联、智能体高效互通的新型网络环境。这一变革将推动人们进入人-机-物智慧互联、虚拟与现实深度融合的崭新时代,最终实现"万物智联、数字孪生"的宏伟愿景。

　　在架构层面,新一代通信网络可以看作一系列"云-边-端"技术的完美融合。这一网络不仅能在各种典型场景下满足高带宽、海量连接和低延时的设备接入需求,更能依托云计算/边缘计算、网络虚拟化、大数据和人工智能等先进技术,助力物理实体的数字化与智能化。

　　在技术层面,为了满足能力和架构的需求,需要突破多项关键技术,包括新型网络体系(如通感一体的网络系统、分布式自治的网络架构等)、新的电子与通信技术(如超大规模天线阵列、智能超表面等)、通信网络的智能化赋能技术(如人工智能对网络系统的赋能等),以及新一代通信网络的垂直应用技术(如智慧医疗、智慧城市、智能制造、沉浸式体验与交互等)。

　　通信网络的发展离不开通信网络理论的指导。目前,通信网络理论已发展为一门独立的学科,其内涵丰富、前景广阔。近年来,网络科学、随机网络、复杂网络等相关理论不断取得新的进展。追根溯源,这些理论仍植根于排队论、图论、随机过程等基础理论。掌握这些理论不仅对于通信网络的设计、分析、规划、建设和维护等具有重要的指导意义,对于理解不断涌现的通信网络新理论也大有裨益。

　　本章主要介绍通信网络的构成与分类、体系结构和网络协议、服务质量和性能指标、核心问题,以及通信网络的发展历程和趋势,旨在使读者对通信网络理论及其发展有一个初步的认识。

1.1　通信网络的构成与分类

1.1.1　通信网络的基本构成

一个基本的通信网络由用户通信终端、物理传输链路（通道）和链路的汇聚点（网络节点）构成（如图 1-1-1 所示），按照约定的信令或协议完成用户之间的信息交换。也就是说，通信网络是由相互依存、相互制约的许多要素组成的有机整体，用以完成规定的通信功能。

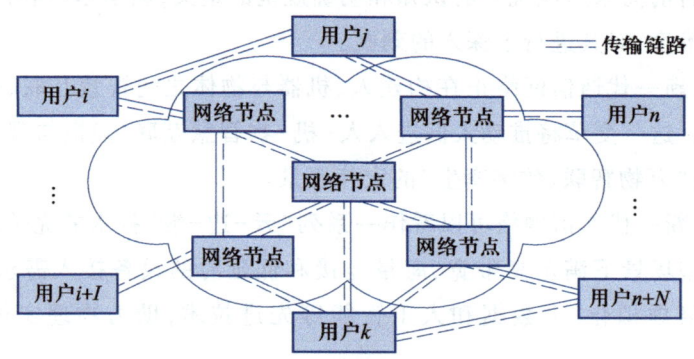

图 1-1-1　通信网络的基本构成示意图

在通信网络中，通信终端的用户可以是人，也可以是机器。随着万物互联时代的到来，机器联网的终端数将远超过人作为用户的终端数。网络节点可以是交换机（电信网中的网络节点），也可以是路由器（互联网中的网络节点），其功能包括信息的交换、数字复接与分接，以及网络业务流的控制等。交换的信息主要包括用户信息（如语音、数据、图像等）、控制信息（如信令信息、路由信息等）和网络管理信息等。

实际的通信网络是由软件和硬件按特定方式构成的一个通信系统，每一次通信都需要软硬件设施的协调配合来完成。为了向用户提供不同的服务，通信网络还会连接不同类型的服务器。随着软件定义网络的提出，软件的地位和作用越来越突出。从硬件结构看，通信网络由终端设备、传输链路和交换设备构成，它们完成通信网络的接入、传输和交换（或路由）等基本功能。软件设施则包括信令、协议、控制、管理、计费等，主要完成通信网的控制、管理、运营和维护。

1. 终端设备

终端设备是用户与通信网之间的接口设备，包括信源、信宿，以及变换器和反变换器的一部分。最常见的终端设备有移动手机、固定电话机、计算机、数传终端、视频终端、多媒体终端、可穿戴终端等。终端设备的主要功能有：

（1）将待传送的信息和传输链路上传送的信息进行相互转换。在发送端，将信源产生

的信息转换成适合于在传输链路上传送的信号;在接收端,则完成相反的转换。

（2）将信号与传输链路相匹配,由信号处理设备完成。部分终端具备环境感知功能。

（3）信令的产生和识别,即用来产生和识别网内所需的信令,以完成一系列控制作用。

（4）网络终端还需要满足通信安全基本要求,并为不同业务场景提供差异化安全服务,能够适应多种网络接入方式及新型网络架构,保护用户隐私,并支持提供开放的安全能力。

终端设备一般通过接入设备接入网络。早期个人电脑常用调制解调器(modulation and demodulation, Modem)接入互联网。后来出现了宽带综合接入设备,比如数字用户线路(digital subscriber line, DSL)、非对称数字用户线路(asymmetric digital subscriber line, ADSL)等。随着无线通信网络的发展和普及,更常见的是无线网络接入设备,包括各种基站(如宏基站、小基站、微基站)、无线接入点等。它们相当于连接有线网和无线网的桥梁,其主要作用是将各个无线网络客户端连接到一起,从而实现无线网络覆盖。

2. 传输链路

传输链路,即信息的传输通道,是连接网络节点的媒介。一般包括信道、变换器和反变换器的一部分。传输链路可以分为不同的类型,各有不同的实现方式和适用范围。传输链路可以分为两大类:一类是用户到网络节点的链路,称为接入链路;另一类是网络节点之间的链路,称为网络链路。接入链路有多种不同形式,如移动通信链路、卫星链路、局域网链路等。网络链路也有多种形式,如同步数字序列(synchronous digital hierarchy, SDH)链路、波分复用(wavelength division multiplexing, WDM)链路等。

传输链路的主要设计目标之一是提高物理线路的利用效率,因此传输链路通常采用多路复用技术,如频分复用、时分复用、码分复用、空分复用、波分复用、轨道角动量(orbital angular momentum, OAM)模态复用等。

另外,为保证网络节点和终端设备能正确接收和识别传输链路的数据流,网络节点和终端设备必须与传输链路协调一致,包括保持时钟同步、码元同步、帧同步,采用相同的传输体制等,可以通过遵循相同的传输标准来实现。传输标准规定了电气接口、调制解调方式、编码方式、同步方式、帧格式和复接方式等。例如,ITU-T V.22 标准规定的 1 200 bit/s 双工数据传输标准中,规定电气接口为 RS-232C 接口,调制方式为正交相移键控(quadrature phase shift keying, QPSK)。把电话线信道分为两个子信道,一个子信道占用 900~1 500 Hz 频带,另一个子信道占用 2 100~2 700 Hz 频带,已调信号载频分别为 1 200 Hz 和 2 400 Hz,符号速率为 600 Baud,每个符号承载 2 bit 信息。通信发起方的调制解调器采用低频段信道发送数据,高频段信道接收数据,从而实现频分双工通信。

3. 交换设备

交换设备是构成通信网络的核心要素,它的基本功能是负责集中、转发终端节点产生的用户信息,或转发其他交换节点需要转接的信息,实现一个呼叫终端(用户)和它所要求的另一个或多个用户终端之间的连接和路由。

常见的交换设备有电话交换机、分组交换机、路由器和转发器等。其中,电话交换机的基本功能包括:

（1）用户业务的集中和接入，通常由各类用户接口和中继接口组成。

（2）交换，通常由交换矩阵完成任意入线到出线的信息交换。

（3）信令，负责呼叫控制和连接的建立、监视、释放等。

（4）控制，包括路由信息的更新和维护，计费、话务统计、维护管理等。

路由器是网络互联的核心设备，它负责数据分组（分组是由若干数据比特组成的数据块，其长度为几十字节到几千个字节，可进行独立传输）的转发，为每个分组选择适当的传输路径。正是由于路由器的存在，任意一个用户的数据分组可以通过一个最优的路由转发给任意一个目的用户。

除了上述业务性的基本设备外，一个复杂的通信网络往往还包括专门支持网络运营和管理的支撑系统，包括数据中心设备、网络状态监测设备、网络安全设备等。

需要指出的是，上述设备在实际网络中并不是严格区分的，不同网络根据应用场景的不同其构成可能不同，一个设备也可在网络中承担多个不同的角色。

1.1.2　通信网络的分类

通信网络有多种不同分类方式，目前主要按照业务类型、传输媒介、网络功能和覆盖范围等进行分类。下面介绍几种常用的分类方式。

（1）按业务类型进行分类，可以分为固定电话通信网、移动电话通信网、传真通信网、数据通信网、计算机通信网、广播电视网、多媒体通信网和综合业务通信网等。所谓"三网融合"，指的就是电信网、计算机网和有线电视网三大网络的融合，提供包括语音、数据、图像等综合多媒体的通信业务，实现业务应用的融合。

（2）按传输媒介进行分类，可以分为电缆通信网、光纤通信网、长波通信网、短波通信网、微波通信网、卫星通信网等。

（3）按网络功能进行分类，可以分为传输网（也称为传送网）、交换网、接入网、支撑网（包括信令网、智能网、同步网、网管系统等）等。

（4）按网络覆盖范围进行分类，可以分为广域网（wide area network，WAN）、城域网（metropolitan area network，MAN）、局域网（local area network，LAN）和个域网（personal area network，PAN）等。广域网的覆盖范围通常从几十公里到几千公里，能连接多个城市或国家。城域网通常覆盖一个城市或一个大学校园。局域网的覆盖范围一般在几千米以内。个域网的覆盖范围一般在 10 m 以内，主要用于同一地点的各通信终端之间的网络互联。

（5）按网络传输中处理信号的形式进行分类，可分为模拟通信网和数字通信网。

（6）按通信服务对象进行分类，可分为公用通信网和专用通信网。专用通信网是一些特殊行业或面向特殊应用而专门建立的网络，如银行、税务等系统通常有自己的专用通信网。也可以通过公共网络搭建虚拟专用网（virtual private network，VPN）。

基于上述通信网络的构成与分类，本书从通信网络的理论、技术、应用和前沿四个方面进行阐述。本书的内容安排如图 1-1-2 所示，包括概述、通信网络的数学基础、通信网络业务和协议建模、通信网络的传输与交换、多址接入、路由算法、流量控制和拥塞控制、网络结构设计、网络性能分析与仿真,以及新一代通信网络技术等。

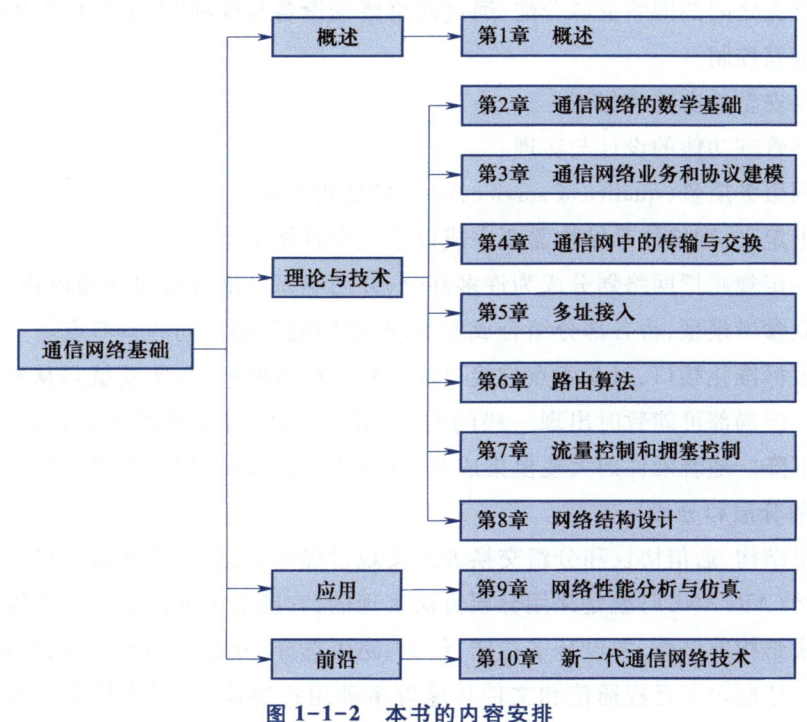

图 1-1-2　本书的内容安排

1.2　通信网络体系结构和网络协议

1.2.1　通信网络体系结构

1. 网络体系结构的定义

网络体系结构是一套顶层的设计标准,用来指导网络的设计,特别是协议和算法的工程设计。提出的背景是基于通信网络的复杂性和异质性,希望通过网络体系结构设计实现网络结构的合理组织。

网络体系结构包括两个层次的含义:

(1) 网络的构建原则,用于构建网络的基本框架;

(2) 功能分解和系统的模块化,明确网络体系结构的实现方法。

具体包括以下几个方面:

(1) 通信功能的模块化划分;

(2) 网络中的实体命名规则;

（3）命名、寻址和路由功能的内在关系及工作原理；

（4）网络状态的维护和转移；

（5）信息流之间的网络资源分配，通过网络终端设备与这种"分配"法则的相互作用，实现公平性和拥塞控制；

（6）网络安全的实现和保证；

（7）网络管理功能的设计与实现；

（8）不同服务质量（quality of service，QoS）的实现方法。

根据以上定义，网络体系结构需要完成以下三个具体工作：

（1）按一定规则把网络划分成为许多部分，并明确每一部分所包含的内容。

（2）建立参考模型，将各部分组合成通信网，并明确各部分间的参考点。

（3）设置标准化接口，对参考点的接口标准化。接口标准化，实质就是从整体上使通信网络最优化。但局部可能暂时出现一些问题，如成本上升、需要处理的信息量增加，从而导致局部性能下降。随着硬件的大规模集成化、高速化，这些问题都会迎刃而解。

2. 网络的分层和分段

采用分层结构、通信协议和分组交换方式实现远程通信，是通信网络发展史上的里程碑事件。阿帕网（ARPANET）就是采用分层方法实现的，它确定了通信子网和资源子网两层网络及网络层次结构等概念，并设计了检错、纠错、路由选择、分组交换和流量控制等多种控制方法和协议。还制定了远程通信和文件传输等多种用户协议，为网络体系结构的完善和发展提供了实践经验。网络采用分层具有以下好处。

（1）各层相互独立。某一层并不需要知道其他层是如何实现的，而仅需要知道该层通过层间接口（即界面）所提供的服务即可。因此各层均可以采用最合适的技术来实现。

（2）灵活性好。当任何一层发生变化时，只要接口关系保持不变，上下相邻层均不受影响，而且可以修改各层提供的服务，如果不再需要某一层提供的服务，可取消该层。

（3）实现和维护方便。分层结构通过把整个系统分解成若干个易于处理的部分，而使通信网的实现、调试和维护等变得容易。

（4）易于标准化。每一层的功能及其所提供的服务都有精确的说明。

网络分层后，每一层仍然很复杂，为了便于管理，在分层的基础上，再从水平方向把每一层网络划分为若干个分离的部分，这就是分段。采用分段概念的重要特点是允许层网络的一部分被层网络的其余部分看成一个单独实体，层网络的内部结构是隐藏的，有利于减少网络管理控制的复杂性，使网络运营可以自由地改变其子网或使其最佳化，而不影响层网络的其他部分。

采用分段的概念对于在同一层网络内对网络结构进行规定是十分必要的。例如，当同一层网络由不同网络运营商联合提供端到端通道时，采用分段概念可以对管理界限进行规定。通信网协议是网络体系结构的重要组成部分，并且它通常按照网络体系结构来设计。

当然，凡事都有两面性，分层也有一些缺点。例如，有些功能会在不同的层次中重复出现，因而产生了额外开销；每个层都单独做设计和优化，可能难以达到全局最优化，等等。所以在分层的时候，我们应该遵循一系列原则。

3. OSI 模型

开放式系统互连参考模型（Open System Interconnection Reference Model，OSI/RM）是由国际标准化组织（International Organization for Standardization，ISO）于 1984 年颁布的网络体系结构国际标准。该标准试图让全世界的计算机网络都遵循统一的标准，从而实现世界上所有计算机之间的互连和数据交换。

OSI 参考模型的基本构造技术是分层，建立标准分层模型的第一步是制定分层原则。归纳起来，OSI 的分层遵循以下原则。

（1）层次不能太多，避免在描述及综合这些层次时发生困难。

（2）应在接口服务描述工作量最少，穿过相邻边界相互作用次数最少或通信量最少的地方建立边界。

（3）每一层应该有明确定义的功能，这种功能应在完成的操作过程，或者涉及的技术等方面与其他功能层次有明显不同。因而，相似的功能应放在同一层，对定义明确且处理方法明显不同的那些功能，应建立不同的层次。

（4）分层后每一层应仅与其相邻的上、下层通过接口通信。

（5）每一层使用下层提供的服务，并向上层提供服务。

（6）在保持对上邻层提供服务和要求下邻层提供服务条件不变的情况下，允许各层重新设计，允许各层的协议为适应结构、硬件及软件方面的新技术而进行某种变化。

（7）对经过验证确认是成功的层次应予以保留，这是通信设备制造商们最为关心的事情。

（8）在进行数据处理和相互通信时，对应接口对标准化有好处时应设立边界。

（9）考虑数据处理的需要。在数据处理过程中，需要不同抽象级别（例如，词法、句法、语义等）的地方设立单独的层次。

在遵循上述分层原则的基础上，最终形成了七层结构的 OSI 分层模型，如图 1-2-1 所示。

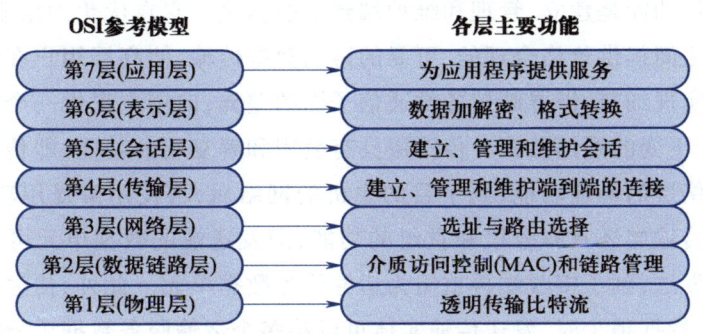

图 1-2-1　OSI 参考模型及其主要功能

OSI 分层模型中从低到高各层的功能简述如下。

（1）物理层

物理层主要完成通信信号的传输功能，其核心任务是透明地传送比特流。所谓"透明地

传送比特流"是指经实际链路传送后的比特流没有发生变化,物理线路并没有对比特流的传送产生什么影响,因此比特流就"看不见"这个线路,任意组合的比特流都可以在这个线路上传送。物理层包括接收机、发射机和信道等,其典型参数是码元速率、通信方式(单向或双向)、调制编码方式、硬件接口以及接口用途等。这里的设计主要是处理机械的、电气的和过程的接口,以及物理传输介质等问题。物理层对其后的各层隐藏了所有这些细节,将物理线路改造成了一个简单的数据链路。

（2）数据链路层

数据链路层的主要功能是介质访问控制和链路管理。它使用由物理层提供的服务,并通过添加错误处理机制将简单的数据链路改造成可靠的数据链路,再提供给网络层。数据链路层以帧为单位传输数据,每一帧包括数据和必要的控制信息。数据链路层要解决的问题包括三个方面:一是由于帧的破坏、丢失和重复所出现的问题;二是防止高速发送方的数据把低速接收方"淹没",因而需要有某种流量调节机制;三是信道共享的问题,例如假设线路能用于双向传输数据,则数据链路层要解决两个方向的数据帧对线路的竞争使用问题,而对于广播式网络,数据链路层则要处理多个用户对共享信道的访问问题。

（3）网络层

网络层使用数据链路层提供的服务,负责为网络中的不同节点提供选址和路由功能,从而使距离很远的节点间能建立通信通道。网络层以分组或数据包为单位传送数据。相互通信的主机之间可能要经过多个节点和链路,也可能还要经过多个通过路由器互连的通信子网,网络层的任务就是要选择合适的路由,使发送端传输层所传下来的数据能够按照地址找到目的主机。如果在子网中同时出现过多的分组,它们将相互阻塞通路,形成瓶颈,因此拥塞控制属于网络层的范围。在广播网络中,选择路由的问题很简单,因此网络层也很简单,甚至不存在。

（4）传输层

传输层的主要功能是建立、管理和维护端到端的链接。它在优化网络服务的基础上,为源主机和目标机之间提供价格合理的、可靠的透明数据传输,使高层用户在相互通信时不必关心通信子网的实现细节,即屏蔽掉各类通信子网的差异,向用户提供一个能满足其要求的服务,且具有一个不变的通用接口。传输层具有复用和解复用的功能,即传输层中的多个进程可复用下面网络层的传输功能,到了目的主机的网络后,再使用解复用功能,将数据交付给相应的进程。传输层还具有分段和重组的功能,即发送端的数据单元可分为多个网络服务数据单元进行发送,到了接收端再重组为运输服务数据单元。此外,传输层还有组块与分块的功能,当用户数据很少时,发送传输实体可以将多个运输服务数据单元组合成一个传输服务数据单元进行发送,接收端传输实体再将其重新分割成多个传输服务数据单元。因特网传输层主要有两种不同协议:面向连接的传输控制协议(transmission control protocol,TCP)和无连接的用户数据报协议(user datagram protocol,UDP)。面向连接的服务能提供可靠的交付,而无连接服务只是"尽最大努力交付"。

（5）会话层

会话层允许不同机器上的用户建立会话关系，其主要功能是建立、管理和维护这次会话。会话层对基本的传输服务进行增值，提供一个功能更为完善、能满足多方面应用要求的会话连接服务。会话层也可用于远程登录到分时系统或在两台机器间传递文件。会话层的服务之一是进行会话管理。会话层允许信息同时双向传输，或任一时刻只能单向传输，在单向传输时会话层要负责在会话双方之间进行切换。另一种会话服务是同步。例如，如果网络平均每小时出现一次故障，两台通信终端之间要进行长达两个小时的文件传输该怎么办呢？为了解决这个问题，会话层提供了一种方法，即在数据流中插入检查点。每次网络崩溃后，仅需要重传最后一个检查点以后的数据。

（6）表示层

表示层的目的是处理被传送数据表示的相关问题，主要包括数据的加解密和格式转换等。表示层以下的各层只关心如何可靠地传输比特流，而表示层关心的是所传输的信息的语法和语义，并对用户层的语法进行解释。例如，大多数的用户程序之间并不是交换随机的比特流，而是交换诸如人名、日期、货币数量和发票之类的对象信息，而这些对象是用字符串、整型、浮点数，以及几种简单类型组成的数据结构来表示的，并且不同的机器对这些类型的表示代码不同。这时，为了保证使用不同表示法的数据终端之间的通信，交换过程中要使用抽象的方式来对这些数据结构进行定义，并且用标准的编码方式。而表示层对这些抽象数据结构进行管理，并且将所使用的标准编码方式与数据终端内部的表示方式进行相互转换。

（7）应用层

应用层是 OSI 模型的最高层，它为应用进程提供了访问 OSI 环境的手段，相当于应用进程的接入点。应用层包含了大量人们普遍需要的具体的服务协议，直接为用户的应用进程提供服务，如支持万维网应用的 HTTP 协议，支持电子邮件的 SMTP 协议，支持文件传送的 FTP 协议等。

1.2.2 网络协议及其功能

在通信网络中，双方进行通信时，都必须认同一套用于信息交换的约定规则。协议是约定规则使用的语言及所表达的语义。协议要规定信息格式及每条信息所需控制信息的一套规则，实现这些规则的软件称为协议软件。单个网络协议可以是简单的，也可以是复杂的。概括起来，要有条不紊地进行信息交换，每个节点都必须遵守一套规则。这些规则明确了通信中同步、时序、检错和纠错等所有有关细节。这些为网络信息交换而建立的规则、标准或约定就称为协议。一个通信网络的协议主要由语法、语义和同步三个要素组成。其中，语法定义信息与控制信息的结构或格式；语义是指需要发出什么控制信息、完成什么动作，以及做出什么应答；同步则给出事件实现的详细说明及严格的通信同步方案。

通信协议的主要功能有分段和组装、封装、连接控制、流量控制、差错控制、寻址、复用及附加服务。下面对上述功能分别予以简单介绍。

1. 分段和组装

在应用层将转移数据的逻辑单元称为消息,应用实体之间以消息的形式或以连续数据流的形式发送数据,较低层的协议需要把数据块分为较小的、长度受限的数据块,这个过程称为分段。通常把两实体之间按照协议交换的数据块称为协议数据单元(protocol data unit,PDU),在接收端重新把数据组装成消息。

对数据流进行分段也会带来不利的影响,主要有:

(1) 每个 PDU 包含一定的控制信息,因此数据单元的长度越小,控制信息的比特数在整个数据单元的比特数中占的比例越大,从而影响了传输效率。

(2) 一个 PDU 到达会引起处理机的一个中断,数据单元越小,引起的中断越多。

(3) 对于固定长度的数据流,采用越小的 PDU,则总的处理时间越长。

上述诸多因素对于协议设计者在确定数据单元长度的过程中必须综合考虑。分段的逆过程是组装,在接收端分段形成的数据块必须被组装成消息,对于没有排序的数据块,需要重新排序后再进行组装。

2. 封装

每个协议数据单元不仅包含数据,还包含控制信息。有时某些 PDU 只包含控制信息而没有数据,其中的控制信息主要包含以下三个部分。

(1) 地址:指发送端或接收端的地址。

(2) 错误检测码:包含某种校验序列,对收到的一段信息进行校验。

(3) 协议控制:对流量和差错进行控制的信息。

在分段后形成的数据块上增加控制信息的过程称为封装,这是协议需要完成的功能之一,当存在多层协议时,需要按层次进行封装。

3. 连接控制

数据通信分为无连接和面向连接两种通信方式。在无连接的方式中,每个 PDU 在传送的过程中进行独立处理;在面向连接的方式中,在两个实体之间建立一个逻辑联系称为连接,PDU 通过建立的连接有序传送。面向连接的通信过程可以分为连接建立、数据传送、连接拆除三个阶段。面向连接的数据传送的一个重要特征是序号利用,对于 PDU 的发送均按照预定的序号进行,发送和接收实体根据传送的序列号可以支持以下三项功能:流量控制、差错控制和数据单元的组装。

(1) 流量控制

流量控制是指接收实体对发送实体送出的数据单元数量或速率进行限制。流量控制的最简单的形式是停止等待程序。在整个程序中,发送实体必须在收到已经发送的一个 PDU 的确认信息后,才能再发送下一个新的 PDU。更有效的协议是向发送实体设置一个发送单元的限制值,这一数值规定了在没有收到确认信息之前,允许发送实体送出的数据单元的最大值。这就是广泛应用的滑动窗口控制。为了更有效地对流量进行控制,流量控制协议可

以设置在协议不同的层次上。

（2）差错控制

通信协议的另一个重要功能是差错控制，差错控制技术是用来对 PDU 中的数据和控制信息进行保护的。差错控制技术的实现大多是用校验序列进行校验，在出错的情况下对整个 PDU 重新传输。另一方面，重新传输还受到定时器的控制，超过一定的时间没有收到确认信号则重新传输。和流量控制一样，差错控制在系统的各个部分进行，例如在网络接入部分即终端和网络之间进行，以保证在终端和网络之间对数据单元的准确接收。然而数据单元也可以在网络的内部丢失和出错，因此需要端到端的协议来对网络内部的错误予以恢复。

（3）寻址

在通信系统中，寻址是一个复杂的过程，和多方面的因素有关，寻址的过程涉及寻址的级别、寻址的范围、连接识别符和识别的模式几个方面。在 TCP/IP 网络结构中寻址是协议的一个基本功能，通过寻址保证把数据单元送到准确的目的地。在 OSI 体系结构和其他通信结构中，寻址同样是协议的一项重要功能。

寻址和通信协议的层次有关，在不同的层次上，有相应的地址和寻址的方法。对通信子网的寻址是网络级寻址，这时地址和每一个终端系统（主机或终端）有关，也和路由器或交换机有关，这样的一个地址是一个网络级的地址。

寻址的另一个问题是寻址的范围，地址是一个整体地址，整体地址有以下特性。

① 整体的单一性：一个整体地址识别一个唯一的系统，因此一个系统可以用一个整体地址来表示。

② 整体的应用性：任何一个系统都可以利用其他系统的地址去识别该系统。

利用上述两项特征，在互联网中可以通过对数据单元选路，从一个系统去访问任何一个其他系统。

链接识别符的应用具有如下优点：减小开销、选路、复用和状态信息的利用。寻址中的另一个概念是寻址的模式。它可以分为单播、组播和广播。

和寻址相关的是复用。复用是指在一个系统上支持多个连接，例如在 X.25 协议中多条虚电路可以终结在一个端系统中，也就是说这些虚电路复用在端系统和网络之间的接口上。复用也可以利用端口号实现，在两个端系统之间建立多个连接，例如多个 TCP 连接可以终结在一个给定的系统中，并且一个 TCP 连接支持多个端口。

4. 附加服务

协议也可以对通信实体提供各种附加服务。

（1）优先权：某些消息，例如控制信息，需要以最短的时延到达目的地，这时需要对这些消息分配优先权，也可以按照连接或按照 PDU 来分配优先权。

（2）服务等级：对网络的服务质量指标提出要求，如对时间延迟、通过量等设置门限值。

（3）安全：设置口令权限，以保护系统的安全。

某一层次的协议不一定具有上述所有的功能，然而不同层次的协议可以具有相同类型

的功能。以上概括了通信协议的基本功能,协议所具有的功能也是通信网络的基本功能,因此协议基本功能的确定、层次的划分、通过硬件或软件对协议基本功能的实现,在通信网络的设计和开发中具有不可替代的作用。

5. 协议栈

对所有通信的完整细节,设计人员不是设计一个单一、巨大的协议,而是把通信问题划分成多个相对独立的问题,然后为每个问题设计一个单独的协议(称为协议子集)。这样,使用的协议子集形成了协议系列。从而使得每个协议的设计、分析、实现和测试比较容易,并增加了灵活性。

协议设计和开发形成完整的协作的集合,称为协议栈(也称协议组或协议族)。协议栈中的每个协议解决一部分通信问题,这些协议合起来解决了整个通信问题,而且整个协议栈在各协议间能高效地相互作用。为确保可靠且高效率的通信,必须仔细准确地划分单独协议,确保每个协议应该处理的通信问题不会重复。但为了协议的实现更有效,协议之间应能共享数据结构和信息。而且,这个协议系列应能处理所有可能的硬件错误或其他的异常情况。每个协议栈是独立开发的,一个给定的协议栈不能同另一个协议栈协作。

1.3 通信网络的服务质量和性能指标

1.3.1 通信网络的服务质量

通信网络的服务质量一般从链路接通的任意性与快速性、信息传输的透明性与一致性,以及网络的可靠性与经济性等方面来衡量。

1. 接通的任意性与快速性

接通的任意性与快速性是对通信网的基本要求,也称为可访问性。所谓接通的任意性与快速性是指通信网内的任意一个合法用户能快速接入到通信网中以获得信息服务,并具备在规定的时延限制下传递信息的能力。如果有些用户不能与其他一些用户通信,则这些用户不在同一个网内或网内出现了问题;用户如果不能快速接通到网络,则可能会使要传送的信息失去价值,这种接通将是无效的。影响接通的任意性和快速性的主要因素有网络结构、网络资源以及网络设备的可靠性。不合理的网络拓扑结构会导致转接次数过多,阻塞率上升、时延增大;网络资源不足的后果是增加网络阻塞概率;网络设备的可靠性降低会导致传输链路或交换设备的故障,甚至丧失其应有的功能。

2. 信息传输的透明性与传输质量的一致性

所谓透明,是指在规定业务范围内的所有信息都可以在网内传输,对用户不加任何限制。一般来说,透明性要求对用户提出尽可能少的限制。传输质量的一致性是指通信网内的任何两个用户通信时,这两个用户之间的传输质量与用户之间的距离无关。通信网的传

输质量直接影响通信的效果,因此要制定传输质量标准并进行合理分配,使通信网络中的各部分均满足传输质量指标要求。实际应用中常用的评价指标有用户满意度和信号传输质量等。

3. 网络的可靠性与经济性

可靠性对通信网来说至关重要,一个不可靠的或经常中断的网络是不能用的。但绝对可靠的网络也是不存在的,通信网络的可靠性设计不能追求绝对可靠。所谓可靠性是指整个通信网连续、不间断地稳定运行的能力。

网络的经济性和用户的需求有关,一个通信网的投资常常分阶段进行,以便达到经济效益最大化。每一个阶段通信网络的建设与需求的预测有密切的关系,需要综合考虑网络容量和用户需求的匹配。建设一个网络要做到经济上的合理,既很复杂又很重要。

综合以上分析,通信网络需要解决三个基本问题:① 连通性问题。建立起终端系统到传输网络的物理传输链路。② 寻路问题。将数据从源端点投递到正确的宿端点。③ 服务质量问题。通过流量和拥塞控制确保数据传输的正确和可靠。

(1) **连通性问题**。建立起终端系统到传输网络的物理传输链路,实现直接连接系统间的可靠数据传输,描述两个层次的需求:① 物理层。充分考虑物理媒介机械、电气、功能和过程的特性,实现物理媒介上非结构化的比特流传输。② 链路层。通过发送带有必要的同步、差错控制和流量控制的数据块,使通过物理链路的信息传送变得可靠。

(2) **寻路问题**。将数据从源端点投递到正确的宿端点,在成对的点到点通信中是不言而喻的。在局域网或本地网中,只要加上目的地址,就可以进行源端点到宿端点的数据传输。然而随着网络的扩展,对于一个服务数以亿计的全球网络,将数据投送到正确的宿端点就成了一个极具挑战的问题。因此,对于如此庞大的异构网络,“广播”除了造成流量风暴和网络阻塞、导致信息泄露外,还可能导致接收者无法收到发送者发送的数据。因此,将数据从源端点投递到正确的宿端点,是实现网络通信无可回避且非常关键的一步。对于无连接网络,让数据分组找到正确的最终接收者,需要途经的每一个路由器都了解网络的拓扑结构,并且采用合适的算法找到最佳的转发路径。对于面向连接的网络,在连接建立起来以前,同样需要为用于建立连接的信令分组寻找最佳转发路径,为后续的用户数据转发挑选构成最佳中继路径。

(3) **服务质量问题**。通过流量和拥塞控制确保数据传输的正确和可靠,是新一代通信网络所追求的基本目标。要确保数据传输的正确和可靠,必须进行流量和拥塞控制。

网络拥塞是复杂网络不可避免的特征。从建设成本来看,不能要求网络的每一条通信链路都提供无限大的容量,每一个转发节点都设置无限大的处理能力。随着网络规模的扩大,如果较多流量汇聚到少数通信链路或转发节点,必然造成数据在这些中继节点的拥塞。网络在拥塞时,不能保证网络数据传输的正确和可靠。因此,流量和拥塞控制是网络通信不可回避的研究内容,也是评价通信网络质量的重要依据。

造成网络传输差错的原因主要有三个:① 信道质量差导致的误码,以及由此引起的数据丢失和误投;② 网络拥塞导致的数据丢失;③ 协议或规则设计错误导致的数据误投或丢

失。在光纤通信中,链路的信道质量普遍较高,由网络拥塞导致的差错是产生网络传输差错的主要原因。

1.3.2　通信网络的主要性能指标

为了使通信网络能快速、有效、可靠地传递信息,必须建立一套性能指标对通信网络进行评价,以判断其是否合理以及需要在哪些方面进行改进。通信网络的主要性能指标包括连通度、网络容量、网络对业务服务质量的支持能力,以及可靠性等。其中,连通度描述的是网络中节点间的连通程度,反映了网络拓扑的稳定性;网络容量描述的是网络的最大承载能力;网络对业务服务质量的支持能力可细化为网络吞吐量,端到端延时以及延时抖动等具体指标;可靠性主要包括网络的丢包率、平均故障间隔时间和平均故障修复时间等。

1. 连通度(connectivity)

网络的连通度即为网络中任一节点跟其他节点的连通程度,它反映了网络中部分节点故障时对网络连通性带来的影响。通俗点说,它反映了一个网络中最少要去掉多少个节点或者链路,这个网络就不能完全连通了。通常一个网络的连通度越好,代表网络越稳定。后面关于图论的章节中将会详细解释。

2. 网络容量(network capacity)

网络容量融合了网络层、传输层和物理层的特点,有利于观察网络的整体特性,对于优化网络部署、提高网络效率、增强网络业务保障能力具有重要的参考价值。目前,针对广播信道和多址信道的网络容量分析已经取得了一定的成果。无线自组织网中的不确定因素增加了网络容量分析的复杂度,一方面,无线网络的信道属于竞争信道,移动节点拓扑动态性较强,个别节点位置的变化可能会显著影响网络容量;另一方面,分布式环境下节点之间协同计算行为较为复杂,使无线自组织环境下网络容量估计遇到了前所未有的挑战。

3. 吞吐量(throughput)

吞吐量是指单位时间内某个节点发送和接收的数据量,单位一般是比特每秒(bit/s)。

4. 端到端时延(end to end delay)

端到端时延是指数据包从离开源点时算起一直到抵达终点时为止一共经历的时间。计算公式如下:

$$端到端时延 = 数据包的接收时间 - 数据包的发送时间$$

5. 时延抖动(delay jitter)

时延抖动是网络延迟的变化量,它是由同一应用的任意两个相邻数据包在传输路由中经过网络延迟而产生。时延抖动由相邻数据包延迟时间差除以数据包序号差得到。计算公式为:

$$时延抖动 = (数据包 P[j] 的时延 - 数据包 P[i] 的时延)/(数据包 P[j] 的序号 j - 数据包 P[i] 的序号 i)$$

$$数据包 P[j] 的时延 = 数据包 P[j] 的接收时间 - 数据包 P[j] 的发送时间$$

数据包 $P[i]$ 的时延＝数据包 $P[i]$ 的接收时间－数据包 $P[i]$ 的发送时间

6. 丢包率（packet loss rate）

丢包率是指测试中所丢失的数据包数量与所发送的数据包数量的比值，通常在吞吐量范围内测试。丢包率与数据包长度以及数据包发送的频率相关。通常，千兆网在流量大于 200 Mbit/s 时，丢包率小于万分之五；百兆网在流量大于 60 Mbit/s 时，丢包率小于万分之一。

7. 平均故障间隔时间

平均故障间隔时间（mean time between failure，MTBF）是指相邻两个故障之间时间的平均值，$MTBF$ 的倒数定义为失效率，即网络在单位时间内发生故障的概率，一般用 λ 表示，$\lambda = 1/MTBF$。

8. 平均故障修复时间

平均故障修复时间（mean time to repair，MTTR）是指修复一个故障的平均处理时间。$MTTR$ 的倒数定义为修复率，通常用 μ 表示，$\mu = 1/MTTR$。

1.4 通信网络的发展与应用

通信网络的发展非常迅速。以移动通信网络为例，大约每十年就会有一次重大变革甚至更新换代（如图 1-4-1 所示）。以 1978 年美国贝尔实验室研制成功高级移动电话系统（advanced mobile phone system，AMPS）为开端，到 20 世纪 80 年代中期，很多国家陆续建成第一代移动通信系统（即 1G）。1G 采用的是模拟技术，主要业务是语音，代表公司是美国的摩托罗拉。1992 年，第二代移动通信技术标准开始发布，摩托罗拉在移动通信领域的领先地位被诺基亚取代。从 1G 到 2G，最大的变化是从模拟通信跨越到了数字通信。此时，手机不仅能打电话，还可以发短信，通信网络逐渐进入数字化时代。此外，彩信、壁纸和铃声等的在线下载成为热门。2001 年，3G 正式登上历史舞台，图片、视频等成为新的业务增长点，人类正式进入多媒体时代。而且随着以第一代苹果手机为代表的智能手机浪潮席卷全球，手机上也可以下载和安装各类应用软件。中国具有自主知识产权的 TD-SCDMA 标准成为国际标准。2008 年，第四代移动通信（4G）标准发布，移动互联网成为热点，可以满足在线游戏、视

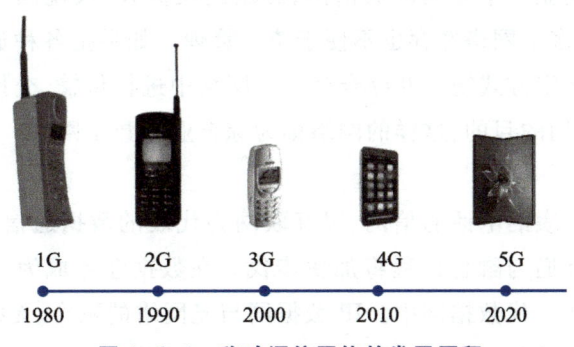

图 1-4-1 移动通信网络的发展历程

频会议、高清视频等新的业务需求。值得关注的是,中国成为 4G 标准的制定者之一,华为、小米等公司在移动通信网络领域的地位越来越重要。除此之外,移动支付领域的支付宝和微信支付、移动互联网服务提供者字节跳动等也在这一阶段扮演重要角色。2020 年,被称为 5G 元年,5G 以"万物互联"为特色,是一个多业务多技术融合的网络,更是面向业务应用和用户体验的智能网络,最终打造以用户为中心的信息生态系统,以此为支撑的虚拟现实、无人驾驶等应用正逐渐改变人们的生活方式和行为习惯。

随着通信网络技术的不断发展,人类生活的智能化水平将越来越高。未来通信网络将进一步向着数字化、宽带化、综合化、融合化、智能化和个人化的方向发展。

1. 数字化

在通信网络中将越来越多使用数字技术,包括数字传输和交换等,以此为基础,未来的物理环境以及对其控制、操作和运行的系统将实现全数字化。数字化不仅使得信息可以低成本传播和复制,解决模拟信息复制和传播的高昂成本以及信息失真问题,而且方便了信息的深层次处理,为更好地实现智能化提供了便利。

2. 宽带化

从现代通信网络处理的业务来看,用户对宽带业务的需求不断增加,通信网络宽带化成为现实要求和必然趋势。近年来,高速选路与交换、高速光传输、宽带接入技术都取得了重大进展,超高速路由、高速互连网关、超高速光传输、高速无线传输等新技术已成为新一代通信网络的关键技术。以光纤传输为例,现有的同步数字序列(SDH)仅利用了光纤容量的 1% 左右,因此迫切需要采用新的复用技术,新技术使传输容量增加几十倍至几百倍。从长远来看,可消除节点"电瓶颈"的光分插复用器和光交叉连接器节点是解决网络容量宽带化的有效手段。从接入网来看,各种宽带接入技术争奇斗艳。其中光纤接入技术具有较高的技术稳定性和性价比,使得光纤到户成为现实。近年来可见光通信、太赫兹通信等技术不断取得突破,有望成为无线宽带接入的有效补充。

3. 综合化

把来自不同信息源的通信业务综合在一个通信网络中传送,为用户提供综合化服务。随着社会的发展,人们对通信业务的需求种类不断增加,早期的电报、电话等业务已远不能满足需求。目前,交互式可视图文、视频,以及数据通信的其他增值业务等都在迅速发展。若每出现一种业务就建立一个专用的通信网,必然是投资大、效益低,并且各个专用网络的资源不能共享。另外,多个网络并存也不便于统一管理。如果把各种通信业务,包括电话业务和非电话业务等以数字方式统一并综合到一个网络中进行传输、交换和处理,就可以克服上述弊端,达到一网多用的目的,这样的网络称为综合业务数字网。

4. 融合化

以数字电话网为代表的电话通信网、以互联网为代表的数据通信网和以有线电视网为代表的视频传输网的互通与融合进程将加快步伐。在数据业务成为主导的情况下,传统通信网的业务将融合到下一代数据网中。IP 数据网与光网络的融合、无线通信与 Internet 的融合也是通信技术的发展趋势和方向。数以万亿计的"物"将通过网络实现互联,通过信息流动提高物理世界运行的效率,进而推动社会进步。网络融合化的另外一个方面是网络内通信、感知和计算的融合,通信、计算和感知一体化技术已被认为是第六代移动通信的使能技术之一。

5. 智能化

网络智能化的设计思想,早期是将传统电话网中交换机的功能予以分解,让交换机只完成基本的呼叫处理,而把各类业务处理,包括各种新业务的提供、修改及管理等,交给具有业务控制功能的计算机系统来完成。当前,通信网络普遍采用智能化技术,具有开放式结构的灵活性、服务对象的个体性、网络接口的综合性和网络资源利用的有效性等特征,可以解决通信网络在性能、安全、可管理性、可扩展性等方面所面临的诸多问题,对通信网络的发展具有重要影响。另外,大数据和人工智能技术的引入给网络智能化带来了重大变化。

6. 个人化

个人化指实现个人通信,即任何人在任何地点、任何时间与任何其他地点的任何个人进行任何业务的通信。个人通信概念的核心,是使通信最终适应个人(而不一定是终端)的移动性。它将改变以往将终端或线路识别作为用户识别的传统方法,而采用与网络无关的唯一的个人通信号码。个人通信号码不受地理位置和使用终端的限制,通用于有线和无线系统,并给用户带来充分的终端移动性(即用户可在携带终端连续移动的情况下进行通信)和个人移动性(即用户能在网络中的任何地理位置上,根据他的要求选择或配置任一移动的或固定的终端进行通信)。个人通信的发展要达到理想的状态,仍是个长期而艰巨的任务。

习　　题

1-1 通信网络由哪些基本要素组成?

1-2 试列举 5 种常用的通信网络。

1-3 什么是网络体系结构? 网络体系结构需要完成哪些具体工作?

1-4 试给出 OSI 参考模型的构成及各层的主要功能。

1-5 网络协议有哪些主要功能?

1-6 如何评价通信网的性能?

1-7 通信网需要解决哪些基本理论问题?

1-8 试简要分析通信网络的发展趋势。

扩展阅读:6G 移动信息网络架构愿景

第2章

通信网络的数学基础

为了定量分析通信网络的业务时延、网络容量和吞吐量等性能指标,需要对通信网络中各节点业务流的产生、处理和交换过程进行建模分析,常用的数学工具包括概率论、随机过程和排队论。

2.1　概率论与随机过程基础

概率论是研究随机现象数量规律的数学分支。**随机现象**是指在事情完成之前无法预知结果的现象,例如抛一枚硬币事先无法预知哪一面朝上、掷骰子事先无法预知出现的点数、蜂窝网基站事先无法预知未来一分钟内将收到的呼叫次数等。对随机现象的一次观测称为一次随机试验,例如抛一枚硬币、掷一次骰子、记录一次某蜂窝网基站在一分钟内收到的呼叫次数等。

随机试验所有可能出现的结果组成的集合称为**样本空间**,记为 Ω。例如抛硬币的样本空间 $\Omega=\{$"正面","反面"$\}$、记录基站一分钟内呼叫次数的样本空间 $\Omega=\{0,1,2,\cdots\}$。样本空间 Ω 中的每一个元素称为**样本点**,记为 ω。在每个随机试验中,人们往往关心样本空间 Ω 中代表特别意义的样本点构成的子集,称为随机事件,简称为**事件**。

由于样本点不一定是实数,例如抛硬币中 $\omega=$"正面"或者 $\omega=$"反面",因此将样本空间中的每个样本点 $\omega \in \Omega$ 映射为实数轴上唯一的实数 $X(\omega)$,使得随机现象可以用实数轴上的抽象点集来表示,称 **$X(\omega)$ 为随机变量**,$X(\omega)$ 简写为 X。对任意实数 $x,\{\omega \mid X(\omega) \leqslant x\}$ 是一个随机事件。

2.1.1　离散型随机变量

如果样本空间 Ω 中仅含有限个样本点或者可列个样本点,则随机变量 X 也仅取有限个或者可列个实数值,此时称对应的 X 为离散型随机变量。实际问题中,很多随机现象都可以用离散型随机变量来描述,例如蜂窝网基站在一分钟内收到的呼叫次数等。

离散型随机变量的统计规律可以由 X 取每个可能的值 x_k 的概率 $P(x_k)$ 来表示,$P(x_k)$ 是对随机事件发生的可能性大小的度量。一般情况下,总是假定离散型随机变量 X 的所有可能取值 $x_k(k=1,2,\cdots)$ 是互不相同的,定义离散型随机变量的分布律如下。

定义 1 设离散型随机变量 X 的所有可能取值为 $x_k, k=1,2,\cdots$, 则称

$$P\{X=x_k\}=p_k, \quad k=1,2,\cdots$$

为离散型随机变量 X 的**分布律**。

所有离散型随机变量 X 的分布律都满足以下性质：

（1）$p_k \geq 0, \quad k=1,2,\cdots$;

（2）$\sum\limits_{k=1}^{\infty} p_k = 1$。

下面介绍三种重要的离散型随机变量。

1. 伯努利分布

如果一个随机试验的结果只有两种可能 A 和 $\bar{A}$, 例如抛硬币试验, 则称这个试验为伯努利试验。假设随机试验结果为 A 的概率为 $p \in (0,1)$, 结果为 $\bar{A}$ 的概率为 $q=1-p$, 对伯努利试验引入随机变量

$$X(\omega)=\begin{cases}1, & \omega=A \\ 0, & \omega=\bar{A}\end{cases} \tag{2-1-1}$$

则有概率分布

$$P(X=1)=p, \quad P(X=0)=q \quad (0 \leq p \leq 1) \tag{2-1-2}$$

并称随机变量 X 服从**伯努利分布**, 记作 $X \sim B(1,p)$。

2. 二项分布

如果将伯努利试验独立重复进行 n 次的随机试验称为 n 重伯努利试验。记 X 为 n 次试验中事件 A 发生的次数, 则 X 是一个取值范围为 $0,1,2,\cdots,n$ 的随机变量。对于任意整数 $k(0 \leq k \leq n)$, 事件 $\{X=k\}$ 表示 n 次试验中恰有 k 次结果为 A 发生, $n-k$ 次结果为 $\bar{A}$ 发生。n 次试验中出现 k 次结果为 A 的组合总共 C_n^k 种, 可知随机变量 X 的概率分布为

$$P(X=k)=C_n^k p^k q^{n-k}, \quad k=0,1,\cdots,n \tag{2-1-3}$$

并称随机变量 X 服从**二项分布**, 记作 $X \sim B(n,p)$。

3. 泊松分布

假设一个随机变量 X 的取值范围为非负整数, 存在常数 $\lambda > 0$, 如果 X 的分布律为

$$P(X=k)=\frac{\lambda^k}{k!}e^{-\lambda}, \quad k=0,1,\cdots \tag{2-1-4}$$

则称随机变量 X 服从参数为 λ 的**泊松分布**, 记为 $X \sim P(\lambda)$。

泊松分布常用于描述时间轴上源源不断出现的随机事件序列, 例如, 计算机网络中路由器不断收到的数据包、蜂窝网基站连续收到的手机呼叫信号等。设随机变量 X_t 表示时间区间 $(0,t]$ 内随机事件出现的次数, 如果 X_t 服从参数为 λ 的泊松分布, 则 X_t 满足下列条件：

（1）无记忆性：在 $[a,a+t]$ 时间内有 k 个顾客到达的概率与 a 无关, 只与 t 和 k 有关。即在互不重叠的时间区间内到达的顾客数是相互独立的, 也称为无后效性、马尔科夫性。

（2）平稳性：对于充分小的时间间隔 $\Delta t(\Delta t > 0)$, 在时间区间 $[t,t+\Delta t]$ 内有一个顾客到

达的概率与时间起点 t 无关,近似地与区间长度 Δt 成正比,即

$$P\{X_{t+\Delta t}-X_t=1\}=\lambda\Delta t+o(\Delta t) \tag{2-1-5}$$

其中,$\lambda>0$ 表示单位时间内到达的顾客数量的平均值,称为顾客流的强度或者到达率。

(3)稀疏性:对于充分小的时间间隔 $\Delta t(\Delta t>0)$,在时间区间 $[t,t+\Delta t]$ 内同时有两个或两个以上的顾客到达的概率极小,可以忽略不计,即

$$\sum_{k=2}^{\infty}P\{X_{t+\Delta t}-X_t=k\}=o(\Delta t) \tag{2-1-6}$$

根据无记忆性,从 0 时刻算起,有 k 个顾客到达的概率可简记为 $P\{X_t-X_0=k\}=P_k(t)$。根据平稳性与稀疏性,对于充分小的时间间隔 $\Delta t(\Delta t>0)$,在时间区间 $[t,t+\Delta t]$ 内没有顾客到达的概率为

$$P\{X_{t+\Delta t}-X_t=0\}=1-\lambda\Delta t+o(\Delta t) \tag{2-1-7}$$

式(2-1-6)和式(2-1-7)说明在充分小的时间间隔内,只有一个顾客到达或者没有顾客到达。将任意有限时间区间 t 均分为 n 个小时隙 Δt,即 $t=n\Delta t$。t 时间内若到达的 k 个顾客任意分布在 k 个时隙 Δt 内,根据二项分布可知

$$
\begin{aligned}
P_k(t)&=\lim_{n\to\infty}C_n^k\left[\lambda\Delta t+o(\Delta t)\right]^k\left(1-\lambda\Delta t+o\Delta t\right)^{n-k}\\
&=\lim_{n\to\infty}\frac{n(n-1)\cdots(n-k+1)}{k!}\left[\lambda\frac{t}{n}+o\left(\frac{t}{n}\right)\right]^k\left[1-\lambda\frac{t}{n}+o\left(\frac{t}{n}\right)\right]^{n-k}\\
&=\lim_{n\to\infty}\left(\frac{n}{n}\cdot\frac{n-1}{n}\cdots\frac{n-k+1}{n}\right)\frac{(\lambda t)^k}{k!}\left(1-\frac{\lambda t}{n}\right)^{n-k}\\
&=\frac{(\lambda t)^k}{k!}e^{-\lambda t}
\end{aligned}
\tag{2-1-8}
$$

上式表明泊松分布是二项分布的极限分布。如果顾客到达形成泊松流,则在时间间隔 $[0,t]$ 内到达排队系统的顾客总人数 X_t 服从泊松分布,其状态概率 $P_k(t)$ 为

$$P_k(t)=\frac{(\lambda t)^k}{k!}e^{-\lambda t}\quad(t>0;k=0,1,2,\cdots) \tag{2-1-9}$$

服从泊松分布的随机变量 X_t 的数学期望和方差分别是

$$
\begin{aligned}
E(X_t)&=\sum_{k=0}^{\infty}kP_k(t)=\lambda t\\
D(X_t)&=\sum_{k=0}^{\infty}\left[k-E(X_t)\right]^2P_k(t)=\lambda t
\end{aligned}
\tag{2-1-10}
$$

2.1.2 连续型随机变量

如果随机变量 X 的取值范围充满一个连续的实数区间,例如一次手机通话的持续时间等,这类随机变量等于某特定实数值的概率都为 0,只能通过随机变量 X 落在某个区间的概率进行描述。

定义 2　对于随机变量 X，如果存在非负可积函数 $f(x)$，使得对任意实数 a 和 b 且 $a<b$，满足

$$P\{a<X\leqslant b\}=\int_a^b f(x)\,\mathrm{d}x \tag{2-1-11}$$

则称 X 为**连续型随机变量**，称 $f(x)$ 为 X 的**概率密度函数**，简称为密度函数。

所有连续型随机变量 X 的概率密度函数 $f(x)$ 都满足以下性质：

（1）$f(x)\geqslant 0$，$\ -\infty<x<\infty$；

（2）$\displaystyle\int_{-\infty}^\infty f(x)\,\mathrm{d}x=1$。

下面介绍两种重要的连续型随机变量。

1. 均匀分布

假设存在两个实数 a 和 b 且 $a<b$，如果一个连续型随机变量 X 的概率密度函数为

$$f(x)=\begin{cases}\dfrac{1}{b-a}, & x\in(a,b)\\[2mm] 0, & \text{其他}\end{cases} \tag{2-1-12}$$

则称随机变量 X 服从区间 (a,b) 上的**均匀分布**，记为 $X\sim U(a,b)$。

均匀分布常用于描述随机变量在某个区间具有等可能性的情况，例如在某个区间任意选一个值做四舍五入带来的舍入误差等。根据"同等无知原则"，可认为随机变量在取值范围内具有"等可能性"。服从均匀分布的随机变量落在 (a,b) 上任意一个区间 (c,d) 的概率与位置无关，与区间 (c,d) 的长度成正比。

2. 指数分布

假设一个随机变量 X 的取值范围为非负实数，存在常数 $\lambda>0$，如果 X 的概率密度函数为

$$f(x)=\begin{cases}\lambda\mathrm{e}^{-\lambda x}, & x>0\\[2mm] 0, & x\leqslant 0\end{cases} \tag{2-1-13}$$

则称随机变量 X 服从参数为 λ 的**指数分布**，记为 $X\sim\mathrm{Exp}(\lambda)$。

指数分布常用来描述与寿命相关的概率分布，例如一次手机通话的持续时间、电子元器件的使用寿命、营业员为顾客提供服务的时间等都近似服从指数分布。指数分布的一个重要特征是无记忆性，即如果 $X\sim\mathrm{Exp}(\lambda)$，则对任意 $s>0,t>0$ 有

$$P\{X>s+t\,|\,X>s\}=P\{X>t\} \tag{2-1-14}$$

利用指数分布的概率密度函数可计算概率分布函数，得到

$$P\{X>x\}=\int_x^\infty \lambda\mathrm{e}^{-\lambda t}\mathrm{d}t=\mathrm{e}^{-\lambda x} \tag{2-1-15}$$

利用条件概率公式得到

$$P\{X>s+t\,|\,X>s\}=\frac{P\{X>s+t\}}{P\{X>s\}} \tag{2-1-16}$$

$$=\frac{\mathrm{e}^{-\lambda(s+t)}}{\mathrm{e}^{-\lambda s}}=\mathrm{e}^{-\lambda t}=P\{X>t\}$$

指数分布的无记忆性表示该随机试验的寿命在已经正常持续 s 单位时间的条件下仍然可以继续使用 t 单位时间的概率,和试验初始就正常使用 t 单位时间的概率一样,即指数分布下的剩余寿命不随使用时间的增加而发生变化。以电子元器件的寿命为例,指数分布表示器件老化的影响可以忽略不计,器件损坏的原因是由于意外高压等外部的突发随机因素导致的。

泊松分布和指数分布有着密切的关系,二者可以看作是对同一个试验不同角度的描述:泊松分布描述在时间间隔 $[0,t]$ 内到达的顾客总人数这个离散随机变量的分布律;指数分布描述任意两个相继到达的顾客的时间间隔 τ 这个连续随机变量。

2.1.3 随机过程

随机过程是一个与时间参数 t 有关的随机变量集合 $\{X(t)\}$,它是时间 t 和样本点 ω 的二元函数,也可记为 $X(t,\omega)$, $t \in (-\infty, +\infty)$, $\omega \in \Omega$。

1. 泊松过程

用 $N(t)$ 表示时间段 $[0,t)$ 内某随机事件发生的次数,则 $N(t)$ 是取值范围为非负整数的随机变量, $N(t)$ 的集合 $\{N(t)\}$ 是一类特殊的随机过程,称为**计数过程**。计数过程满足以下性质:

(1) 对每个 $t \geq 0$, $N(t)$ 是取值为非负整数值的随机变量;

(2) 对任意 $t > s \geq 0$, $N(t) \geq N(s)$;

(3) 对任意 $t > s \geq 0$, $N(t) - N(s)$ 是时间段 $(s,t]$ 内随机事件发生的次数;

(4) $\{N(t)\}$ 的轨迹是单调不减右连续的。

对任意正整数 n 和 n 个时间 $0 \leq t_1 < t_2 < \cdots < t_n$,如果下列 n 个随机变量

$$N(0), N(t_1) - N(0), N(t_2) - N(t_1), \cdots, N(t_n) - N(t_{n-1})$$

相互独立,则该计数过程 $\{N(t)\}$ 称为**独立增量过程**。

定义 3 满足下列三个条件的计数过程 $\{N(t)\}$ 称为强度为 λ 的**泊松过程**。

(1) $N(0) = 0$;

(2) $\{N(t)\}$ 是独立增量过程;

(3) 对任意 $t \geq 0$, $s \geq 0$, $N(t+s) - N(s)$ 服从参数为 λt 的泊松分布,即

$$P\{N(t+s) - N(s) = k\} = \frac{(\lambda t)^k}{k!} e^{-\lambda t}, \quad k = 0, 1, \cdots \tag{2-1-17}$$

其中,参数 λ 为取值为正实数的常数,称为泊松过程 $\{N(t)\}$ 的强度。

2. 马尔可夫链

如果对于每个非负整数 n, X_n 是一个随机变量,则称 $\{X_n | n = 0, 1, \cdots\}$ 是随机序列,简记为 $\{X_n\}$。随机变量 X_n 所有可能取值的集合称为 $\{X_n\}$ 的**状态空间**,记为 S。状态空间 S 中的元素称为**状态**,后文用 $j, i, i_0, i_1, \cdots$ 表示 S 中的状态。

定义 4 如果对于任意正整数 n，有

$$P\{X_{n+1}=j \mid X_n=i, X_{n-1}=i_{n-1}, \cdots, X_0=i_0\} = P\{X_{n+1}=j \mid X_n=i\}$$
$$= P\{X_1=j \mid X_0=i\} \qquad (2-1-18)$$

则称 $\{X_n\}$ 为时间齐次的马尔可夫链，简称**马尔可夫链**。定义

$$p_{ij}=P\{X_1=j \mid X_0=i\}, \quad i,j \in S \qquad (2-1-19)$$

为马尔可夫链 $\{X_n\}$ 的转移概率。

式(2-1-18)的第一个等号表示：已知当前状态 $X_n=i$ 时，未来的状态 $X_{n+1}=j$ 与过去的状态集合 $\{X_{n-1}=i_{n-1}, \cdots, X_0=i_0\}$ 无关，这种性质称为马氏性。式(2-1-18)的第二个等号表示：已知当前状态 $X_n=i$ 时下一个状态 $X_{n+1}=j$ 的概率与起始时间无关，这种性质称为时间齐次性。

2.2 排队论基础

视频：排队论
基础

排队是通信网和生活中的一种常见现象。例如电话网中因为交换机线路的繁忙导致用户发起的呼叫经历排队等待，计算机通信网中因为路由器处理能力的有限导致数据包在缓冲器中的排队等待等。生活中的例子包括在超市等待结账的顾客队伍、在售票处等待购票的旅客队伍、拨打公司客服电话时的在线等待队伍、在机场等待起飞的飞机队伍、在高速入口等待的汽车长龙等。造成排队现象的根本原因是业务(顾客)需求的随机性和服务设施的有限性之间的矛盾。

排队论就是研究服务系统中排队现象随机规律的一个运筹学分支。排队论的基本思想是 1910 年丹麦电话工程师在解决自动电话设计问题时开始形成的，当时称为话务理论。他在热力学统计平衡理论的启发下，成功地建立了电话统计平衡模型，并由此导出著名的 Erlang 电话损失率公式。排队论现已成为分析通信网的运行效率、估计服务质量、确定系统参数的最优值和判断系统结构是否合理等工作的重要数学工具之一。

2.2.1 排队系统模型

尽管通信网以及生活中的各种排队现象在形式和内容上都各不相同，但是它们都可以抽象成如图 2-2-1 所示的排队系统模型。模型中将具体排队现象中的排队对象(物或人，例如电话网中排队的呼叫、计算机网中排队的 IP 数据包、排队结账的顾客等)统一使用抽象的"**顾客源**"概念来指代；具体排队现象中的服务机构(物或人，例如电话网中交换机的线路、计算机网中路由器的处理单元、超市中结账的收银员等)统一使用抽象的"**服务窗**"概念来指代。由图 2-2-1 可知排队系统模型由三个基本环节组成：输入过程、排队规则和服务机制。

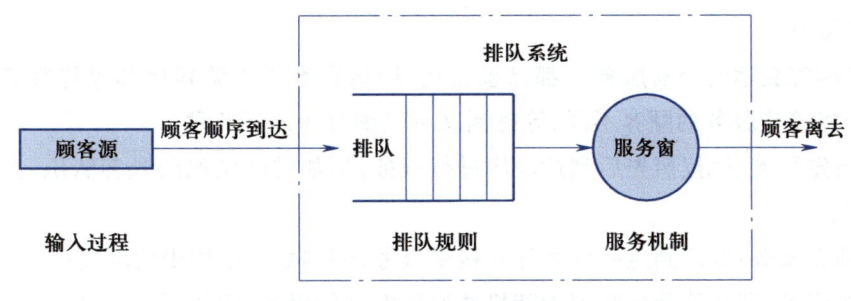

图 2-2-1 排队系统模型

1. 输入过程

输入过程是对顾客到达排队系统的规律的客观描述,包括:

(1)顾客总体数量是有限的还是无限的;

(2)每次到达排队系统的顾客数是一个还是多个,即逐个到达还是成批到达;

(3)相继到达的顾客之间的时间间隔是确定的还是随机的;

(4)相继到达的顾客之间的时间间隔是否相互独立,即相互之间有没有影响;

(5)顾客到达的过程是否平稳,即相继到达的间隔时间分布和所含参数(期望值、方差等)是否与时间相关。

输入过程通常假定到达时间间隔为相互独立的、服从同一分布的、平稳的随机变量。输入过程可以从如下三个不同的角度进行描述:

(1)$\{M(t), t \geqslant 0\}$:$M(t)$ 表示在时间间隔 $[0, t]$ 内到达排队系统的顾客总人数;

(2)$\{s_n, n = 1, 2, \cdots\}$:$s_n$ 表示第 n 个到达排队系统的顾客的到达时间;

(3)$\{T_n, n = 1, 2, \cdots\}$:$T_n$ 表示第 n 个顾客与其前一个顾客到达时间的间隔。

上述对输入随机过程的三种描述的关系如图 2-2-2 所示。三种方式都可以准确地描述输入随机过程,需要根据具体情况选择最合适的描述方式。

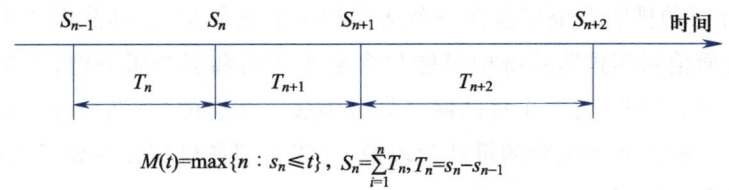

$$M(t) = \max\{n : s_n \leqslant t\}, \quad S_n = \sum_{i=1}^{n} T_n, \quad T_n = s_n - s_{n-1}$$

图 2-2-2 输入随机过程的三种描述的关系

2. 排队规则

排队规则是对顾客是否需要排队以及排队的次序和方式的描述。根据新到达的顾客是否需要排队,排队规则可以分为以下三类。

(1)损失制

如果新顾客到达时所有服务窗都已被占用,则该顾客离去,不接受服务。例如电话网就属于损失制,当呼叫到达时,如果交换机线路都被占用,则此次呼叫失败。损失制没有排队队列,所有顾客要么直接离开,要么直接接受服务。

（2）等待制

如果新顾客到达时所有服务窗都已被占用，则该顾客进入队列尾部等待服务。根据队列中下一个将接受服务的顾客不同，等待制又可以细分为以下几种。

① 先到先服务：即按照先后到达次序进行服务，例如排队结账的顾客队伍、高速收费站的汽车队伍；

② 后到先服务：即后到达的顾客优先接受服务，例如数据结构中的堆栈；

③ 随机服务：即从等待的队列中随机选取顾客进行服务，例如摇号抽奖；

④ 优先权服务：即对队列中高优先权的顾客优先处理。优先权服务又可以进一步分为抢占型和非抢占型。非抢占型是指高优先级顾客到达时，先等待正在接受服务的顾客服务完毕之后再接受服务，例如银行 VIP 会员；抢占型是指高优先级顾客到达时，立刻中断正在接受服务的顾客的服务，为高优先级顾客服务，例如操作系统中的中断处理机制。

（3）混合制

混合制是损失制与等待制的组合。新顾客到达时，如果所有服务窗都被占用，则该顾客根据一定条件决定是否进入队列直到接受服务。常用的判断条件有如下两种。

① 队列长度有限：当顾客到达时，如果队列长度已经等于规定长度，则顾客离去；如果小于规定长度，则顾客排队。例如，医院里每天总数有限的专家号。

② 等待时间有限：新顾客到达时，如果所有服务窗都被占用，则排队等待。但是如果顾客的排队时间超过某个规定时间，则顾客离去。例如有保质期限制的食品、药品等。

在混合制下，服务窗在给当前接受服务的顾客服务完毕之后，接下来为哪个顾客服务也可以细分为与排队制相同的四种情况：先到先服务、先到后服务、随机服务、优先服务。

3. 服务机制

服务机制是对服务窗的结构形式（如串联、并联、混合网络等结构）、服务窗个数以及服务窗服务时间的统计规律的描述。

图 2-2-1 介绍的排队系统只包含一个队列和一个服务窗，是排队系统中最简单最基本的形式。实际的通信网等排队系统中可能包含多个队列和多个服务窗，多个队列之间相互连接构成排队网络。因此，将整个排队网络划分为多个互连的"排队阶段"，每个排队阶段表示提供一种服务。根据系统包含的排队阶段数，可以将服务机制分为如下两种形式。

（1）单阶段服务机制

系统中只包含一种服务，可以由一个服务窗或者多个服务窗提供服务。只有一个服务窗的系统模型如图 2-2-1 所示。包含多个服务窗的系统如图 2-2-3 所示，多个服务窗之间必然以并联的方式进行服务，并且可以进一步划分为图 2-2-3（a）单队列多服务窗排队系统和图 2-2-3（b）多队列多服务窗排队系统两种情况。

图 2-2-3（a）中所有的服务窗共享同一个队列。如果顾客到达时，至少有一个服务窗空闲，则该顾客任选一个空闲服务窗立即接受服务。如果顾客到达时所有服务窗都忙，则形成队列，一旦有一个服务窗服务完毕，则队列里的顾客按照排队规则从队列中取出接受服务。例如银行里统一取号排队等候办业务的队伍就是单队列多服务窗排队系统。

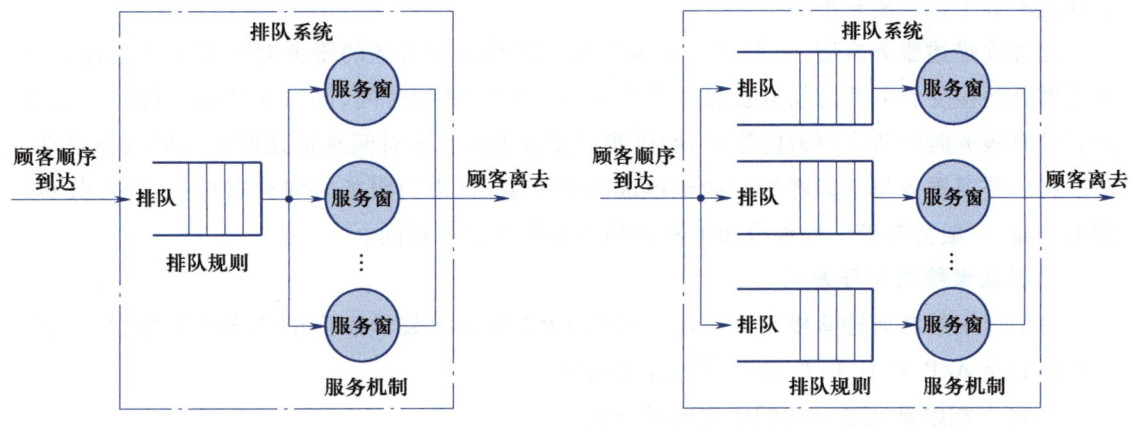

(a) 单队列多服务窗排队系统　　　　　　　　(b) 多队列多服务窗排队系统

图 2-2-3　单阶段服务机制的多服务窗排队系统模型

图 2-2-3(b)中每个服务窗都有自己单独的队列,可以看作多个图 2-2-1 所示的单队列单服务窗的并联形式,每个服务窗只为自己对应队列的顾客服务。例如,在拥有多个收银台的大型超市里等待结账的顾客队伍就是多队列多服务窗排队系统。图 2-2-3 的两种排队系统虽然只是在队列结构上有小的不同,但这将导致性能上的很大区别。

(2) 多阶段服务机制

顾客从进入系统到离开系统之间需要接受多种服务,并且多种服务之间有先后顺序,互相连接构成排队网络。每种服务都对应一个单阶段服务,可以由一个服务窗或者多个并联的服务窗提供服务。串联的排队网络是最简单的排队网络结构,所有服务阶段依次提供服务并且顺序固定。在复杂的排队网络结构中,每个顾客接受的服务阶段以及次序都有可能不同。例如图 2-2-4 所示,计算机网络中的 IP 数据包从源节点到目的节点需要经过多个路由器的转发,而且可以经过不同的转发路径到达目的节点。

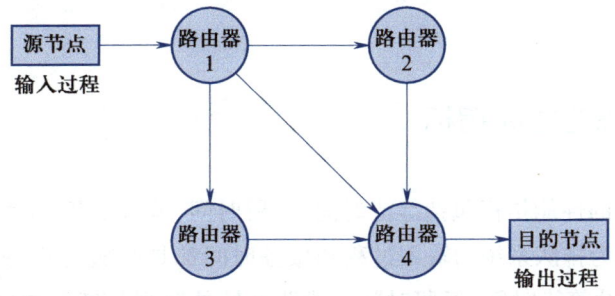

图 2-2-4　计算机网络中的排队网络模型

根据是否有顾客进出排队网络,排队网络可以进一步分为封闭型排队网络和开放型排队网络。在封闭型排队网络中,没有新顾客到达排队网络,也没有顾客离开排队网络。在开放型排队网络中,所有顾客到达排队网络,接受完服务之后又离开网络。为保持排队系统稳定,即排队系统中的顾客数不会趋于无穷大,开放型排队网络需要遵守流量守恒定理——顾

客到达率等于顾客离开率。

为准确描述服务机制,还需要包含服务窗为顾客提供服务的服务时间的统计规律。每个顾客开始接受服务的时间以及接受完服务离开服务窗的时间,同时受到输入过程和前面顾客的总服务时间两个因素的影响,所以我们需要采用服务时间来描述服务窗的服务效率。一般将服务窗服务每个顾客的时间建模成随机变量,常用的服务时间分布包括:均匀分布、指数分布、一般分布等。各种分布的具体描述与输入过程相同。

4. 排队系统的符号表示

目前通用的经典排队模型的表述方式是 1953 年英国数学家提出的肯达尔模型。该模型的形式是 A/B/C/D/E/F,各符号的含义如下:

A:顾客相继到达系统的间隔时间的分布;

B:服务窗服务时间的分布;

C:服务窗的个数;

D:系统中允许的最大顾客数,默认为无穷;

E:顾客源中的顾客数,默认为无穷;

F:排队规则,按先到先服务规则排队时可省略不写。

本章将以下列字母表示顾客到达间隔时间分布以及服务窗服务时间分布:M 表示指数分布、D 表示定长分布、G 表示一般分布。

例如,M/M/m/n 排队模型表示顾客相继到达的间隔时间和服务时间均服从指数分布,系统内设有 m 个并联的服务窗且系统容量为 n,顾客源中的顾客数为无穷,按先到先服务规则排队的混合制排队模型。M/G/1 排队模型表示顾客相继到达的间隔时间服从指数分布,服务时间服从一般分布,系统内有 1 个服务窗,系统容量为无限大,顾客源中的顾客数为无穷,按先到先服务规则排队的混合制排队模型。

注意,肯达尔模型不能表达网络结构,对于串联排队网络甚至更复杂的混合网络不能进行描述。肯达尔模型只能描述单阶段服务机制,即单服务窗以及并联多服务窗两种排队系统。

2.2.2　排队系统的性能指标

视频:排队系统的性能指标

排队系统最重要的性能指标包括等待时间、逗留时间、等待队长、系统队长和排队系统效率。因为排队系统的输入过程和服务时间都具有随机性,所以在任意时刻 t 每个顾客的等待时间、逗留时间和排队系统的队列长度等指标也是随机变量。因此,需要从瞬态特性和稳态特性两部分来分析它们的统计特性。

在一个排队系统运行的初始阶段,系统状态受系统的初始状态的影响显著,这一工作状态称为系统的瞬态阶段或者过渡状态。但是在经过足够长的运行时间(理论上是无限长的时间)之后,系统的工作状态将独立于初始状态和经历的时间,即此时排队系统的统计特征不再随时间的推移而变化,我们称该排队系统已经由过渡阶段进入平稳状态阶段或者统计

平衡状态阶段。实际应用中,大多数排队系统都会很快趋于稳定。求解稳态特性比瞬态特性容易很多,所以本章后续内容描述及使用的主要是排队系统的稳态特性。

(1)等待时间

等待时间是指平稳状态阶段,到达系统的任一顾客从到达时刻起到开始接受服务时刻为止的等待时间,也称为排队时间。排队时间是一个随机变量,它的数学期望记为 W_q,表示平均等待时间。

(2)逗留时间

逗留时间是指平稳状态阶段,到达系统的任一顾客从到达时刻起到接受完服务离开系统为止的时间,可以分为等待时间和服务时间两部分。逗留时间是一个随机变量,它的数学期望记为 W_s,表示平均逗留时间。

(3)等待队长

等待队长是指平稳状态阶段,系统中正在排队等待的顾客数目。等待队长是一个随机变量,它的数学期望记为 L_q,表示平均等待队长。

(4)系统队长

系统队长是指平稳状态阶段,系统中总的顾客数目,包括正在接受服务的顾客与正在排队等待的顾客。系统队长是一个随机变量,它的数学期望记为 L_s,表示平均系统队长。

(5)排队系统效率

排队系统效率定义为平均服务窗占用数与总服务窗个数的比值,记为 η,即

$$\eta = \frac{\bar{r}}{m} \qquad (2-2-1)$$

式中,m 是服务窗个数,是一个确定值;r 是任意时刻占用的窗口数,是一个随机变量,$\bar{r}$ 是 r 的数学期望。因此,r/m 是一个随机变量,其统计平均值 η 就是排队系统效率。

2.2.3 Little 公式

假设存在一个输入输出系统,顾客在时刻 $s_1, s_2, \cdots (0 \leqslant s_1 \leqslant s_2 \leqslant \cdots)$ 相继进入系统,它们在系统中逗留的时间分别为 $w_1, w_2, \cdots$。令 $l(t)$ 为时刻 t 在系统中的顾客总数,$M(t)$ 表示在时间间隔 $[0,t]$ 内到达排队系统的顾客总人数,再令

$$\lambda_e = \lim_{T \to \infty} \frac{M(T)}{T}$$

$$L = \lim_{T \to \infty} \frac{1}{T} \int_0^T l(t) \, dt \qquad (2-2-2)$$

$$W = \lim_{m \to \infty} \frac{1}{m} \sum_{i=1}^{m} w_m$$

对于上述输入输出系统,若极限 λ_e、W 均以概率 1 存在且有限,则 L 也以概率 1 存在且有限,并且公式

$$L = \lambda_e W \tag{2-2-3}$$

以概率 1 成立，该公式称为 Little 公式。

根据式（2-2-2）的定义：λ_e 表示平均单位时间进入系统的顾客数，即有效顾客到达率；L 表示系统中的平均总顾客数，即平均系统队长；W 表示平均每个顾客在系统逗留的时间，即平均逗留时间。1954 年，Little 公式被提出，但是没给出证明，1961 年给出了第一种证明方式，随后很多学者给出了不同的证明方式。因为这些证明比较复杂，下面只给出 Little 公式的一种直观解释。

对于处于统计平衡状态下的输入输出系统，系统中的平均顾客数 L 和每个顾客的平均逗留时间 W 是固定的。当一个顾客到达系统，在系统中花费 W 时间后离开系统，此时系统中的顾客数仍然是 L。而此时系统中的顾客数正是在 W 时间段内按有效到达速率 λ_e 到达的总顾客数，即 $L = \lambda_e W$。

将 Little 公式定义中的"输入输出系统"映射到排队模型中的不同模块，则可以得到不同的表达形式。如果将"输入输出系统"映射为整个排队系统，包含排队队列和服务窗两部分，则式（2-2-3）转化为

$$L_s = \lambda_e W_s \tag{2-2-4}$$

即平均系统队长等于有效顾客到达率乘以平均逗留时间。

如果将"输入输出系统"仅仅映射为排队系统的排队队列部分，不包括服务窗，则式（2-2-3）转化为

$$L_q = \lambda_e W_q \tag{2-2-5}$$

即平均等待队长等于有效顾客到达率乘以平均等待时间。

2.2.4　M/M/m/n 排队系统

本节将以 M/M/m/n 排队系统为例分析 M/M 排队系统。M/M 排队系统是指顾客相继到达的间隔时间和服务时间均服从指数分布的排队系统，也称为 Poisson 排队系统。M/M 排队系统是一种特殊的连续马尔可夫过程，

视频：M/M/m/n 排队系统

其重要特点就是无后效性，即系统在任意 t_n 时刻之后的概率特性只与系统在 t_n 时刻所处的状态有关，而与系统在 t_n 时刻之前的状态无关。

定义 M/M 排队系统在 t 时刻的状态为系统中的总顾客数，记为 $N(t)$。则 $N(t)$ 的有效状态集合为 $\{0, 1, 2, \cdots\}$。因为顾客相继到达的时间和服务时间均服从指数分布，所以在充分小的时间间隔内同时有两个或两个以上的顾客到达或者离开的概率都极小，即 M/M 排队系统的每一次状态转移只发生在相邻状态之间。系统状态 $N(t)$ 每次发生变化只可能有三种情况：加 1、减 1 和不变。假设 M/M 排队系统在 $N(t) = i$ 时顾客相继到达的平均间隔时间和平均服务时间分别为 $1/\lambda_i$ 和 $1/\mu_i$。定义 $p_{i,j}(t)$ 为系统状态经过 t 时间从状态 i 转移到状态 j 的概率函数，根据指数分布的定义可知对于充分小的时间间隔 $\Delta t (\Delta t > 0)$ 有

$$\begin{cases} p_{i,i+1}(\Delta t) = \lambda_i \Delta t + o(\Delta t) & i \geqslant 0 \\ p_{i,i-1}(\Delta t) = \mu_i \Delta t + o(\Delta t) & i \geqslant 1 \\ p_{i,i}(\Delta t) = 1 - (\lambda_i + \mu_i) \Delta t + o(\Delta t) & i \geqslant 0 \\ p_{i,j}(\Delta t) = o(\Delta t) & |i-j| \geqslant 2 \end{cases} \qquad (2-2-6)$$

忽略高阶无穷小项之后，$N(t)$ 在充分小的时间间隔 Δt 的状态转移概率为

（1）"生"：总顾客数从 i 增加为 $i+1$，其概率为 $\lambda_i \Delta t$；

（2）"灭"：总顾客数从 i 减少为 $i-1$，其概率为 $\mu_i \Delta t$；

（3）"不变"：总顾客数保持 i 不变，其概率为 $1-(\lambda_i + \mu_i) \Delta t$。

由式（2-2-6）可知

$$\lambda_i = \lim_{\Delta t \to 0} \frac{p_{i,i+1}(\Delta t)}{\Delta t}$$
$$\qquad (2-2-7)$$
$$\mu_i = \lim_{\Delta t \to 0} \frac{p_{i,i-1}(\Delta t)}{\Delta t}$$

因此，参数 λ_i 和 μ_i 在 M/M 排队系统中有着特殊的含义，即系统状态 $N(t)$ 的瞬时转移速率，也称为转移强度。

M/M 排队系统是生灭过程的一种特例。生灭过程是每一次状态转移都发生在相邻状态之间的齐次马尔可夫过程，其状态变化只有生、灭和不变三种情况。齐次马尔可夫过程是具有无后效性、条件分布不随观察起点变化的随机过程。

分析 M/M 排队系统的性能有两种方法：古典解析法和近代解析法。古典解析法的思路是先对系统的瞬态特性进行概率计算，然后求解微分方程组来获得系统的瞬态概率。而近代解析法不求解瞬态特性，直接计算系统在统计平衡状态下的状态概率以及相关的特性指标。近代解析法适用于存在平衡状态的系统，可以求解串并联或者网络结构的排队系统、优先权排队系统等，适用范围更广。

1. 古典解析法

M/M/m/n 排队系统模型如图 2-2-5 所示，其含义为：输入过程为泊松流，平均顾客到达速率为 λ，顾客源中的顾客数为无穷；每个顾客的服务时间相互独立并服从指数分布，平均服务时间为 $1/\mu$；m 个并联的服务窗可同时提供相同服务；采用单队列、先到先服务的混合制排队规则，系统容量为 n，即最大排队长度为 $n-m$。

（1）瞬态特性分析

令系统在时刻 t 处于状态 i $(i \in \{0,1,2,\cdots,n\})$ 的概率记为 $P_i(t) = P\{N(t)=i\}$。对于充分小的时间间隔 Δt，由全概率公式以及 M/M/m/n 排队系统每次状态转移只发生在相邻状态之间的特性可得

$$P_0(t+\Delta t) = P_0(t) \cdot p_{0,0}(\Delta t) + P_1(t) \cdot p_{1,0}(\Delta t) \qquad (2-2-8)$$

$$P_n(t+\Delta t) = P_{n-1}(t) \cdot p_{n-1,n}(\Delta t) + P_n(t) \cdot p_{n,n}(\Delta t) \qquad (2-2-9)$$

$$P_i(t+\Delta t) = P_{i-1}(t) \cdot p_{i-1,i}(\Delta t) + P_i(t) \cdot p_{i,i}(\Delta t) + P_{i+1}(t) \cdot p_{i+1,i}(\Delta t), \quad 1 \leqslant i \leqslant n-1$$

$$\qquad (2-2-10)$$

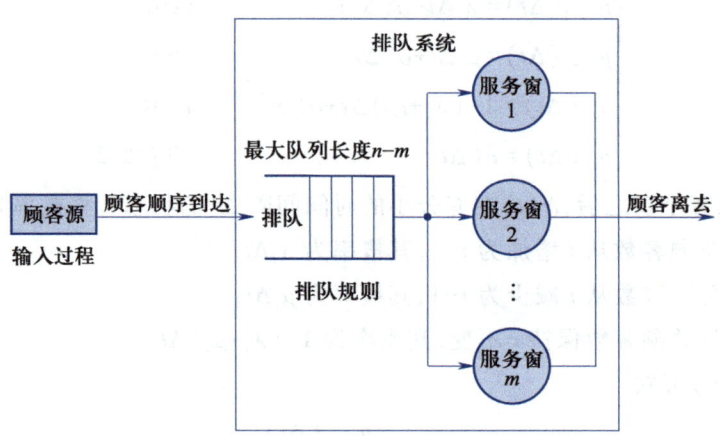

图 2-2-5　M/M/m/n 排队系统模型

因为 M/M/m/n 排队系统是生灭过程,每次状态转移只发生在相邻状态之间。所以系统能转移到 $N(t+\Delta t)=0$ 状态的前一个状态只可能是 0 与 1,对应式(2-2-8);系统能转移到 $N(t+\Delta t)=n$ 状态的前一个状态只可能是 $n-1$ 与 n,对应式(2-2-9);而对于中间的 $n-1$ 个状态,$N(t+\Delta t)=i\,(1\leqslant i\leqslant n-1)$ 状态的前一个状态有三种可能,分别是 $i-1,i$ 和 $i+1$,对应式(2-2-10)。

M/M/m/n 排队系统只包含一个平均顾客到达速率恒定为 λ 的顾客源,所以在系统允许接受新顾客的状态下顾客的到达率保持不变,即 $\lambda_i=\lambda\,(0\leqslant i\leqslant n-1)$。当总顾客数到达上限 n 时队列已满,新到达的顾客会被拒绝入队,即 $\lambda_n=0$。

$$\lambda_i=\begin{cases}\lambda & 0\leqslant i\leqslant n-1\\0 & i=n\end{cases} \qquad (2\text{-}2\text{-}11)$$

顾客离开 M/M/m/n 排队系统的速率是随着占用的服务窗的总数变化而变化的。当系统中顾客数为 0 时,此时没有服务窗被占用,即不会有顾客离开,$\mu_0=0$;当系统中有 $i\,(1\leqslant i\leqslant m)$ 个服务窗被占用,假设各服务窗的剩余服务时间分别为 T_1、T_2、$\cdots$、T_i,都服从平均服务时间为 $1/\mu$ 的指数分布。令第一个离开的顾客所需的时间为 T_i',则 $T_i'=\min\{T_1,T_2,\cdots,T_i\}$。依据指数分布特性可求得 T_i' 的分布函数 $F_{T_i'}(t)$ 如下:

$$\begin{aligned}F_{T_i'}(t)&=p\{T_i'\leqslant t\}\\&=1-p\{T_i'>t\}\\&=1-p\{\min\{T_1,T_2,\cdots,T_i\}>t\}\\&=1-\prod_{n=1}^{i}p\{T_n>t\}\\&=1-e^{-i\mu t}\end{aligned} \qquad (2\text{-}2\text{-}12)$$

即 T_i' 服从平均服务时间为 $1/(i\mu)$ 的指数分布。因此,总顾客数从 i 减少为 $i-1$ 的转移速率为

$$\mu_i = \begin{cases} 0 & i=0 \\ i\mu & 1 \leqslant i \leqslant m-1 \\ m\mu & m \leqslant i \leqslant n \end{cases} \qquad (2\text{-}2\text{-}13)$$

将式(2-2-11)和式(2-2-13)代入式(2-2-6)可得 M/M/m/n 排队系统的状态转移概率函数为

$$p_{i,i+1}(\Delta t) = \lambda \Delta t + o(\Delta t) , \qquad 0 \leqslant i \leqslant n-1 \qquad (2\text{-}2\text{-}14)$$

$$p_{i,i-1}(\Delta t) = \begin{cases} i\mu \Delta t + o(\Delta t) & 1 \leqslant i \leqslant m-1 \\ m\mu \Delta t + o(\Delta t) & m \leqslant i \leqslant n \end{cases} \qquad (2\text{-}2\text{-}15)$$

$$p_{i,i}(\Delta t) = \begin{cases} 1 - \lambda \Delta t + o(\Delta t) & i=0 \\ 1 - (\lambda + i\mu) \Delta t + o(\Delta t) & 1 \leqslant i \leqslant m-1 \\ 1 - (\lambda + m\mu) \Delta t + o(\Delta t) & m \leqslant i \leqslant n-1 \\ 1 - m\mu \Delta t + o(\Delta t) & i=n \end{cases} \qquad (2\text{-}2\text{-}16)$$

将式(2-2-14)~式(2-2-16)代入式(2-2-8)~式(2-2-10),简单变换获得差分方程之后再取极限令 $\Delta t \to 0$,则得到关于 $P_i(t)$ 的微分差分方程组,即

$$\frac{\mathrm{d}P_i(t)}{\mathrm{d}t} = \begin{cases} -\lambda P_0(t) + \mu P_1(t) & i=0 \\ \lambda P_{i-1}(t) - (\lambda + i\mu) P_i(t) + (i+1)\mu P_{i+1}(t) & 1 \leqslant i \leqslant m-1 \\ \lambda P_{i-1}(t) - (\lambda + m\mu) P_i(t) + m\mu P_{i+1}(t) & m \leqslant i \leqslant n-1 \\ \lambda P_{n-1}(t) - m\mu P_n(t) & i=n \end{cases} \qquad (2\text{-}2\text{-}17)$$

其中,$\dfrac{\mathrm{d}P_i(t)}{\mathrm{d}t} = \lim\limits_{\Delta t \to 0} \dfrac{P_i(t+\Delta t) - P_i(t)}{\Delta t}$。

联合微分差分方程组(2-2-17)和系统初始状态值,理论上可以求得系统在任意时刻的瞬态概率 $P_i(t)$,$i \in \{0,1,2,\cdots,n\}$,但是求解过程非常复杂。这里提供对 $m=1$ 且 $n=1$ 的最简单情况的分析,即 M/M/1/1 排队系统,式(2-2-17)变为

$$\begin{cases} \dfrac{\mathrm{d}P_0(t)}{\mathrm{d}t} = -\lambda P_0(t) + \mu P_1(t) \\ \dfrac{\mathrm{d}P_1(t)}{\mathrm{d}t} = \lambda P_0(t) - \mu P_1(t) \end{cases} \qquad (2\text{-}2\text{-}18)$$

假设系统初始时刻空闲,即 0 时刻系统中的顾客数恒为 0,则有

$$P_0(0) = P\{N(0) = 0\} = 1 \qquad (2\text{-}2\text{-}19)$$

联立式(2-2-18)和式(2-2-19),可得 M/M/1/1 排队系统的瞬态概率为

$$\begin{cases} P_0(t) = \dfrac{1}{\lambda + \mu} \left[\mu + \lambda \mathrm{e}^{-(\lambda+\mu)t} \right] \\ P_1(t) = \dfrac{\lambda}{\lambda + \mu} \left[1 - \mathrm{e}^{-(\lambda+\mu)t} \right] \end{cases} \qquad (2\text{-}2\text{-}20)$$

根据式(2-2-20)可进一步计算 M/M/1/1 排队系统的性能指标,t 时刻的平均系统队长 $L_s(t)$ 为

$$L_s(t) = E[N(t)] = \sum_{i=0}^{1} i \cdot P_i(t) = \frac{\lambda}{\lambda + \mu}[1 - e^{-(\lambda+\mu)t}] \tag{2-2-21}$$

因为到达 M/M/1/1 排队系统的顾客要么立即接受服务,要么直接离开,所以系统的平均等待队长和平均等待时间恒为 0,即 $L_q(t) = 0$, $W_q(t) = 0$。平均逗留时间就是进入系统的每个顾客的平均服务时间,即 $W_s(t) = 1/\mu$。

（2）稳态特性分析

当排队系统经过足够长的运行时间之后,系统进入平稳状态阶段,此时状态概率以及其他性能指标将与时间无关。例如,将上一节求出的 M/M/1/1 排队系统的性能对时间求极限,可得稳态性能如下:

$$\begin{cases} P_0 = \lim_{t \to \infty} P_0(t) = \dfrac{\mu}{\lambda + \mu} \\[2mm] P_1 = \lim_{t \to \infty} P_1(t) = \dfrac{\lambda}{\lambda + \mu} \\[2mm] L_s = \lim_{t \to \infty} L_s(t) = \dfrac{\lambda}{\lambda + \mu} \\[2mm] W_s = \lim_{t \to \infty} W_s(t) = \dfrac{1}{\mu} \\[2mm] L_q = \lim_{t \to \infty} L_q(t) = 0 \\[2mm] W_q = \lim_{t \to \infty} W_q(t) = 0 \end{cases} \tag{2-2-22}$$

2. 近代解析法

近代解析法适用于存在平衡状态的系统,利用平衡状态下状态概率的取值与时间无关的性质,直接计算系统在统计平衡状态下的状态概率。近代解析法的关键步骤是建立瞬时状态流图,然后根据瞬时状态流图建立状态平衡方程组。对于很多古典解析法很难求解的排队系统,采用近代解析法可以方便地获得稳态解。例如 M/M/m/n 排队系统,其瞬时状态流图如图 2-2-6 所示。

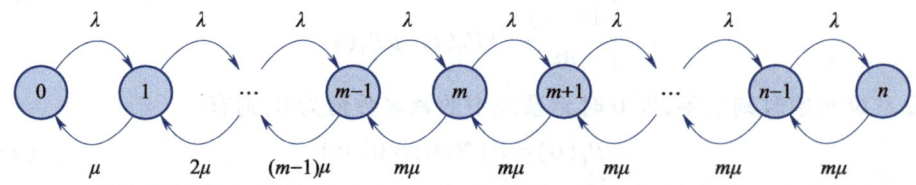

图 2-2-6　M/M/m/n 排队系统的瞬时状态流图

瞬时状态流图表达的意义是排队系统的总顾客数状态的瞬时转移强度。图中带不同数值的圆圈表示排队系统所处的不同状态,圈内的数值 i 表示排队系统处于总顾客数为 i 的状态。每个状态 i 的取值是平衡状态下排队系统处于该状态的概率 P_i,P_i 都是常数。图中带箭头的弧线表示排队系统可以从源状态转移到目的状态,弧线上的权值表示系统状态的瞬时转移速度。例如,图 2-2-6 所示的 M/M/m/n 排队系统中:包含从状态 i 到 $i+1$ ($0 \le i \le n-1$)、瞬时转

移强度为 λ 的弧线表示在充分小的时间间隔 Δt 内增加一个顾客的概率为 $\lambda \Delta t$;包含从状态 i 到 $i-1(1 \leqslant i \leqslant m-1)$、瞬时转移速度为 $i\mu$ 的弧线表示顾客数 i 在区间 $[1, m-1]$ 时在充分小的时间间隔 Δt 内减少一个顾客的概率为 $i\mu \Delta t$;包含从状态 i 到 $i-1(m \leqslant i \leqslant n)$、瞬时转移速度为 $m\mu$ 的弧线表示顾客数 i 在区间 $[m, n]$ 时在充分小的时间间隔 Δt 内减少一个顾客的概率为 $m\mu \Delta t$。

当排队系统达到平衡状态时,系统仍然在不同状态间转换,但是每个状态的概率保持恒定不变。以瞬时状态流图中的状态为观测对象,这表示概率意义上每个状态的流入速率等于流出速率,即概率守恒。状态 i 的流入速率为所有指向状态 i 的弧线权值与对应源状态概率之积的求和,状态 i 的流出速率为所有离开状态 i 的弧线权值与状态 i 概率之积的求和。以图 2-2-6 所示的 M/M/m/n 排队系统为例,分别对状态 $0 \sim n$ 计算状态平衡方程可得如下方程组

$$
\begin{cases}
\lambda P_0 = \mu P_1 \\
(\lambda + i\mu) P_i = \lambda P_{i-1} + (i+1)\mu P_{i+1}, & 1 \leqslant i \leqslant m-1 \\
(\lambda + m\mu) P_i = \lambda P_{i-1} + m\mu P_{i+1}, & m \leqslant i \leqslant n-1 \\
m\mu P_n = \lambda P_{n-1}
\end{cases}
\tag{2-2-23}
$$

其中,每个方程的左侧表示状态 i 的流出速率,右侧表示状态 i 的流入速率。该方程组也可以由古典分析法的微分差分方程组在稳态情况下导出,即式(2-2-17)在 $\mathrm{d}P_i(t)/\mathrm{d}t = 0$ 时即等效于式(2-2-23)。根据概率归一化条件,系统处于每个状态的概率之和为 1,即

$$
\sum_{i=0}^{n} P_i = 1
\tag{2-2-24}
$$

联立式(2-2-23)与式(2-2-24)可解得所有的状态概率 P_i。

令 $\rho = \lambda / m\mu$,其物理意义是 M/M/m/n 排队系统所有服务窗都占用情况下的业务强度。根据式(2-2-23)依次将所有状态概率用 P_0 表示如下:

对 1 状态,有 $\lambda P_0 = \mu P_1$,故 $P_1 = \dfrac{\lambda}{\mu} P_0 = m\rho P_0$;

对 2 状态,有 $\lambda P_1 = 2\mu P_2$,故 $P_2 = \dfrac{\lambda}{2\mu} P_1 = \dfrac{m^2 \rho^2}{2!} P_0$;

……

对 m 状态,有 $\lambda P_{m-1} = m\mu P_m$,故 $P_m = \dfrac{\lambda}{m\mu} P_{m-1} = \dfrac{m^m \rho^m}{m!} P_0$;

对 $m+1$ 状态,有 $\lambda P_m = m\mu P_{m+1}$,故 $P_{m+1} = \dfrac{\lambda}{m\mu} P_m = \dfrac{m^m \rho^{m+1}}{m!} P_0$;

……

对 n 状态,有 $\lambda P_{n-1} = m\mu P_n$,故 $P_n = \dfrac{\lambda}{m\mu} P_{n-1} = \dfrac{m^m \rho^n}{m!} P_0$;

综上所述,有

$$
P_i = \begin{cases}
\dfrac{m^i \rho^i}{i!} P_0 & 0 \leqslant i \leqslant m-1 \\[3mm]
\dfrac{m^m \rho^i}{m!} P_0 & m \leqslant i \leqslant n
\end{cases}
\tag{2-2-25}
$$

利用概率归一化条件

$$1 = \sum_{i=0}^{n} P_i = \left[\sum_{i=0}^{m-1} \frac{m^i \rho^i}{i!} + \sum_{i=m}^{n} \frac{m^m \rho^i}{m!} \right] P_0 \tag{2-2-26}$$

解得

$$P_0 = \begin{cases} \left[\sum\limits_{i=0}^{m-1} \dfrac{m^i \rho^i}{i!} + \dfrac{m^m \rho^m}{m!} \cdot \dfrac{1-\rho^{n-m+1}}{1-\rho} \right]^{-1} & \rho \neq 1 \\[3mm] \left[\sum\limits_{i=0}^{m-1} \dfrac{m^i}{i!} + \dfrac{m^m}{m!}(n-m+1) \right]^{-1} & \rho = 1 \end{cases} \tag{2-2-27}$$

将式(2-2-27)代入式(2-2-25)即可获得 M/M/m/n 排队系统在平衡状态下处于各状态的概率 $P_i (0 \leq i \leq n)$。

利用所获得的稳定状态概率,可以计算 M/M/m/n 排队系统在平稳状态下的性能指标如下。

(1) 平均系统队长

平均系统队长是平稳状态下系统中顾客的总数目的期望,包括正在接受服务的顾客和排队等待的顾客,即

$$
\begin{aligned}
L_s &= \sum_{i=0}^{n} i \cdot P_i \\
&= \sum_{i=0}^{m-1} i \cdot \frac{m^i \rho^i}{i!} P_0 + \sum_{i=m}^{n} i \cdot \frac{m^m \rho^i}{m!} P_0 \\
&= \begin{cases} \sum\limits_{i=0}^{m-2} \dfrac{m^{i+1} \rho^{i+1}}{i!} P_0 + \dfrac{m^m \rho^m}{m!} \cdot \left[\dfrac{m-(n+1)\rho^{n-m+1}}{1-\rho} + \dfrac{\rho - \rho^{n-m+2}}{(1-\rho)^2} \right] \cdot P_0, & \rho \neq 1 \\[4mm] \sum\limits_{i=0}^{m-2} \dfrac{m^{i+1}}{i!} P_0 + \dfrac{m^m}{m!} \cdot \dfrac{(n+m)(n-m+1)}{2} \cdot P_0, & \rho = 1 \end{cases}
\end{aligned} \tag{2-2-28}
$$

根据概率归一化式(2-2-26)可得

$$\sum_{i=0}^{m-2} \frac{m^{i+1} \rho^{i+1}}{i!} P_0 = \begin{cases} m\rho - \dfrac{m^{m+1} \rho^m (1-\rho^{n-m+2})}{m!\ (1-\rho)} P_0, & \rho \neq 1 \\[4mm] m - \dfrac{m^{m+1}(n-m+2)}{m!} P_0, & \rho = 1 \end{cases} \tag{2-2-29}$$

将式(2-2-29)代入式(2-2-28),可得

$$L_s = \begin{cases} m\rho + \dfrac{m^m \rho^{m+1}\left[1 - (n+1)\rho^{n-m} + (n+m)\rho^{n-m+1} - m\rho^{n-m+2} \right]}{m!\ (1-\rho)^2 \cdot \sum\limits_{i=0}^{m-1} \dfrac{m^i \rho^i}{i!} + m^m \rho^m (1-\rho)(1-\rho^{n-m+1})}, & \rho \neq 1 \\[6mm] m + \dfrac{m^m\left[(n-m)^2 + n - 3m \right]}{2m! \sum\limits_{i=0}^{m-1} \dfrac{m^i}{i!} + 2m^m(n-m+1)}, & \rho = 1 \end{cases} \tag{2-2-30}$$

(2) 平均等待队长

平均等待队长是平稳状态下,系统中正在排队等待的顾客数目的数学期望,即

$$L_q = \sum_{i=m+1}^{n} (i-m) \cdot P_i$$

$$= \sum_{i=m+1}^{n} (i-m) \cdot \frac{m^m \rho^i}{m!} P_0 \qquad (2-2-31)$$

$$= \begin{cases} \dfrac{m^m \rho^{m+1}(1-\rho)\left[1-(n-m+1)\rho^{n-m}+(n-m)\rho^{n-m+1}\right]}{m!\,(1-\rho)\cdot\sum\limits_{i=0}^{m-1}\dfrac{m^i\rho^i}{i!}+m^m\rho^m(1-\rho^{n-m+1})}, & \rho \neq 1 \\[4mm] \dfrac{m^m(n-m)(n-m+1)}{2m!\,\sum\limits_{i=0}^{m-1}\dfrac{m^i}{i!}+2m^m(n-m+1)}, & \rho = 1 \end{cases}$$

（3）平均逗留时间

平均逗留时间是平稳状态下,到达系统的任一顾客从到达时刻起到接受完服务离开系统为止的时间的数学期望,包括等待时间和服务时间两部分,这里使用 Little 公式来计算。只有在系统处于状态 1~n-1 时,新到达的顾客能够进入系统排队或者立即接受服务;当系统处于状态 n 时,因为系统等待队列已满,新到达的顾客将立即离开不被系统接纳。因此可得有效顾客到达率 λ_e 为

$$\lambda_e = \lambda(1-P_n) = \lambda\left(1-\frac{m^m \rho^n}{m!} P_0\right) \qquad (2-2-32)$$

根据 Little 公式(2-2-3),将式(2-2-32)和式(2-2-30)代入式(2-2-3)可得平均逗留时间 W_s 为

$$W_s = \frac{L_s}{\lambda_e}$$

$$= \begin{cases} \dfrac{m!\,(1-\rho)\cdot\sum\limits_{i=0}^{m-1}\dfrac{m^i\rho^i}{i!}+m^{m-1}\rho^m\left[\dfrac{1-\rho^{n-m}}{1-\rho}+m-n\rho^{n-m}\right]}{\mu\cdot m!\,(1-\rho)\cdot\sum\limits_{i=0}^{m-1}\dfrac{m^i\rho^i}{i!}+\mu\cdot m^m(\rho^m-\rho^n)}, & \rho \neq 1 \\[4mm] \dfrac{2m!\,\sum\limits_{i=0}^{m-1}\dfrac{m^i}{i!}+m^{m-1}(n-m)(n+m+1)}{2\mu\cdot m!\,\sum\limits_{i=0}^{m-1}\dfrac{m^i}{i!}+2\mu\cdot m^m(n-m)}, & \rho = 1 \end{cases} \qquad (2-2-33)$$

（4）平均等待时间

平均等待时间是平稳状态下,到达系统的任一顾客从到达时刻起到开始接受服务时刻为止的时间的期望。与平均逗留时间的求法一样,根据 Little 公式,将有效顾客到达率公式(2-2-32)和式(2-2-31)代入式(2-2-3)可得平均等待时间 W_q 为

$$W_q = \frac{L_q}{\lambda_e}$$

$$= \begin{cases} \dfrac{m^{m-1}\rho^m(1-\rho)\left[1-(n-m+1)\rho^{n-m}+(n-m)\rho^{n-m+1}\right]}{\mu\cdot m!\,(1-\rho)\cdot\sum\limits_{i=0}^{m-1}\dfrac{m^i\rho^i}{i!}+\mu\cdot m^m(\rho^m-\rho^n)}, & \rho \neq 1 \\[4mm] \dfrac{m^{m-1}(n-m)(n-m+1)}{2\mu\cdot m!\,\sum\limits_{i=0}^{m-1}\dfrac{m^i}{i!}+2\mu\cdot m^m(n-m)}, & \rho = 1 \end{cases} \qquad (2-2-34)$$

3. M/M/m/n 排队系统的特殊模型

当 M/M/m/n 排队系统中的参数 m、n 做不同取值时将获得如下两种特殊模型。

（1）M/M/m/m 排队系统

若取 $n=m$，即成为损失制排队系统 M/M/m/m。此时系统中不允许排队，新顾客到达时如果有空闲的服务窗则立即接受服务，否则立即离开。将 $n=m$ 代入 M/M/m/n 排队系统的状态概率公式可得 M/M/m/m 的状态概率为

$$P_i = \frac{m^i \rho^i}{i!} \left(\sum_{i=0}^{m-1} \frac{m^i \rho^i}{i!} \right)^{-1}, \quad 0 \leq i \leq m \tag{2-2-35}$$

平均系统队长和平均逗留时间分别为

$$L_s = m\rho - \frac{m^{m+1} \rho^{m+1}}{m! \ \sum\limits_{i=0}^{m-1} \frac{m^i \rho^i}{i!} + m^m \rho^m} \tag{2-2-36}$$

$$L_q = \frac{1}{\mu}$$

因为 M/M/n/n 排队系统没有等待队列，所以平均等待队长和平均等待时间都为 0。

（2）M/M/m 排队系统

若取 $n \to \infty$，即成为等待制排队系统 M/M/m。此时系统允许无限队长的排队。但是为了保证系统稳定，即排队长度不会随时间增加而无限增长，需满足业务强度 $\rho < 1$。M/M/m 的状态概率为

$$P_i = \begin{cases} \dfrac{m^i \rho^i}{i!} \left[\sum\limits_{i=0}^{m-1} \dfrac{m^i \rho^i}{i!} + \dfrac{m^m \rho^m}{m! \ (1-\rho)} \right]^{-1}, & 0 \leq i \leq m-1 \\[4mm] \dfrac{m^m \rho^i}{m!} \left[\sum\limits_{i=0}^{m-1} \dfrac{m^i \rho^i}{i!} + \dfrac{m^m \rho^m}{m! \ (1-\rho)} \right]^{-1}, & i \geq m \end{cases} \tag{2-2-37}$$

平均系统队长、平均等待队长、平均逗留时间和平均等待时间分别为

$$\begin{cases} L_s = m\rho + \dfrac{m^m \rho^{m+1}}{m! \ (1-\rho)^2 \cdot \sum\limits_{i=0}^{m-1} \dfrac{m^i \rho^i}{i!} + m^m \rho^m (1-\rho)} \\[6mm] L_q = \dfrac{m^m \rho^{m+1} (1-\rho)}{m! \ (1-\rho) \cdot \sum\limits_{i=0}^{m-1} \dfrac{m^i \rho^i}{i!} + m^m \rho^m} \\[6mm] W_s = \dfrac{m! \ (1-\rho) \cdot \sum\limits_{i=0}^{m-1} \dfrac{m^i \rho^i}{i!} + m^{m-1} \rho^m \left(\dfrac{1}{1-\rho} + m \right)}{\mu \cdot m! \ (1-\rho) \cdot \sum\limits_{i=0}^{m-1} \dfrac{m^i \rho^i}{i!} + \mu \cdot m^m \rho^m} \\[6mm] W_q = \dfrac{m^{m-1} \rho^m (1-\rho)}{\mu \cdot m! \ (1-\rho) \cdot \sum\limits_{i=0}^{m-1} \dfrac{m^i \rho^i}{i!} + \mu \cdot m^m \rho^m} \end{cases} \tag{2-2-38}$$

2.2.5　M/G/1 排队系统

前一节分析的 M/M 排队系统的重要特点是在任意时刻系统中的顾客数、下一位新顾客到达的剩余时间、受服务顾客的剩余服务时间都具有无后效性。但是并非所有的排队系统都具有无后效性,例如本节即将介绍的一类典型非马尔可夫排队系统——M/G/1 排队系统。M/G/1 排队系统的模型如图 2-2-7 所示,其含义为:输入过程为泊松流,平均顾客到达速率为 λ,顾客源中的顾客数为无穷;每个顾客的服务时间相互独立并服从一般分布,平均服务时间为 $1/\mu$,方差为 σ^2;只有一个服务窗提供服务,采用单队列、队列缓存容量无限大、先到先服务的排队规则。

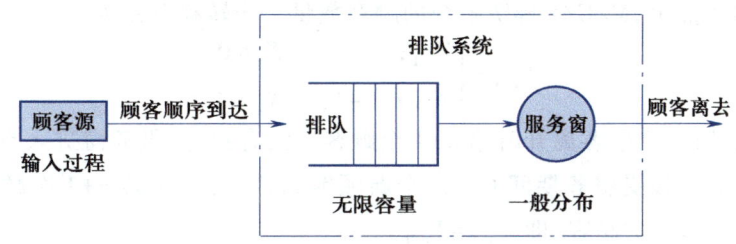

图 2-2-7　M/G/1 排队系统的模型

（1）平衡状态下的稳定状态概率

本节基于嵌入式马尔可夫链,计算 M/G/1 排队系统在统计平衡状态下的稳定状态概率,定义即将使用到的参数如下。

① $\{Q(t),t\geqslant0\}$:在任意时间 t 系统中的总顾客数,包括正在接受服务的顾客与排队等待的顾客。$\{Q(t),t\geqslant0\}$ 是连续时间随机过程。

② $t_n(n=1,2,\cdots)$:第 n 个顾客接受完服务后离开排队系统的时间点。

③ $T_n(n=1,2,\cdots)$:第 n 个顾客所需的服务时间。

④ $X_n(n=1,2,\cdots)$:在 t_n 时刻系统中的总顾客数,不包括离开的第 n 个顾客,即 $\{X_n\}$ 是对连续时间随机过程 $\{Q(t)\}$ 在离散时间序列 $t_n(n=1,2,\cdots)$ 上的采样

$$X_n = Q(t_n), \quad n=1,2,\cdots$$

⑤ $Y_n(n=1,2,\cdots)$:在第 n 个顾客接受服务期间到达的新顾客数量。

已知任意时刻 t 在系统中的总顾客数为 $Q(t)$,计算 t 时刻之后的 $Q(t)$ 的状态概率。因为 M/G/1 排队系统中顾客的服务时间不服从指数分布,所以下一个即将离开的顾客的剩余服务时间与 t 时刻之前已经接受服务的时间长度有关。因此仅仅已知 $Q(t)$ 无法计算出 t 时刻之后的 $Q(t)$ 的状态概率,表明 $Q(t)$ 不具有无后效性,$\{Q(t),t\geqslant0\}$ 不是一个马尔可夫过程。但是考虑 $Q(t)$ 在每个顾客离开系统的时刻的采样序列 $X_n(n=1,2,\cdots)$:因为系统中所有的顾客都还未开始接受服务,所以未来离开的所有顾客的剩余服务时间都服从 M/G/1 指定的一般分布;未来将到达的新顾客的间隔时间服从无记忆的指数分布。所以在已知 X_n 时,可以根据 M/G/1 的分布计算出所有 $X_i(i\geqslant n+1)$ 的状态概率,即 X_n 具有无记忆性,$\{X_n,n=1,2,\cdots\}$ 是离散时间马尔可夫链。

这种在一般时刻的概率变量不能形成马尔可夫链,但是对于特殊时刻采样的概率变量能形成马尔可夫链的过程称为嵌入式马尔可夫链。能够形成马尔可夫链的时间点称为再生点或者嵌入点。M/G/1 排队系统就是嵌入式马尔可夫链,其中每个顾客服务结束的时刻 t_n 就是 M/G/1 排队系统的再生点。

可以证明,在任意时间点的顾客数 $Q(t)$ 的极限分布与在 t_n 时刻观察到的顾客数量 X_n 的极限分布完全一样,即稳定状态概率满足

$$\lim_{t \to \infty} p\{Q(t) = k\} = \lim_{n \to \infty} p\{X_n = k\}$$

所以可以使用嵌入式马尔可夫链 X_n 在统计平衡状态下的状态概率作为 M/G/1 排队系统的稳定状态概率。

在不同的再生点上,M/G/1 排队系统的顾客数量一步转移关系为

$$X_{n+1} = \begin{cases} Y_{n+1}, & X_n = 0 \\ X_n + Y_{n+1} - 1, & X_n \geq 1 \end{cases} \quad (2\text{-}2\text{-}39)$$

当 $X_n = 0$ 时,第 n 个顾客离开时第 $n+1$ 个顾客还没有到达,服务窗进入空闲状态。在第 $n+1$ 个顾客到达后并接受服务期间有 Y_{n+1} 个新顾客到达,所以在第 $n+1$ 个顾客离开系统时会留下 Y_{n+1} 个等待服务的顾客,即 $X_{n+1} = Y_{n+1}$。

当 $X_n \geq 1$ 时,第 n 个顾客离开时系统中有 X_n 个顾客,排队首的是第 $n+1$ 个顾客,马上进入服务窗接受服务。在第 $n+1$ 个顾客接受服务期间有 Y_{n+1} 个新顾客到达,所以在第 $n+1$ 个顾客离开系统时会留下 $X_n + Y_{n+1} - 1$ 个等待服务的顾客,即 $X_{n+1} = X_n + Y_{n+1} - 1$。

式(2-2-39)进一步证明了 X_{n+1} 仅与 X_n 有关,$\{X_n, n = 1, 2, \cdots\}$ 是离散时间马尔可夫链。根据式(2-2-39),可得转移概率为

$$p_{ij} = p\{X_{n+1} = j \mid X_n = i\}$$
$$= \begin{cases} p\{Y_{n+1} = j - i + 1\}, & i \neq 0, j \geq i - 1 \\ p\{Y_{n+1} = j\}, & i = 0, j \geq 0 \\ 0, & \text{其他} \end{cases} \quad (2\text{-}2\text{-}40)$$

令 $a_i = p\{Y_n = i\}$,设 M/G/1 排队系统的服务时间的分布密度函数为 $g(t)$,即随机变量 $T_n (n = 1, 2, \cdots)$ 相互独立且分布密度函数为 $g(t)$,可得

$$a_i = p\{Y_n = i\} = \int_0^\infty p\{Y_n = i \mid T_n = t\} \cdot g(t) \, \mathrm{d}t = \int_0^\infty \frac{(\lambda t)^i}{i!} \mathrm{e}^{-\lambda t} \cdot g(t) \, \mathrm{d}t \quad (2\text{-}2\text{-}41)$$

并且满足 $\sum_{i=0}^\infty a_i = 1$。

M/G/1 排队系统的嵌入式马尔可夫链 $\{X_n, n = 1, 2, \cdots\}$ 的一步转移矩阵为

$$\boldsymbol{P} = \begin{bmatrix} a_0 & a_1 & a_2 & a_3 & \cdots \\ a_0 & a_1 & a_2 & a_3 & \cdots \\ 0 & a_0 & a_1 & a_2 & \cdots \\ 0 & 0 & a_0 & a_1 & \cdots \\ \vdots & \vdots & \vdots & \vdots & \ddots \end{bmatrix} \quad (2\text{-}2\text{-}42)$$

$\{X_n, n = 1, 2, \cdots\}$ 的一步状态转移图如图 2-2-8 所示。

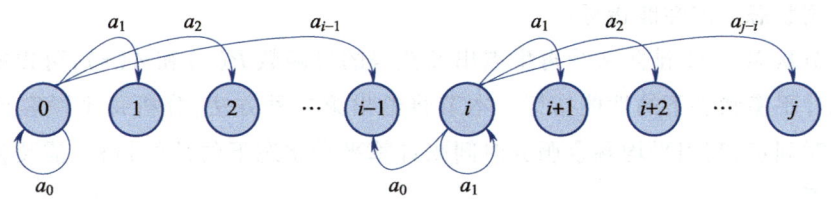

图 2-2-8　M/G/1 嵌入式马尔可夫链的一步状态转移图

一步状态转移图表达的意义是 M/G/1 排队系统在连续两个再生点时刻的总顾客数状态的转移概率。图中,数值为 $n(n=1,2,\cdots)$ 的圆圈表示排队系统在再生点处总顾客数为 n 的状态。每个状态 n 的取值是平衡状态下排队系统处于该状态的概率 $P_n(P_n$ 都是常数)。图中带箭头的弧线表示排队系统前一再生点处于源状态,下一个再生点处于目的状态,弧线上的权值 a_i 表示转移发生的概率。因为 M/G/1 排队系统的嵌入式马尔可夫链的转移弧线太复杂,图 2-2-8 中只给出以状态 0 和状态 $i(i\geqslant1)$ 为源状态的部分转移弧线作为代表。由式(2-2-39)或者式(2-2-41)可知,状态 0 可以转移到所有状态,状态 $i(i\geqslant1)$ 可以转移到大于等于 $i-1$ 的所有状态。

定义 M/G/1 排队系统的顾客到达率为 $\rho=\lambda/\mu$。可以验证当 $\rho<1$ 时,该马尔可夫链是遍历、平稳的,定义状态 i 的稳定状态概率为 $P_i=\lim\limits_{n\to\infty}p\{X_n=i\}$,满足 $[\,P_0\quad P_1\quad P_2\quad\cdots\,]=[\,P_0\quad P_1\quad P_2\quad\cdots\,]\cdot\boldsymbol{P}$,即

$$P_i=P_ia_0+\sum_{j=1}^{i+1}P_ja_{i-j+1} \tag{2-2-43}$$

定义顾客队长分布 $\{P_n,n=0,1,2,\cdots\}$ 和 Y_n 的概率分布 $\{a_n,n=0,1,2,\cdots\}$ 的母函数分别为

$$
\begin{aligned}
P(x)&=\sum_{i=0}^{\infty}P_ix^i\\
A(x)&=\sum_{i=0}^{\infty}a_ix^i=\int_0^{\infty}\sum_{i=0}^{\infty}x^i\frac{(\lambda t)^i}{i!}\mathrm{e}^{-\lambda t}\cdot g(t)\,\mathrm{d}t\\
&=\int_0^{\infty}\mathrm{e}^{-\lambda(1-x)t}\cdot g(t)\,\mathrm{d}t\\
&=\mathscr{L}\{g[\lambda(1-x)]\}
\end{aligned}
\tag{2-2-44}
$$

其中,$\mathscr{L}\{g(s)\}$ 是 M/G/1 排队系统的服务时间的分布密度函数 $g(t)$ 的拉普拉斯变换。

根据式(2-2-43)可推导得到顾客队长分布 $\{P_n,n=0,1,2,\cdots\}$ 的母函数为

$$
\begin{aligned}
P(x)&=\frac{(1-\rho)(1-x)A(x)}{A(x)-x}\\
&=\frac{(1-\rho)(1-x)\mathscr{L}\{g[\lambda(1-x)]\}}{\mathscr{L}\{g[\lambda(1-x)]\}-x}
\end{aligned}
\tag{2-2-45}
$$

该公式称为帕拉恰克-辛钦(Pollaczek-Kninchine)公式。根据母函数式(2-2-45)的值可获得 $\{P_n,n=0,1,2,\cdots\}$,即 M/G/1 排队系统在统计平衡状态下所有的稳定状态概率。

（2）平衡状态下的性能指标

利用上节从 M/G/1 排队系统再生点出发获得的母函数 $P(x)$ 和 $A(x)$，可以根据定义直接计算出统计平衡状态下的性能指标。本节将给出第二种方法，分析每个顾客到达 M/G/1 排队系统的时间点，利用平均剩余服务时间来计算平衡状态下的性能指标，需要使用到的新参数定义如下。

① $\{R(t),t\geq 0\}$：在任意时间 t，系统中的正在接受服务的顾客的剩余服务时间。如果此时系统空闲，即没有顾客接受服务，则 $R(t)=0$。$\{R(t),t\geq 0\}$ 是连续时间随机过程。

② $\{D(t),t\geq 0\}$：在任意时间 t，离开系统的总顾客数。

③ $t_n'(n=1,2,\cdots)$：第 n 个顾客到达排队系统的时间点。

④ $W_n(n=1,2,\cdots)$：第 n 个顾客的等待时间。

⑤ $Q_n(n=1,2,\cdots)$：第 n 个顾客到达排队系统时，系统中在排队等待的总顾客数（不包含正在接受服务的顾客）。

根据上述参数定义可知，第 i 个顾客所需的等待时间为

$$W_i = R(t_i') + T_{i-1} + T_{i-2} + \cdots + T_{i-Q_i} \tag{2-2-46}$$

其中，第一项 $R(t_i')$ 表示第 i 个顾客到达时正在接受服务的顾客的剩余服务时间，后面的 Q_i 项是排在第 i 个顾客前面的顾客的服务时间。根据 M/G/1 排队系统定义，各顾客的服务时间 T_j 独立同分布，且平均服务时间为 $1/\mu$，对式（2-2-46）两侧取数学期望可得

$$
\begin{aligned}
E[W_i] &= E[R(t_i')] + E\Big[\sum_{j=i-Q_i}^{i-1} T_j\Big] \\
&= E[R(t_i')] + \sum_{n=0}^{\infty} E\Big[\sum_{j=i-Q_i}^{i-1} T_j \,\Big|\, Q_i = n\Big] \times p\{Q_i = n\} \\
&= E[R(t_i')] + \frac{E[Q_i]}{\mu}
\end{aligned}
\tag{2-2-47}
$$

式（2-2-47）对时间求极限，即令 $i\to\infty$，可得 $W_q = \lim_{i\to\infty} E[W_i]$ 是平均等待时间，$L_q = \lim_{i\to\infty} E[Q_i]$ 是平均等待队长。根据 Little 定理有 $L_q = \lambda W_q$，代入式（2-2-47），并令 $i\to\infty$ 可得

$$W_q = \lim_{i\to\infty} E[W_i] = \lim_{i\to\infty} E[R(t_i')] + \frac{\lambda}{\mu} W_q \tag{2-2-48}$$

即

$$W_q = \frac{\lim\limits_{i\to\infty} E[R(t_i')]}{1-\rho} \tag{2-2-49}$$

M/G/1 排队系统中的正在接受服务的顾客的剩余服务时间 $R(t)$ 与时间 t 之间的关系如图 2-2-9 所示。求顾客到达时正在接受服务的顾客的剩余服务时间 $R(t_i')$ 的数学期望，可以等价为对图 2-2-9 中的面积求平均。因为在 $[0,t]$ 时间段共有 $D(t)$ 个用户接受完服务，每个用户剩余服务时间的积分对应图 2-2-9 中的一个等腰直角三角形，即下列等式以概率 1 成立。

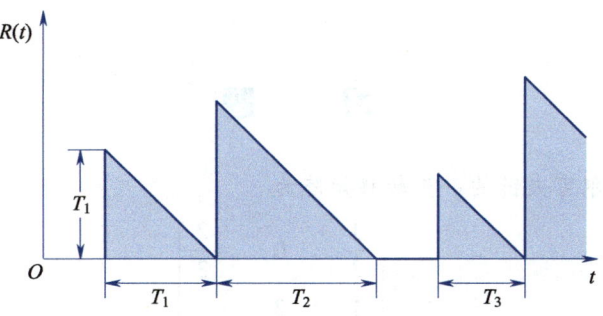

图 2-2-9　M/G/1 排队系统中正在接受服务的顾客的剩余服务时间

$$\lim_{i \to \infty} E\left[R(t_i') \right] = \lim_{t \to \infty} \frac{1}{t} \int_0^t R(s)\,\mathrm{d}s = \frac{1}{2} \cdot \lim_{t \to \infty} \frac{D(t)}{t} \cdot \lim_{t \to \infty} \frac{\sum_{j=1}^{D(t)} T_j^2}{D(t)} \qquad (2\text{-}2\text{-}50)$$

式中, $\lim\limits_{t \to \infty} D(t)/t$ 表示长时间的平均离开率。当 M/G/1 排队系统处于平衡状态时, 系统长期的平均离开率以概率 1 等于系统长期的平均到达率, 即

$$\lim_{t \to \infty} \frac{D(t)}{t} = \lambda \qquad (2\text{-}2\text{-}51)$$

根据大数定理可得

$$\lim_{t \to \infty} \frac{\sum_{j=1}^{D(t)} T_j^2}{D(t)} = \lim_{n \to \infty} \frac{\sum_{j=1}^{n} T_j^2}{n} = E\left[T^2 \right] = \sigma^2 + \frac{1}{\mu^2} \qquad (2\text{-}2\text{-}52)$$

联立式(2-2-49)~式(2-2-52), 可得平均等待时间 W_q 为

$$W_q = \frac{\lambda}{2(1-\rho)} \left(\sigma^2 + \frac{1}{\mu^2} \right) \qquad (2\text{-}2\text{-}53)$$

平均逗留时间 W_s 为

$$W_s = \lim_{i \to \infty} E\left[W_i \right] + \lim_{i \to \infty} E\left[T_i \right]$$

$$= \frac{\lambda}{2(1-\rho)} \left(\sigma^2 + \frac{1}{\mu^2} \right) + \frac{1}{\mu} \qquad (2\text{-}2\text{-}54)$$

$$= \frac{1}{\mu(1-\rho)} \left[1 - \frac{\rho}{2} (1 - \mu^2 \sigma^2) \right]$$

根据 Little 定理可求得平均等待队长 L_q 和平均系统队长 L_s 为

$$L_q = \lambda W_q = \frac{\lambda^2}{2(1-\rho)} \left(\sigma^2 + \frac{1}{\mu^2} \right) \qquad (2\text{-}2\text{-}55)$$

$$L_s = \lambda W_s = \frac{\rho}{1-\rho} \left[1 - \frac{\rho}{2} (1 - \mu^2 \sigma^2) \right] \qquad (2\text{-}2\text{-}56)$$

上述式(2-2-53)~式(2-2-56)四个公式也称为帕拉恰克-辛钦公式。

习　题

2-1　设齐次马尔可夫链的一步转移矩阵为

$$P = \begin{bmatrix} \dfrac{1}{3} & 0 & \dfrac{2}{3} \\ \dfrac{1}{4} & \dfrac{3}{4} & 0 \\ \dfrac{1}{6} & 0 & \dfrac{5}{6} \end{bmatrix}$$

试问此链共有几个状态？绘出其状态流图，并求两步转移概率矩阵。平稳分布是否存在？如存在，试求之。

2-2　在一个具有 N 个位置的露天停车场，只要有空位，就接纳汽车停车，若无空位，再来停车的汽车就另寻他处。假定汽车到达服从参数为 λ 的泊松分布，而已停汽车占用的时间服从参数为 μ 的指数分布，两者独立。令 $X(t)$ 表示占用的位置数，且 $X(0)=j$。试证明：$X(t)$ 是一个具有

$$\lambda_j = \begin{cases} \lambda, & j < N \\ 0, & j \geq N \end{cases}$$

及 $\mu_j = j\mu, 0 \leq j \leq N$ 的生灭过程，求 $p_j(t)$ 满足的微分方程。

2-3　考虑一个 M/M/1/K 队列，这是一个不能包含大于 K 个顾客的马尔可夫链。当这个队列满时，新到来的顾客就不允许进入队列。试计算在稳态情况下这个队列中的顾客数的概率。并计算出在这个队列内的平均客户数。

2-4　信息分组从局域网上的计算机传输到其他网络，所有分组必须通过连接局域网和广域网的路由器才能传输到广域网和外部世界。考虑局域网到路由器的传输流，分组到达平均速率为每秒 5 个分组，分组平均长度是 144 个字节，假定长度是指数分布的。线路从路由器到广域网的速率是 9 600 bit/s。

（1）求在路由器的平均排队时间；

（2）平均有多少分组在路由器中？

2-5　在邮局，邮递员必须从一名助理管理的办公室取回他们的任务，假设每小时平均有 4 位邮递员领取任务，每小时要付给邮递员 10 美元。可以雇佣助理 A、助理 B 或助理 C 来管理办公室。平均来说，助理 A 处理一个请求需用 11.5 min，每小时需付给助理 A 9.5 美元，助理 B 用 12.5 min 处理一个请求，每小时需付给助理 B 7 美元，助理 C 用 10 min 处理一个请求，每小时需付给助理 C 12.5 美元。假设邮递员的到达过程为泊松过程，助理的处理时间都是指数分布，问应该雇佣哪一位助理？

2-6　考虑由相同的 n 个容易出故障的机器组成的系统，安排两名维修工修理故障机器，机器正常运行的平均时间和维修时间分别服从均值为 λ^{-1} 和 μ^{-1} 的指数分布，如果有 i 台机器发生故障，则称系统处在状态 $i(i=0,1,\cdots,n)$。

（1）写出此机器维修模型的状态的马尔可夫链的生成矩阵；

（2）求出系统中有 i 台机器故障的稳态概率 p_i；

（3）求一名维修工空闲的稳态概率。

2-7 在一个单服务窗的排队系统中，顾客按平均到达率为每小时 5 个的泊松流到来。如果服务时间（单位为分钟）服从均匀分布

$$f(x) = \begin{cases} \dfrac{1}{10}, & 5 \leqslant x \leqslant 15 \\ 0, & \text{其他} \end{cases}$$

试求：

（1）系统繁忙的概率；

（2）系统中顾客的期望个数；

（3）队列中的期望等候时间。

2-8 考察某通信系统，有 4 条线与主机相连。每条线的利用率是 0.6，转换信息时间平均 2 s。第一条线的转换信息时间是 $\Gamma(\alpha, \beta)$ 分布，$\alpha = \dfrac{1}{3}$，$\beta = \dfrac{1}{6}$；第二条线是指数分布；第三条线是埃尔朗分布 E_3；第四条线是定长分布。试对每条线求 L_q，L_s，W_q，W_s 及 $D(W_s)$。$\Gamma(\alpha, \beta)$ 分布的分布密度为

$$f(t) = \frac{\beta^\alpha}{\Gamma(\alpha)} t^{\alpha-1} e^{-\beta t}, t > 0$$

2-9 试利用泊松过程的特性，对于一个 M/G/1 队列，为 Little 公式给出另一种证明。

2-10 在一家银行里顾客以平均每小时 36 人的泊松流到达，每个顾客的服务时间是平均数为 0.035 h 的指数分布。假定系统在同一时刻最多只能容纳 30 位顾客，在下面的每一种条件下要配备多少个出纳员？

（1）有 $n+3$ 位以上的顾客等待的概率小于 0.25，n 表示出纳员的人数；

（2）系统中期望个数不超过 3；

（3）平均一小时可服务 30 个顾客的概率大于 0.9。

2-11 设到达某商场的顾客组成强度为 λ 的泊松过程，每个顾客购买商品的概率为 p，且与其他顾客是否购买商品相互独立，若 $\{Y_t, t \geqslant 0\}$ 是购买商品的顾客数，证明：$\{Y_t, t \geqslant 0\}$ 是强度为 λp 的泊松过程。

2-12 设群体中每个个体的繁殖是相互独立、强度为 λ 的泊松过程，假设没有任何成员死亡，以 $X(t)$ 表示时刻 t 群体的总数量，则 $X(t)$ 是一个纯生过程，其 $\lambda_n = n\lambda$，$n > 0$，称此过程为尤尔过程，计算：

（1）从一个个体开始，在时刻 t 群体总量的分布；

（2）从一个个体开始，在时刻 t 群体诸成员年龄之和的均值。

扩展阅读：墨菲定律与排队

第3章

通信网络业务和协议建模

通信网络建模的对象主要包括业务量特性、网络协议、网络结构和控制机制等。本章首先讨论通信网络的业务特点、通信业务源的建模理论和几种典型通信网络的建模问题,然后介绍网络协议形式化分析常用的状态机。

3.1　通信网络的业务建模

3.1.1　业务建模的基本原则

现代通信网络的业务类型主要包括语音、数据、图像、视频,以及多媒体业务等。随着数据和视频业务的迅速增长,数据和视频业务逐渐成为通信网络业务的主流,使得现代通信网络呈现出以下特点。

(1) 不同类型的业务有不同的业务特性和服务质量要求。比如,语音业务通常要求较高的实时性,一般从接续质量、传输质量和稳定性方面提出服务质量要求。而数据通信一般采用分组交换方式,数据业务的服务质量受到网络环境的影响,主要用服务可用性(service availability)、传输时延(delay)、时延变化(delay variation)、吞吐量(throughput)、丢包率(packet loss rate)和分组差错率等指标来衡量。

(2) 业务的突发性强。在通信业务源建模时,需要充分考虑到这种业务突发特性,并采用尽可能简单的形式描述这种突发性。

(3) 业务占用资源的持续时间长且抖动大。

(4) 业务之间存在自相似(长时自相关)特性。

(5) 对时延特性的要求越来越高。

业务建模应遵循以下原则。

(1) 真实性。模型产生的业务量应该接近真实业务源,能刻画真实业务源的主要统计特征。模型应该具有明确的物理意义。

(2) 通用性。同时能描述多种不同业务的概率特征,最好能针对不同业务只需要改变某些参数即可。

(3) 简单性。应该采用尽量少的模型,参数具有直观的物理意义。

（4）可操作性。在不失精确性的前提下,要易于进行数学分析或计算机仿真。

（5）可匹配性。模型参数应能容易地从实际业务中拟合出来。

（6）保守性。近似计算或仿真得到的网络性能应不劣于实际网络性能。

模型的参数越多,模型越精确,越接近真实的业务源,同时模型也越烦琐和复杂,理论分析和计算机仿真也就越困难。实际业务建模中,往往需要对业务模型的精确性和复杂度进行综合考虑。

3.1.2 连续时间业务源的建模

通信网络的业务流量总是随机的,所以业务量特性建模必须从随机性的研究出发。

1. 随机事件的描述

随机事件的描述主要有两种常用的方法,即随机事件发生间隔的概率分布描述法和点过程（记数过程）描述法。

随机事件的描述方法,如图 3-1-1 所示,用 $\{\tau_n; n=0,1,2,\cdots\}$ 表示事件发生的时刻, $N(t)$ 表示在时间段 t 内发生的事件个数。假设随机事件的发生是相互独立的,则随机序列为 $\{X_n; n=0,1,2,\cdots\}$,其中, $X_n = \tau_n - \tau_{n-1}$,可以完全描述该随机过程。

(a) 随机事件发生间隔的概率分布描述法

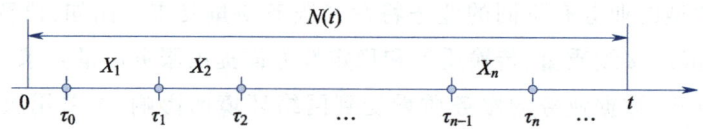

(b) 随机事件的点过程(记数过程)描述法

图 3-1-1 随机事件的描述方法

假设时间间隔序列 $\{X_n; n=0,1,2,\cdots\}$ 服从同一概率分布 $F(x)$,其均值、方差、三阶中心矩和自相关系数分别用 m、ν^2、μ_3 和 θ 来表示,并定义如下特征量:

业务强度

$$\lambda = 1/m \tag{3-1-1}$$

方差系数

$$C^2 = \frac{\nu^2}{m^2} \tag{3-1-2}$$

歪度系数

$$S_k = \frac{\mu_3}{\nu^3} \tag{3-1-3}$$

相关系数

$$\theta(t_n, t_{n+1}) = \frac{\text{cov}(t_n, t_{n+1})}{v^2} \qquad (3-1-4)$$

随机事件点过程的统计特性（离散函数）为

均值过程

$$m(t) = E[N(t)] \qquad (3-1-5)$$

分散指数

$$I(t) = \frac{\text{var}\{N(t)\}}{E\{N(t)\}} \qquad (3-1-6)$$

歪度系数

$$S(t) = \frac{\mu_3(t)}{E\{N(t)\}} \qquad (3-1-7)$$

业务强度

$$m(t) = \lambda t \qquad (3-1-8)$$

以上两种描述方法存在如下的"等价"关系：

$$\lim_{t \to \infty} I(t) = C^2 \qquad (3-1-9)$$

$$\lim_{t \to \infty} S(t) = 3C^4 - S_k C^3 \qquad (3-1-10)$$

记数过程描述法包含更多的概率信息，它可以描述随机过程在不同时间尺度内的概率特征，而时间间隔描述法只能描述随机事件的长时间特征。

2. 随机事件统计特性的物理意义

业务强度是衡量随机事件发生强度的基本参数，强度越大负载越大。对业务强度的描述如图 3-1-2 所示。

(a) 业务强度小　　　　　　　　　　　　　(b) 业务强度大

图 3-1-2　业务强度的描述

方差系数是衡量随机事件抖动的重要参数。对方差系数的描述如图 3-1-3 所示。

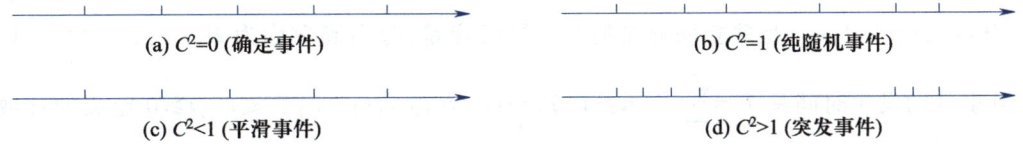

(a) $C^2 = 0$ (确定事件)　　　　　　　　　　(b) $C^2 = 1$ (纯随机事件)

(c) $C^2 < 1$ (平滑事件)　　　　　　　　　　(d) $C^2 > 1$ (突发事件)

图 3-1-3　方差系数的描述

歪度系数是衡量随机事件对称性的重要参数，对歪度系数的描述如图 3-1-4 所示，歪度系数小于 1 时，曲线偏向左侧，大于 1 时，曲线偏向右侧。

自相关系数是衡量随机事件之间相互关联性的重要参数，对自相关系数的描述如图 3-1-5 所示。

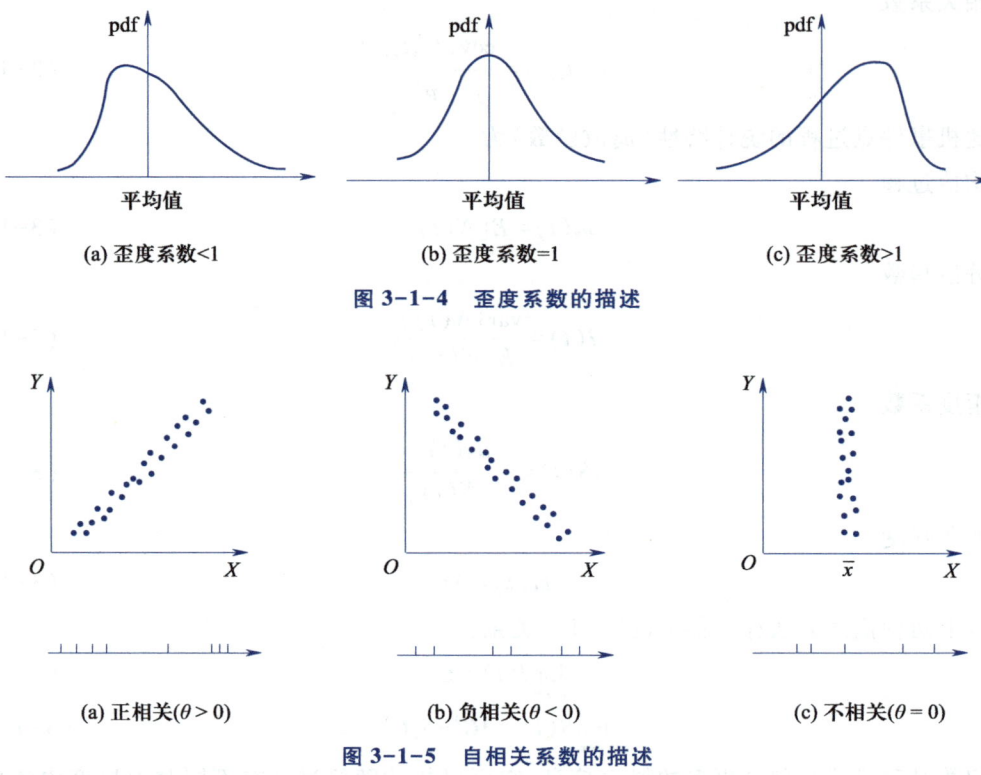

(a) 歪度系数<1　　　　　　(b) 歪度系数=1　　　　　　(c) 歪度系数>1

图 3-1-4　歪度系数的描述

(a) 正相关$(\theta > 0)$　　　　(b) 负相关$(\theta < 0)$　　　　(c) 不相关$(\theta = 0)$

图 3-1-5　自相关系数的描述

3. 传统的业务量模型

（1）马尔可夫类模型

马尔可夫类模型包含有更新过程(renewal process,RP)、间断泊松过程(interrupted Poisson process,IPP)、交互泊松过程(switched Poisson process,SPP)、开关模型(on/off)和马尔可夫调制泊松过程(Markov modulated Poisson process,MMPP),适合对话音或数据及其汇聚业务量进行建模,也可以对图像进行业务建模。

① 更新过程

更新过程是泊松过程的推广,事件发生的间隔仍是独立同分布的,但是概率分布函数不一定是无记忆的指数分布(可以是任意分布)。

设$\{X_n, n=1,2,\cdots\}$是独立同分布的非负随机变量,分布函数均为$F(x)$,且$F(0)<1$,第n个点事件的发生时间是$T_n = \sum_{i=1}^{n} X_i, n \geqslant 1 (T_0 = 0), N(t) = \sup\{n \mid T_n \leqslant t\}, t \geqslant 0$定义的计数过程称作更新过程。式中,$T_n$是第$n$次更新发生的时间,因此,$N(t)$表示系统在$[0,t]$中发生的更新次数。这种随机过程的统计特性可由$F(x)$描述。

平均更新间隔时间为

$$\mu = E[X_n] = \int_0^{\infty} x \, dF(x) > 0 \tag{3-1-11}$$

平均更新次数可表示为

$$m(t) = E[N(t)] = \sum_{n=1}^{\infty} nP\{N(t) = n\} \qquad (3-1-12)$$

定义 $Y_n(t) = T_n - t$ 为剩余时间，$Z_n(t) = t - T_{n-1}$ 为已工作时间，则有如下定理：时间间隔分布为 $F(x)$，平均更新间隔时间为 λ^{-1} 的更新过程，其剩余时间分布 $H_Y(x)$ 等于已工作时间的分布 $H_Z(x)$，即

$$H_Y(x) = H_Z(x) = \lambda \int_0^{\infty} [1 - F(y)] \mathrm{d}y \qquad (3-1-13)$$

② 间断泊松过程

IPP 是指经过随机控制（采样）的泊松过程，最早是在研究电话网的迂回路由算法时，考虑如何对溢出的呼叫进行建模时提出的。由于该过程既能很好地描述溢出过程的发生，又保留了更新过程的特性，便于数学分析，因此在电信网络的优化设计和分组交换网的建模中得到了广泛应用。

间断泊松过程的间隔分布服从 2 阶超指数分布，其参数为

$$\mu_1 = \frac{1}{2}\left[\lambda + r_1 + r_2 + \sqrt{(\lambda + r_1 + r_2)^2 - 4\lambda r_2}\right] \qquad (3-1-14)$$

$$\mu_2 = \frac{1}{2}\left[\lambda + r_1 + r_2 - \sqrt{(\lambda + r_1 + r_2)^2 - 4\lambda r_2}\right] \qquad (3-1-15)$$

$$p = \frac{\lambda - \mu_2}{\mu_1 - \mu_2} \qquad (3-1-16)$$

反之，间隔相互独立且服从 2 阶超指数分布的更新过程等价于间断泊松过程，其参数为

$$\lambda = p\mu_1 + (1-p)\mu_2 \qquad (3-1-17)$$

$$r_1 = \frac{p(1-p)(\mu_1 - \mu_2)^2}{\lambda} \qquad (3-1-18)$$

$$r_2 = \frac{\mu_1 \mu_2}{\lambda} \qquad (3-1-19)$$

③ 交互泊松过程

交互泊松过程是最简单的马尔可夫更新过程，它实际上相当于泊松过程和间断泊松过程的叠加。

④ 开关模型

开关模型是一个更新过程，叠加过程则不再是更新过程，ON 区间和 OFF 区间均为无记忆性的负指数分布，多用于异步传输模式（asynchronous transfer mode, ATM）信源的建模。

⑤ 马尔可夫调制泊松过程

马尔可夫调制泊松过程可以认为是 SPP 的推广。考虑一个泊松过程和一个相互独立的 r 状态马尔可夫过程，如果该泊松过程的业务强度或称为事件发生率的 λ（单位时间内事件发生的次数）不是一个恒定量，而是随马尔可夫过程状态的转移而变化，即当马尔可夫过程转移到状态 j 时，$\lambda = \lambda_j (j = 1, 2, \cdots, r)$。换句话说，泊松过程的业务强度受另外一个 r 状态马尔可夫过程调制，则称该泊松过程为 r 状态马尔可夫调制泊松过程。

（2）自回归模型

自回归模型包含有连续自回归模型（continuous autoregressive model，CAR）、离散自回归模型（discrete autoregressive model，DAR）、自回归滑动平均模型（autoregressive moving average model，ARMA）和自回归综合滑动平均模型（autoregressive integrated moving average model，ARIMA），适合于视频业务和计算机仿真。

自回归模型是一种线性预测，即已知 N 个数据，可由模型推出第 N 点前面或后面的数据，所以其本质类似于插值，其目的都是增加有效数据，只是自回归模型是 N 点递推，而插值是由两点（或少数几点）去推导多点，所以自回归模型优于插值方法。

3.1.3　连续型概率分布

常见的连续型概率分布有均匀分布、正态分布、瑞利（Rayleigh）分布、指数分布、k 阶爱尔兰（Erlang）分布、超指数分布。

1. 均匀分布

若随机变量 X 的概率密度函数为

$$f(x) = \begin{cases} \dfrac{1}{b-a}, & a<x<b \\ 0, & 其他 \end{cases} \tag{3-1-20}$$

则称 X 服从区间 (a,b) 上的均匀分布，记作 $X \sim U(a,b)$。

它的分布函数为

$$F(x) = \begin{cases} 0, & x<a \\ \dfrac{x-a}{b-a}, & a \leqslant x<b \\ 0, & x \geqslant b \end{cases} \tag{3-1-21}$$

其均值为 $E(X) = \dfrac{a+b}{2}$，方差为 $D(X) = \dfrac{b-a}{\sqrt{12}}$。

2. 正态分布

若随机变量 X 的概率密度函数为

$$f(x) = \frac{1}{\sqrt{2\pi}\,\sigma} e^{-\frac{(x-\mu)^2}{2\sigma^2}}, \quad -\infty <x<\infty \tag{3-1-22}$$

其中，μ、$\sigma(\sigma>0)$ 为常数，则称 X 服从参数为 μ，σ 的正态分布或高斯分布，记作 $X \sim N(\mu, \sigma^2)$，分布函数为

$$F(x) = \frac{1}{\sqrt{2\pi}\,\sigma} \int_{-\infty}^{x} e^{-\frac{(x-\mu)^2}{2\sigma^2}} dt \tag{3-1-23}$$

其均值为 $E(X) = \mu$，方差为 $D(X) = \sigma^2$。

特别地，当 $\mu=0$ 和 $\sigma=1$ 时，正态分布被称为**标准正态分布**，其概率密度函数和分布函

数常用 $\varphi(x)$ 和 $\Phi(x)$ 表示,即

$$\varphi(x)=\frac{1}{\sqrt{2\pi}}e^{-\frac{x^2}{2}}, \quad -\infty<x<\infty \tag{3-1-24}$$

$$\Phi(x)=\frac{1}{\sqrt{2\pi}}\int_{-\infty}^{x}e^{-\frac{x^2}{2}}dt \tag{3-1-25}$$

正态分布广泛应用于各种噪声、干扰和统计计算中。

3. 瑞利分布

当一个随机二维向量的两个分量呈独立的、有着相同方差的正态分布时,这个向量的模呈瑞利分布。瑞利分布的概率密度函数为

$$f(x)=\frac{x}{\sigma^2}e^{-\frac{x^2}{2\sigma^2}}, \quad x>0 \tag{3-1-26}$$

其期望为 $E(X)=\sigma\sqrt{\dfrac{\pi}{2}}\approx1.253\sigma$,方差为 $D(X)=\dfrac{4-\pi}{2}\sigma^2\approx0.429\sigma^2$。

瑞利分布是最常见的用于描述平坦衰落信号接收包络或独立多径分量接收包络统计时变特性的分布类型。两个正交高斯噪声信号之和的包络服从瑞利分布。

4. 指数分布

如果随机变量 X 的概率密度函数为

$$f(x)=\begin{cases}\lambda e^{-\lambda x}, & x>0\\0, & 其他\end{cases} \tag{3-1-27}$$

其中,$\lambda>0$ 为常数,则称 X 服从参数为 λ 的指数分布,记作 $X\sim E(\lambda)$,其分布函数为

$$F(x)=\begin{cases}0, & x<0\\1-e^{-\lambda x}, & x\geqslant0\end{cases} \tag{3-1-28}$$

其均值为 $E(X)=\dfrac{1}{\lambda}$,方差为 $D(X)=\dfrac{1}{\lambda}$。

指数分布的一个重要性质是"无后效性"或"无记忆性",一般作为各种"寿命"的近似,如元件、动物、设备的寿命,也可用于描述通话时间和一般系统中的服务时间。

5. k 阶爱尔兰分布

设 $v_1,v_2,\cdots,v_k$ 为相互独立的随机变量,且都服从参数为 $k\lambda$ 的指数分布,即 $v_i\sim E(k\lambda)$,$i=1,2,\cdots,k$,则 $T=\displaystyle\sum_{i=1}^{k}v_i$ 的概率密度函数为

$$f_k(t)=\frac{k\lambda(k\lambda t)^{k-1}}{(k-1)!}e^{-k\lambda t}, \quad t>0,\lambda>0 \tag{3-1-29}$$

称 T 服从 k 阶爱尔兰分布,其均值为 $E(T)=\displaystyle\sum_{i=1}^{k}E(v_i)=k\cdot\dfrac{1}{k\lambda}=\dfrac{1}{\lambda}$,方差为 $D(T)=\dfrac{1}{k\lambda^2}$。当 $k=1$ 时,就是指数分布,即 $T\sim E(\lambda)$。

若顾客到达间隔为负指数分布,且相互独立,则到达 k 个顾客的时间分布就是 k 阶爱尔

兰分布。若顾客服务时间为负指数分布,则连续服务 k 个顾客的时间同样服从 k 阶爱尔兰分布。

6. 超指数分布

如果随机变量 X 可以认为是 k 个相互独立且服从同样分布的负指数分布随机变量的概率(加权)和,则称 X 服从 k 阶超指数分布(以下用 H_k 表示),其概率分布函数为

$$F(t) = 1 - \sum_{j=1}^{k} \alpha_j e^{-\lambda_j t}, \quad t \geq 0 \tag{3-1-30}$$

其均值和方差分别为 $E(X) = \sum_{j=1}^{k} \dfrac{\alpha_j}{\lambda_j}$ 和 $D(X) = 2\sum_{j=1}^{k} \dfrac{\alpha_j}{\lambda_j^2} - \left(\sum_{j=1}^{k} \dfrac{\alpha_j}{\lambda_j} \right)^2$。利用柯西不等式可以证明 $C^2 \geq 1$。由此可见,k 阶超指数分布是负指数分布的一种混合分布。

3.1.4　离散型概率分布

设 X 为随机变量,若它的全部可能取值只有有限或无穷可数个,则称其为离散型随机变量。常见的离散型概率分布有 0-1 分布、二项分布、几何分布和泊松分布。

1. 0-1 分布

若随机变量 X 只可能取 0 和 1 两个值,概率分布为

$$P\{X=1\} = p, \quad P\{X=0\} = q = 1-p, \quad (0<p<1, p+q=1) \tag{3-1-31}$$

则称 X 服从 0-1 分布(p 为参数),也称为贝努利分布。记作 $X \sim B(1, p)$,其分布函数可表示为

$$P\{X=k\} = p^k q^{1-k}, \quad k=0,1 \tag{3-1-32}$$

2. 二项分布

用 X 表示 n 重贝努利试验中事件 A 发生的次数,则当 $X=k(0 \leq k \leq n)$ 时,即 A 在 n 次试验中发生了 k 次,共有 C_n^k 种可能,且两两互不相容。因此,A 在 n 次试验中发生 k 次的概率为

$$P\{X=k\} = C_n^k p^k (1-p)^{n-k}, \quad k=0,1,\cdots,n \tag{3-1-33}$$

称这样的分布为二项分布,记作 $X \sim B(n, p)$。

特别地,当 $n=1$ 时,二项分布即为 0-1 分布。显然

$$\sum_{k=0}^{n} C_n^k p^k (1-p)^{n-k} = (p+1-p)^n = 1$$

3. 几何分布

若 X 的概率分布为

$$P\{X=k\} = q^{k-1} p, \quad k=1,2,\cdots; \quad q=1-p; \quad 0<p<1 \tag{3-1-34}$$

则称 X 服从参数为 p 的几何分布,记作 $X \sim G(p)$。

若 X 表示一个无穷次贝努利试验序列中,事件 A 首次发生所需要的次数,则 X 服从参数为 p 的几何分布。

4. 泊松分布

泊松分布是作为二项分布的近似计算引入的,于 1837 年由法国数学家泊松(Poisson)提

出。若随机变量 X 的全部可能取值为一切非负整数,且概率分布为

$$P\{X=k\}=\frac{\lambda^{k}\mathrm{e}^{-\lambda}}{k!}, \quad k=0,1,2,\cdots \tag{3-1-35}$$

其中,$\lambda>0$ 是常数,则称 X 服从参数为 λ 的泊松分布,记为 $X\sim P(\lambda)$。

设随机变量 $X_{n}(n=1,2,3,\cdots)$ 服从二项分布 $B(n,p_{n})$,其中,p_{n} 与 n 有关。如果 $\lim\limits_{x\to\infty}np_{n}=\lambda$($\lambda$ 为常数),则有

$$\lim_{x\to+\infty}P\{X_{n}=k\}=\lim_{x\to+\infty}C_{n}^{k}p_{n}^{k}(1-p_{n})^{n-k}=\frac{\lambda^{k}\mathrm{e}^{-\lambda}}{k!}, \quad k=0,1,2,\cdots,n \tag{3-1-36}$$

从而,当 n 较大、p_{n} 较小时有

$$C_{n}^{k}p_{n}^{k}(1-p_{n})^{n-k}\approx\frac{(np_{n})^{k}\mathrm{e}^{-np_{n}}}{k!} \tag{3-1-37}$$

3.2 典型通信业务源的建模

3.2.1 独立随机事件的建模

1. 纯随机事件的描述

纯随机事件是现实生活中普遍存在的随机现象,也是最易于进行数学分析的随机过程,可定义为

(1)事件之间相互独立;

(2)事件间隔之间无记忆性。

负指数分布是连续型概率分布函数中唯一无记忆性的概率分布。事件发生的间隔或事件持续的时间服从负指数分布的连续型随机过程等效于泊松过程。泊松过程是最简单的随机过程之一,无记忆性,且只有一个参数。泊松过程的叠加/分解特性对通信业务源的建模至关重要。

对于大量的稀有事件流,如果每一个事件流在总事件中起的作用很小,而且相互独立,则总的合成流可以认为是泊松流。泊松流的间隔分布应该服从负指数分布,而负指数变量和的分布服从 Gamma(k 阶爱尔兰)分布,且当 k 趋于无穷大时逼近定长分布。但是,大数定理告诉我们,大量稀有随机变量和的极限服从正态分布。因此,在 $r\to\infty$ 时,E_{r} 分布近似正态分布,由中心极限定理可知

$$\frac{X-\dfrac{1}{\lambda}}{\sqrt{\dfrac{1}{r\mu^{2}}}}=\frac{X_{1}+X_{2}+\cdots+X_{r}-\dfrac{1}{\mu}}{\sqrt{\dfrac{1}{r\mu^{2}}}} \tag{3-2-1}$$

其中，$X_1, X_2, \cdots, X_r$ 为把爱尔兰分布分解后的 r 个服从负指数分布的随机变量，显然，当 $r \to \infty$ 时，X 服从正态分布 $N\left(\dfrac{1}{\lambda}, \dfrac{1}{r\mu^2}\right)$。

2. 平滑随机事件的描述

平滑随机事件是指方差系数小于 1 的随机事件，如经过整形器后的分组到达过程属于平滑事件。

k 阶爱尔兰或负二项分布可以描述 k 个负指数随机变量和的分布，属于更新过程、方差系数等于 $1/k$，可以根据实际业务的方差系数测定值选择 k，k 趋于无穷大时逼近于定长分布，常用于多级服务系统的建模。但有时为了简便，将其近似为泊松过程进行分析。

3. 突发随机事件的描述

突发随机事件是指方差系数大于 1 或者相关系数大于 0 的随机事件，不能再用泊松过程来近似。间断泊松过程（IPP）可以用来描述不相关突发事件。

现实网络中大量随机事件的发生并非独立的，即使某个单一连续的到达或服务过程假设为更新过程，但一般来讲，更新过程的叠加不再是更新过程（只有泊松过程的叠加除外），而且往往是正相关，因此更新过程近似是危险近似。

具有相关性的随机过程可以分为"短时相关"和"长时相关"随机过程，它们对网络性能的影响有很大的不同。

（1）短时相关：相关系数随间隔距离指数下降。

（2）长时相关：相关系数随间隔距离线性下降，即随机事件在不同时间段内呈现相似概率特性。

SPP 和 MMPP 可以描述短时相关的突发事件，帕累托（Pareto）分布可以描述长相关随机事件。

3.2.2 实际业务源的建模

一个随机点过程可以通过其间隔时间的概率分布来描述，也可以通过一定时间内随机事件的发生次数的概率分布来描述。

在实际建模过程中，可以根据事件发生的一阶矩、二阶矩、三阶矩和自相关系数等特征值的测定值来选择/匹配不同的随机过程来近似。

泊松过程以及与其相对应的负指数分布在排队建模中起着非常关键的作用，也是应用最广的随机过程之一，这主要源于它们的无记忆性。

IPP 和 ON/OFF 模型能够很好地描述具有突发性的业务源，两者均为三参数更新过程。

MMPP 模型本身是一个马尔可夫更新过程，它可以用来描述具有正相关的到达或服务过程。在分组语音、数据和图像业务建模中，2 相位的 MMPP 得到了广泛的应用。

帕累托分布可以用来近似自相似业务，但赫斯特（Hurst）参数的确定非常复杂。

3.3　典型通信网络的建模

业务源模型的建立基于以下几个要素的折中:拟合性、描述模型的参数数目、参数估计复杂度、仿真执行时间。接下来将给出三种典型通信网络的建模。

3.3.1　电路交换网的建模

在电路交换网中,链路请求可能被拒绝,但链路一旦建立后,将独占固定分配的信道。适用于 QoS 要求较高的实时业务通信,如话音通信。电路交换网的建模如下。

(1) 顾客:呼叫请求、迂回呼叫、重拨请求;由于呼叫事件是非常随机的事件,可近似认为服从泊松分布。

(2) 服务者:交换机之间的链路(固定时隙,多个时隙)。

(3) 服务时间:占线时间,呼叫的占线时间也可以认为是纯随机事件,用负指数分布来近似。

(4) 等待空间:对呼损系统而言,没有等待空间(当所有信道都占用的情况下,立即拒绝呼叫请求)。

因此,电路交换网可以用一个泊松到达、负指数服务时间、多服务员、无排队队列的损失型排队模型来描述。

模型修正 1:

实际系统中,由于各种突发事件可能引起业务量分配不均,经常采用迂回路由的办法,即将由于部分负载过重引起的溢出呼叫转移到其他空闲路由。

需要预测溢出发生的模式和溢出将要持续的时间。由于溢出只有在所有信道均被占用的情况下发生,它不再是泊松过程,使用间断泊松过程更为恰当。

模型修正 2:

随着电话的普及和人们生活模式的变化,人们打电话的行为也发生了变化,因此,已经沿用近百年的电话排队模型需要重新审视。

传统通话时间近似均值为 3 min 的负指数分布,当时打电话主要是为了工作和紧急事件联络。近年来实际测试表明通话时间已经成倍增长,偏离负指数分布。

3.3.2　分组交换网的建模

分组交换网是由分组交换设备及其连接等级结构构成的,通过相关的设备和一定的等级机构完成用户之间的分组信息传输和处理,非实时但数据可靠性高,可将其建模如下。

(1) 顾客:数据报方式中的分组(变化长度)、虚电路方式中的虚拟链路等,分组到达近

似为泊松过程。

（2）服务者:路由器或分组交换机之间的传输链路。

（3）服务时间:分组传输时间、虚电路占用时间,近似服从泊松分布。

（4）等待空间:缓冲器(待时系统、呼叫等待系统)。

（5）排队模型:泊松到达,负指数服务时间,单一服务者,无穷大队列的等待模型。

模型修正:

由于互联网实时交互式数据通信业务的大量出现以及多媒体业务的蓬勃发展,数据对实时性的要求越来越高。

大量实测数据表明,以太网和因特网中的 IP 数据包存在突发性甚至自相似特性,因此需要引入更为精确和复杂的模型。

3.3.3　ATM 网络的建模

ATM 网络是实现高速、宽带传输等多种通信业务的现代数据通信网络形式之一。从处理数据业务的能力上看,ATM 可支持两种交换方式,既可承载语音通信,又可承载数据和其他多媒体业务的宽带综合业务,可将其建模如下。

（1）顾客:连接建立阶段的虚路径(VC)/虚通道(VP)请求、信元传输阶段的信元等;

（2）服务者:虚电路、信元传输链路;

（3）服务时间:虚电路占用时间、信元传输时间;

（4）等待空间:缓冲器(待时系统、呼叫等待系统)。

ATM 系统中,带宽分配是根据用户申请的流量特性进行的。ATM 的业务源分为四类:恒定比特率(constant bit rate,CBR)、可变比特率(variable bit rate,VBR)、可用比特率(available bit rate,ABR)、未指定比特率(unspecified bit rate,UBR)。它们的随机特性有很大区别,所要求的 QoS 也不相同,需分别进行建模。

1. CBR 语音业务源的概率模型

语音业务在 ATM 网上传输时通常作为 CBR 流量来处理,对于 CBR 流量的情况,由于 ATM 是统计复用,所以有可能发生输入流的速度之和超过输出 VP 的带宽的事件,即使信元的平均流入量之和远没有达到输出 VP 的带宽,也会发生短时超速,由于输出缓冲器容量的限制而导致信元丢失。因此,既要考虑复用的 CBR 流量,也不能忽视用户系统和网络的信元时延变化(cell delay variation,CDV)与通信网络建模的对应关系。

2. VBR 语音业务源的概率模型

在 ATM 网上的语音业务采用语音活动检测器(speech activity detector,SAD)时,通常作为 VBR 流量来对待,在有音区间,信元每隔一定时间间隔生成,在无音区间不生成任何信元,因此可采用更新过程或 MMPP 来近似。对由多个连接的信元叠加后的语音到达过程,可以将来自各呼叫的信元产生过程用 IPP 来近似,再将统计复用的 IPP 过程作为 MMPP 的一种特殊情况来处理。

3.4 有限状态机

不同的业务数据包进入网络后,要靠协议来掌控和管理数据包在网络中的流动,最终到达目的地。在后面的章节中,我们将学习链路层、网络层等不同层次的网络协议。本节我们先了解一下网络协议分析的理论工具,特别是形式化建模工具。

将网络协议进行形式化建模更有利于进行协议的分析,也可以为协议的实现、测试和性能评估提供良好的基础。目前,协议的形式化模型主要包括有限状态机、Petri 网、时态逻辑和通信进程演算等。本节主要介绍有限状态机。

3.4.1 基本概念

现实事物是有不同状态的,例如开关就有"开"和"关"两种状态。有限状态机所描述的事物状态的数量是有限的,例如开关的状态是两个:开和关。

有限状态机(finite state machine,FSM)是现实事物运行规则抽象而成的一个数学模型,通常也简称状态机。因此,有限状态机不是指一台实际的机器,而是指一个数学模型。

状态机一般表现为一张状态转换图。同样以开关的运行规则为例,我们可以抽象出一张状态转换图,如图 3-4-1 所示。

开关有两个状态:open 和 closed。closed 状态下,如果读取/输入"打开"信号,那么状态就会切换为 open。open 状态下,如果读取/输入"关闭"信号,状态就会切换为 closed。由此可见,给定一个状态机,同时给定它的当前状态以及输入,那么输出状态是可以明确运算出来的,这是状态机的一个重要特性。

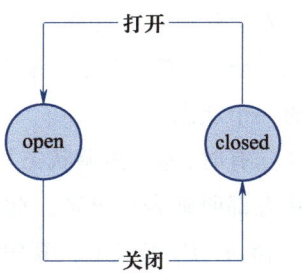

图 3-4-1 开关的状态转换图

状态机是计算机科学的重要基础概念之一,也可以说是一种总结归纳的思想,应用范围非常广泛。状态机是对真实世界的抽象,而且是逻辑严谨的数学抽象,所以非常适合运用在数字领域。可以应用到各种场景中,例如硬件设计,编译器设计,以及编程实现各种具体业务逻辑的时候(跟状态机类似的概念还有图灵机,图灵机就是计算机底层采用的计算模型)。举个例子,街上的自动售货机中明显能看到状态机逻辑。我们做一下简化,假设有一台只卖 2 元一瓶的汽水的售货机,只接受 5 角和 1 元的硬币。初始状态是"未付款",中间状态有"已付款 5 角""已付款 1 元""已付款 1.5 元""已足额付款"四个状态。状态切换的触发条件是"投 1 元硬币"和"投 5 角硬币"两种,到达"足额付款"状态时,还要进行余额清零和弹出汽水操作。所以一张完整的状态转换图较为复杂。考虑到还可能会有 1 角的硬币,以及用户可能有一些误操作,实际中的售货机对应的状态机将更加复杂。

好状态机的标准很多,最重要的就是状态机要安全,即状态机不会进入死循环,特别是不会进入非预知的状态,就算由于某些扰动进入非设计状态,也能很快地恢复到正常的状态循环中来。这里面有两层含义:其一要求该 FSM 的综合实现结果无毛刺等异常扰动;其二要求 FSM 要完备,即使受到异常扰动进入非设计状态,也能很快恢复到正常状态。

3.4.2 FSM 的定义

有限状态机主要包括三个部分:有限状态集、输入集和状态转移规则集。其中,有限状态集描述系统中的不同状态;输入集用于表征系统所接收的不同输入信息;状态转移规则集表示系统在不同输入下从一个状态转移到另外一个状态的规则。有限状态机可由如下形式的定义给出。

有限状态机的定义: 有限状态机可用如下三元组或四元组表示,$M = (Q, \sum, \delta)$,其中,

(1) $Q = \{q_0, q_1, \cdots, q_n\}$ 是有限状态集,在任一确定的时刻,有限状态机只能处于一个确定的状态 $q_i (i = 1, 2, \cdots, n)$;

(2) $\sum = \{\sigma_1, \sigma_2, \cdots, \sigma_m\}$ 是有限输入集,在任一确定的时刻,有限状态机只能接收一个确定的输入 $\sigma_j (j = 1, 2, \cdots, m)$;

(3) $\delta: Q \times \sum \rightarrow Q$ 是状态转移函数,如果在某一确定时刻,有限状态机处于某一状态 $q_i \in Q$,并接收一个输入字符 $\sigma_j \in \sum$,那么下一时刻有限状态机将处于一个确定的状态 $q' = \delta(q_i, \sigma_j) \in Q$。在这里,规定 $q = \delta(q, \varepsilon)$,即对于任何状态 q,当输入空字符 ε 时,有限状态机不发生任何状态转移。根据定义,转移函数 δ 是从 $Q \times \sum$ 到 Q 的映射。也就是说,它是一个二元函数,第一个变元取自 Q 的一个状态,第二个变元取自 $\sum$ 中的一个符号,函数值是 Q 中的一个状态。

有时,为了强调状态机的初始状态和终结状态,我们可以把状态集中的初始状态和终结状态都明确表示出来。此时,FSM 也可以用四元组 $M = (Q, \sum, \delta, q_0)$ 或者五元组 $M = (Q, \sum, \delta, q_0, F)$ 来表示。其中,

(1) $q_0 \in Q$ 是初始状态,有限状态机由此状态开始接收输入;

(2) $F \subseteq Q$ 是终结状态集,有限状态机在达到终结状态集的任一个状态后将不再接收输入。

例 3.1 给出一个有限状态机 $M = (\{q_0, q_1, q_2\}, \{0, 1\}, \delta, q_0)$,其中,状态转移函数 δ 具体定义如下:

$$\delta(q_0, 1) = q_1, \quad \delta(q_0, 0) = q_2, \quad \delta(q_1, 1) = q_0,$$
$$\delta(q_1, 0) = q_2, \quad \delta(q_2, 1) = q_1, \quad \delta(q_2, 0) = q_0$$

在上例中,Q 中有 3 个状态 q_0, q_1, q_2。其中,q_0 为初始状态,输入集 $\sum$ 中有两个字符,即只有两种可能的输入:0 和 1。因此,状态转移函数包括了 6 个式子。为了表达更直观、更简便,状态转移函数通常采用状态转移矩阵或关系矩阵、状态转移表、状态转移图的形式来表示。

（1）状态转移矩阵

对于有限状态机 $M=(Q,\sum,\delta)$ 的状态转移函数 δ,状态转移矩阵的行表示状态机当前所处的状态,列表示将要到达的下一个状态,行列交叉处表示输入字符。我们称该矩阵为转移函数 δ 的关系矩阵,或者称为有限状态机 M 的状态转移矩阵。

（2）状态转移表

对于有限状态机 $M=(Q,\sum,\delta)$ 的状态转移函数 δ,用表格的行表示状态机当前所处的状态,列表示当前的输入字符,行列交叉处表示要到达的下一个状态。我们称该表格为有限状态机 M 的状态转移表。

（3）状态转移图

对于有限状态机 $M=(Q,\sum,\delta)$ 的状态转移函数 δ,用圆圈（节点）表示状态;将存在转移关系的状态用有向弧连接,并在有向弧旁标注相应的输入字符;用标有箭头的节点表示初始状态。

例 3.1 中,有限状态机的状态转移矩阵、状态转移表和状态转移图分别如图 3-4-2（a）、（b）和（c）所示,图 3-4-2（c）中标出了初始状态 q_0。

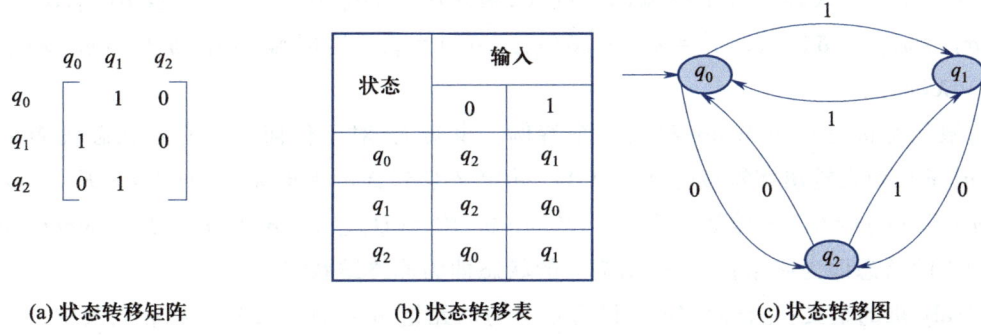

(a) 状态转移矩阵　　(b) 状态转移表　　(c) 状态转移图

图 3-4-2　状态转移矩阵、状态转移表和状态转移图

前面我们讲的有限状态机中,给定当前状态和输入时,其输出状态是确定的。但在实际中,可能存在输出状态不确定的情况,这时我们用非确定有限状态机来表示。非确定有限状态机同样可以用一个三元组 $M=(Q,\sum,\delta)$（或者同前面的四元组、五元组）表示,唯一与确定 FSM 不同的是状态转移函数 $\delta:Q\times\sum\rightarrow2^Q$。该函数表示:如果在某一确定的时刻,非确定有限状态机处于某一状态 $q_i\in Q$,并接收到一个输入字符 $\sigma_j\in\sum$,则下一时刻非确定有限状态机将处于某一个状态子集 $\delta(q_i,\sigma_j)=\{p_1,p_2,\cdots,p_k\}$ $(p_i\in Q,i=1,2,\cdots,k)$ 中的状态,即它的状态转移并不是确定的,而是有 k 个可能的状态。

3.4.3　Moore 机与 Mealy 机

上面讨论的确定性有限状态机和非确定有限状态机,可以看成仅接收输入并发生状态改变,但无任何输出的自动机器。实际上,现实生活中的许多有限状态系统对于不同的输入信号,除内部状态不断改变外,还不断向系统外部输出各种信号。具有输出的有限状态机按

 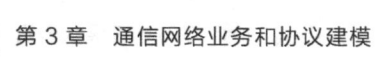

照输出的不同可以分成两类:若输出只和状态有关而与输入无关,则称为 Moore 机;若输出不仅和状态有关而且和输入有关,则称为 Mealy 机。

Moore 机以爱德华·摩尔(Edward F.Moore)的名字命名,爱德华·摩尔在 1956 年发表的论文《基于顺序机器上的思想实验》(Gedanken-Experiments on Sequential Machines)中提出了这一概念。

Moore 机的定义:完整的 Moore 机可定义为六元组 $M=(Q,\sum,\Delta,\delta,\lambda,q_0)$,其中,

(1) $Q=\{q_0,q_1,\cdots,q_n\}$ 是有限状态集;

(2) $\sum=\{\sigma_1,\sigma_2,\cdots,\sigma_m\}$ 是有限输入字符集;

(3) $\Delta=\{a_1,a_2,\cdots,a_r\}$ 是有限输出字符集;

(4) $\delta:Q\times\sum\rightarrow2^Q$ 是状态转移函数;

(5) $\lambda:Q\rightarrow\Delta$ 是输出函数;

(6) $q_0\in Q$ 是初始状态。

在上述 Moore 机的定义中,我们注意到,Moore 机只是在接收输入串的过程中不断改变状态,并且在每个状态上有字符输出。例如,输入串为 $\{\sigma_1,\sigma_2,\cdots,\sigma_m\}$,设 $\delta(q_0,\sigma_1)=q_1$, $\delta(q_1,\sigma_2)=q_2,\cdots,\delta(q_{i-1},\sigma_i)=q_i,\cdots,\delta(q_{n-1},\sigma_n)=q_n$。这时输出序列为 $\lambda(q_0)\lambda(q_1)\cdots\lambda(q_i)\cdots\lambda(q_n)$。

有限状态机可看作 Moore 机的一个特例。事实上,对于任何一个有限状态机 $M=(Q,\sum,\delta,q_0,F)$,引入输出字符集合 $\Delta=\{0,1\}$,并定义 Q 到 Δ 的映射 λ 为:对于 $q\in F,\lambda(q)=1$;对于 $q\notin F,\lambda(q)=0$。这样就得到一个 Moore 机 $M'=(Q,\sum,\Delta,\delta,\lambda,q_0)$,在该 Moore 机中,输出为 1 的状态即为终结状态,输出为 0 的状态即为非终结状态。

Mealy 机的定义:完整的 Mealy 机可定义为六元组 $M=(Q,\sum,\Delta,\delta,\lambda,q_0)$,其中,

(1) $Q=\{q_0,q_1,\cdots,q_n\}$ 是有限状态集;

(2) $\sum=\{\sigma_1,\sigma_2,\cdots,\sigma_m\}$ 是有限输入字符集;

(3) $\Delta=\{a_1,a_2,\cdots,a_r\}$ 是有限输出字符集;

(4) $\delta:Q\times\sum\rightarrow2^Q$ 是状态转移函数;

(5) $\lambda:Q\times\sum\rightarrow\Delta$ 是输出函数;

(6) $q_0\in Q$ 是初始状态。

在上述 Mealy 机的定义中,除输出函数 λ 外,$Q,\sum,\Delta,\delta,q_0$ 的含义均与 Moore 机相同。 $\lambda(q,\sigma)=a$ 给出了当机器进入状态 q,并得到输入为 σ 时的输出为 a。当输入串为 $\{\sigma_1, \sigma_2,\cdots,\sigma_m\}$ 时,设 $\delta(q_0,\sigma_1)=q_1,\delta(q_1,\sigma_2)=q_2,\cdots,\delta(q_{i-1},\sigma_i)=q_i,\cdots,\delta(q_{n-1},\sigma_n)=q_n$。这时,输出序列为 $\lambda(q_0,\sigma_1)\lambda(q_1,\sigma_2)\cdots\lambda(q_i,\sigma_{i+1})\cdots\lambda(q_{n-1},\sigma_n)$。

Moore 机可看作是 Mealy 机的一种特例。事实上,对于任何一个 Moore 机,$M=(Q,\sum, \Delta,\delta,\lambda,q_0)$,当输入串为 $\{\sigma_1,\sigma_2,\cdots,\sigma_n\}$ 时,其输出序列为 $\lambda(q_0)\lambda(q_1)\cdots\lambda(q_i)\cdots\lambda(q_n)$,其中,$q_i$ 和 σ_i 满足:$\lambda(q_{i-1},\sigma_i)=q_i,1\leq i\leq n$。引入 $Q\times\sum$ 到 Δ 的映射 $\lambda':\lambda'(q_{i-1},\sigma_i)= \lambda\{\delta(q_{i-1},\sigma_i)\}=\lambda(q_i),1\leq i\leq n$。这样就得到一个 Mealy 机 $M'=(Q,\sum,\Delta,\delta,\lambda',q_0)$。对于输入串 $\{\sigma_1,\sigma_2,\cdots,\sigma_n\}$,Mealy 机 M' 的输出为 $\lambda'(q_0,\sigma_1)\lambda'(q_1,\sigma_2)\cdots\lambda'(q_{n-1},\sigma_n)=$

$\lambda(q_1)\lambda(q_2)\cdots\lambda(q_n)$。

在 Mealy 机的状态转移图中,我们在从状态 q_i 到状态 q_j 的弧线上标记 a/b,用以表示其输入和输出,也可以表示为:$\delta(q_i,a)=q_j$,$\lambda(q_i,a)=b$。图 3-4-3 表示了具有下述状态转换函数和输出函数的 Mealy 机。

$$\delta(q_0,0)=q_1, \quad \delta(q_0,1)=q_2$$
$$\delta(q_1,1)=q_2, \quad \delta(q_1,0)=q_1$$
$$\delta(q_2,1)=q_2, \quad \delta(q_2,0)=q_1$$

$$\lambda(q_0,1)=n, \quad \lambda(q_0,0)=n$$
$$\lambda(q_1,1)=n, \quad \lambda(q_1,0)=y$$
$$\lambda(q_2,1)=y, \quad \lambda(q_2,0)=n$$

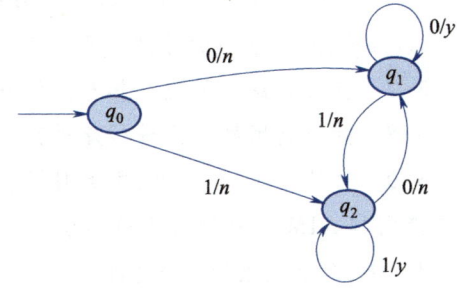

图 3-4-3 Mealy 机的状态转移图

3.4.4 FSM 的变种

前面介绍的有限状态机中,在某个给定的状态和输入下,会有相对固定的状态转移(可能转移到某一个状态或者一个状态集中的某一元素)和输出。在实际生活中还存在一些情况,在某个给定的状态和输入下(有时甚至不用输入,状态自动也会转移),我们只能确定其状态转移的概率,此时我们可以用变种 FSM 来表示。

变种 FSM 的定义:可在形式上定义为三元组 $M=(Q,\sum,p)$,其中,

(1) $Q=\{q_0,q_1,\cdots,q_n\}$ 是有限状态集;

(2) $\sum=\{\sigma_1,\sigma_2,\cdots,\sigma_m\}$ 是有限输入集;

(3) $p:Q\times\sum\to Q$ 是状态转移概率,如果在某一确定的时刻,有限状态机处于某一状态 $q_i\in Q$,并接收一个输入字符 $\sigma_j\in\sum$,那么下一时刻有限状态机将处于某一个状态 $q'\in Q$ 的概率为 $p(q_i,\sigma_j)$。有些情况下,无论输入是什么,给定某一状态 q_i,必定会按照某一概率转移到另一状态 q_j,此时状态转移概率可简写为 $p_{i,j}$。

图 3-4-4 给出了一个变种 FSM 的状态转移图。图中,该状态机包含 q_1,q_2 和 q_3 三种状态。任一状态 q_i 必定会按照 $p_{i,j}$ 的概率转移到另一状态 $q_j,i,j\in\{1,2,3\}$。

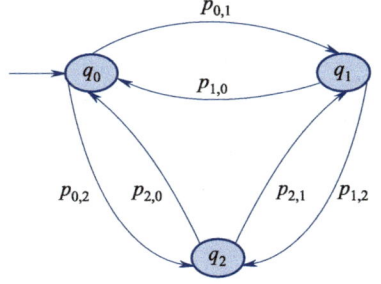

图 3-4-4 变种 FSM 的状态转移图

习　　题

3-1　通信网络建模的对象有哪些?

3-2　简述通信业务源建模需要遵循哪些基本准则。

3-3　典型业务源的建模过程是怎样的?

3-4　试推导出参数为 (p, μ_1, μ_2) 的 2 阶超指数分布的概率分布函数、均值与方差系数。

3-5　用计算机仿真的手段模拟负指数分布和 k 阶爱尔兰分布的概率特性。

3-6　试证明参数为 (λ, r_1, r_2) 的 IPP 模型的间隔分布属于 2 阶超指数分布,并推导出 (λ, r_1, r_2) 与 (p, μ_1, μ_2) 的等效关系。

3-7　什么是最简单流? 其与泊松分布有何关系?

3-8　如何利用排队论进行建模?

3-9　试从顾客、服务者、服务时间、等待空间、排队模型等要素出发,对电路交换网、分组交换网和 ATM 三种网络进行建模。

3-10　什么是有限状态机?

3-11　简述 Moore 机和 Mealy 机的区别。

扩展阅读:Petri 网的概念

第4章

通信网中的传输与交换

通信网是由一定数量的终端设备和交换设备通过传输链路连接在一起,能够实现两个或多个终端设置之间信息传输的通信体系。通信网在硬件设备方面的构成要素包括终端设备、交换设备和传输链路。终端设备是用户和通信网之间的接口设备,用于实现信息与光电信号之间的转换以及信令的产生和识别,常见的终端设备有电话机、传真机、计算机等。传输链路是信号的传输通道,是实现网络节点互连的传输媒介。交换设备是构成通信网的核心要素,它的基本功能是完成接入交换节点链路的汇集、转接接续和分配,实现信源终端设备和它所要求的另一个或者多个信宿终端设备之间的路由连接。常见的交换设备有电话交换机、分组交换机、路由器、转发器等。本章将从通信网的角度对传输链路和交换设备进行介绍。

4.1 传 输 链 路

狭义的传输链路是指承载信号的传输媒介,例如承载光信号的光纤或者承载电信号的电缆。广义的传输链路除传输媒介以外,还包括能够将信息变换为适合在传输媒介上传送的信号的发送、接收和变换设备。本节将从传输复用和差错控制两个方面介绍传输链路。

4.1.1 传输复用

一般情况下,传输媒介的容量都远大于单一信号源的容量需求。例如,一路同轴电缆的容量能够达到 Gbit/s 量级,一路单模光纤的容量可达 100 Tbit/s 量级,但是一路标准 PCM 电话的传输速率需求仅为 64 kbit/s,一路高清电视的传输速率需求也只有几十 Mbit/s。因此,我们需要使用传输复用技术将多路模拟或者数字信号合并成一路信号,在共享的传输媒介中传输,用于提高传输媒介的利用率。如图 4-1-1 所示,传输复用技术在发送端使用复用设备将传输媒介提供的通信信道划分为多个逻辑信道,每个逻辑信道承载一路信号,接收端使用解复用设备再从逻辑信道中提取并恢复出各路信号。

目前,常见的传输复用主要有频分复用(波分复用)、时分复用和空分复用等方式。

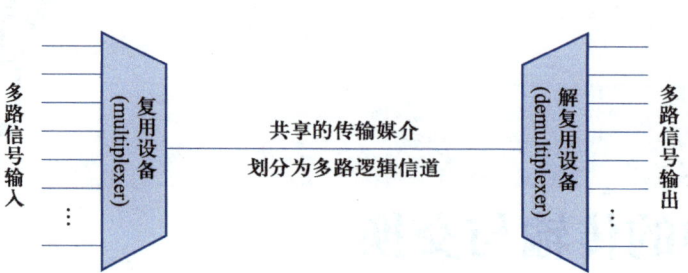

图 4-1-1　多路复用模型

1. 频分复用

频分复用(frequency division multiplexing,FDM)将多路信号调制到非重叠的不同载波频率上,从而使多路信号在共享的信道中进行传输,在接收端使用不同中心频率的带通滤波器恢复出各路信号。频分复用的各路信号是在时间上重叠、而在频谱上不重叠的信号。为保证各路子信道所传输的信号互不干扰,需要在各子信道之间设置保护频带。频分复用适合传输模拟信号,常被称为载波系统,传统的无线电广播、模拟电视、有线电视、移动通信及卫星通信都采用频分复用方式。例如无线电广播是将所有的电台承载在不同的频率上同时在空中传播。

波分复用(wavelength division multiplexing,WDM)是光通信领域的频分复用,该技术将多路信号调制到不同波长的光波上,从而使多路信号在同一条光纤中传输。WDM 可以在不增加光纤数量的条件下大幅增加网络容量。例如当前的密集波分复用技术可以承载总计 160 路信号,每路信号速率 10 Gbit/s,则总速率可达 1.6 Tbit/s。

2. 时分复用

时分复用(time division multiplexing,TDM)是将共享的传输媒介的使用权在时间域划分为周期循环的时间段(称为时帧),每个时帧又进一步细分为多个不重叠的更小时间段(称为时隙),各路信号分别占用不同的时隙轮流进行传输。时分复用的实现模型如图 4-1-2 所示。各数据源的数据首先缓存入各自的源缓冲队列,复用设备使用同步开关顺序扫描各缓冲队列,形成复合数据包流,在共享传输媒介上传输,接收端的解复用设备再将不同时隙上的数据包存至不同的目的缓冲队列。由图 4-1-2 可知,传输媒介提供的传输容量必须大于等于各路信号的数据速率之和,这样才能保证各数据源缓冲队列不溢出,从而满足各路数据的传输需求。时分复用要求收发设备必须保持时隙同步,才能正确区分各路信号,并且所有的信号需要被多次缓存,因此主要应用于数字信号传输。

根据时隙分配使用方式的不同,时分复用可分为同步时分复用(synchronous time division multiplexing,STDM)和异步时分复用(asynchronous time division multiplexing,ATDM)两种方式。

STDM 采用固定帧长的结构,各帧中的时隙按照位置顺序编号,不同帧中编号相同的时隙合为一个子信道,分给一路信号,即 STDM 采用固定分配时隙的方式,每一路信号占用一个周期性重复出现的时隙。STDM 需要同步信号进行时隙定位,根据时隙在帧中的相对位置

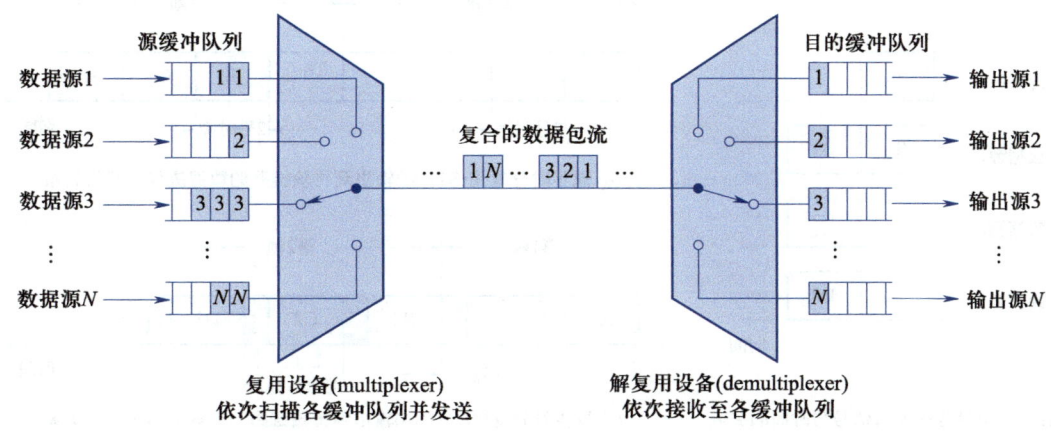

图 4-1-2　时分复用的实现模型

来识别时隙号(即信道号),该类信道也称为位置化信道。STDM 对传递的信号不做任何处理,解复用设备仅根据时隙号即可将传输媒介中的各段数据流存入正确的目标缓冲队列。STDM 每个子信道的速率是恒定的,适用于恒定速率业务的传送。若承载可变速率的业务,STDM 的信道利用率会降低。因为如果某一路信号没有数据需要传输,则其分配的时隙将会空闲而不能被其他路信号占用。使用 STDM 的系统包括:T1/E1 和高次群使用的准同步数字体系(plesiochrounous digial hierarchy,PDH)、光网络中的同步数字体系(synchronous digial hierarchy,SDH)、基于传统电路交换网络的综合业务数字网(integrated services digital network,ISDN)等。

　　ATDM 根据各路信号的业务需求分配时隙,也称为统计时分复用。ATDM 中各帧内相同位置的时隙并不会固定分配给某一路信号,所以不能根据时隙号来区分各路信号。为了解复用设备能正确区分各路信号,ATDM 中每个时隙传输的数据包需要携带地址信息,"地址信息"表明了本时隙的数据包将进入哪一路信号的目的缓冲队列。该类信道称为标志化信道。ATDM 需要对传递的信号进行处理,解复用设备需要解析每个时隙内的地址信息才能将传输媒介中的各段数据流存入正确的目标缓冲队列。ATDM 的每个时隙内需要同时携带数据信息和地址信息,而 STDM 的每个时隙只携带数据信息,所以 ATDM 相对于 STDM 在每个时隙里存在额外的控制开销。但是只要任何一路信号有数据需要发送,ATDM 就不会有空闲时隙,因此,ATDM 在可变速率业务应用中的信道利用率要高于 STDM。计算机网络中的 UDP 和 TCP 协议采用的就是 ATDM。

　　图 4-1-3 举例说明了 STDM 和 ATDM 两种时分复用方式在四路输入信号业务产生速率不同的情况下的时隙分配和传输链路承载的业务内容。由图可知,STDM 存在空闲时隙,ATDM 没有空闲时隙,但是每个时隙内需要传输额外的地址信息,因此带来了额外的控制开销。

3. 其他复用方式

　　除上述常用的频分复用和时分复用技术以外,凡是支持解复用设备正确解出各路原始信号的技术都可以用于复用传输媒介,例如码分复用、空分复用、极化复用、轨道角动量复用等。

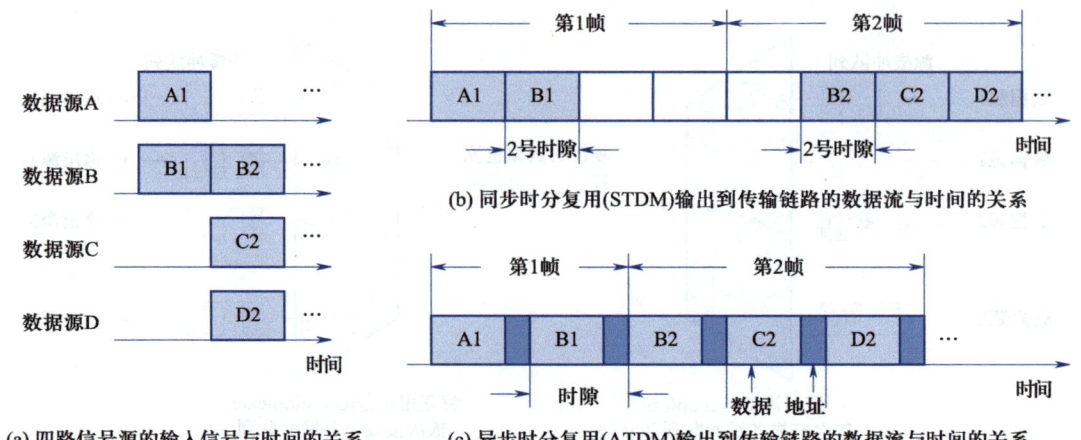

图 4-1-3 STDM 与 ATDM 的时隙分配结果比较

码分复用是将多路信号使用相互正交的扩频码扩频之后,占用相同的频带和相同的时间进行传输。扩频有跳频和直接序列扩频两种方式,扩频之后信号占用的频谱远宽于原始信号的频谱。最常用的正交扩频码是 Walsh 编码。全球定位系统和地面移动通信的 CDMA-2000、W-CDMA 系统都采用了码分复用技术。

空分复用是在相同时间域、相同频域、不同的空间域传递多路信号。对于有线通信而言,空分复用是利用同一根电缆中的多对电缆或多条光纤来传输多路信号的,例如五类线包含了四对双绞线。对于无线通信而言,空分复用通过多个天线单元形成相控阵天线,利用多路无线信道之间的差异性,通过信号处理来实现多路信号同时传输。例如,IEEE802.11n 协议采用多天线技术,理论上使用 n 个天线的接入点可以同时服务 n 个用户。

极化复用利用电磁波的不同极化方式来区分多路正交子信道,例如水平极化与垂直极化。在无线电通信与光通信中都可采用极化复用技术。

轨道角动量复用是利用电磁波的轨道角动量(orbital angular momentum,OAM)信息将传输媒介划分为多路信道,将不同的 OAM 作为区分各正交子信道的特征。OAM 是依赖于电磁场的空间分布的特征量,具有无穷模态且不同模态相互正交。轨道角动量复用目前尚处于实验室研究阶段。

4.1.2 差错控制

由于传输链路上存在损耗、衰落、噪声以及干扰,信源发出的数字信号在接收端可能无法被正确地解调。为了确保接收端能接收到正确的数据,有三种解决办法:第一种是在发送端增加发送信号的冗余度,使得接收端能在有部分误码的情况下仍然可以正确恢复出原始信号,即前向纠错(froward error correction,FEC)技术;第二种是重传机制,即发送端在接收端不能正确解调时重新发送数据,即自动重传请求(automatic repeat request,ARQ);第三种是将前向纠错和重传机制相结合的混合自动重传请求(hybrid automatic repeat request,HARQ)。下面依次介绍这三种差错控制技术。

1. 前向纠错

前向纠错是在物理层使用的机制,通过对信息码元按一定规律加入新的监督码元以实现纠错的目的,又称为纠错编码、信道编码。前向纠错的本质是在发送端增加发送的信息码元的冗余度,使得输出信息码元具有一定的纠错能力和抗干扰能力,增加通信的可靠性。接收端的纠错译码器不仅能自动发现错误,而且能自动纠正传输过程导致的接收码字中的错误。

纠错编码按照对信息元处理方法的不同,分为分组码和卷积码两大类。根据校验元与信息元之间的关系,可将纠错编码分为线性码与非线性码。若检验元与信息元之间的关系是线性关系,则称为线性码,否则称为非线性码。按照纠正错误的类型可将纠错编码分为纠正随机错误的码、纠正突发错误的码,以及既能纠正随机错误又能纠正突发错误的码。按照每个码元取值来分,可将纠错编码分为二进制码与多进制码。按照对每个信息元保护能力是否相等可将纠错编码分为等保护纠错码与不等保护纠错码。

前向纠错主要应用在重传的开销大(例如卫星通信和深空通信)或者不能重传(例如数据存储、单向通信链路)的场景,还可用于一对多的多播或者广播通信。例如,CD/DVD 等数据存储中使用了 Reed-Solomon 编码,NAND 闪存中使用了汉明码,3G 移动通信中使用了 Turbo 码,卫星数字视频广播标准中使用了低密度奇偶校验码等。前向纠错的优点是译码实时性好,控制电路简单;缺点是译码设备比较复杂,并且需要以最坏的信道条件来设计纠错码,导致编码效率低。

2. 自动重传请求

ARQ 是在数据链路层或传输层使用的机制,通过重传来保证数据的正确传输,即当一次传输失败时就要求发送端重传数据分组,具体工作过程为:发送端对信息码元按一定规律加入新的监督码元以实现检错的目的(能检错但不能纠错,例如奇偶检验码、循环冗余校验码),接收端依据检错码判断收到的数据包是否有误,然后反馈确认信号。发送端在收到接收端反馈的否定确认之后,或者在超时之后还没有收到肯定确认,则认为数据发送错误,发送端重新发送数据。

ARQ 需要有一条反馈信道,供接收端将确认信息反馈到发送端。确认信息用于指示接收端是否正确接收到发送端传输的数据包,分为肯定确认(acknowledgements, ACK)和否定确认(negative acknowledgements, NACK)两种,分别表示接收端收到的数据包正确和错误。超时的时间取决于往返时延,需大于接收端对数据包的处理时间,加上确认帧传输时间,再加上两倍的单向信号传输时间(即假设接收端正确接收并反馈了 ACK 条件下,从发送端发完数据包开始到发送端正确收到反馈的 ACK 为止的时间)。超时时间的意义在于:如果发送端在超时时间内收到 ACK,则代表数据正确传输,否则表明数据包或者确认信息出现错误。

ARQ 要求收发两端都能够判断数据包是否包含错误,因此数据包需要使用检错码供接收端辨别是否存在误码。因为在相同冗余度的编码下,检错码的检错能力比纠错码的纠错能力要高很多,所以在相同冗余度的条件下 ARQ 比前向纠错的纠错能力强。

根据重传规则的不同,ARQ 方案可以细分为三种方式:停等 ARQ、后退 N 步 ARQ 和选择重发 ARQ。

3. 停等 ARQ

顾名思义,停等 ARQ 要求发送端每发送一个数据包就暂停,等待接收端的确认信息,只有收到 ACK 肯定确认之后才能发送下一帧数据包。图 4-1-4 所示的垂直时间序列图中分别描述了 ARQ 协议运行正确或者出错的四种情况,带箭头的虚线代表数据包传递的方向。

(1) 正确传输:发送端发出数据包 0 并启动超时计时器,接收端正确接收到数据包 0 之后返回 ACK 确认信号。发送端正确接收到 ACK 确认信号,此时发送端知道接收端已正确接收数据包 0,发送端继续发送新的数据包 1,进入下一轮停等 ARQ。

(2) 数据帧出错:发送端发出数据包 0 并启动超时计时器,接收端对数据包 0 检错,发现错误之后反馈 NACK 确认信号。发送端正确收到 NACK 确认信号,此时发送端知道接收端收到的数据包 0 有误,发送端重新发送数据包 0,进入下一轮停等 ARQ。

(3) 数据帧丢失:发送端发出数据包 0 并启动超时计时器,接收端没有收到数据包 0,因此不会反馈任何信息。发送端在等待超时时限之后还没有收到预期的 ACK,此时发送端认为数据包 0 发送失败,发送端重新发送数据包 0,进入下一轮停等 ARQ。

(4) 确认帧出错或丢失:发送端发出数据包 0 并启动超时计时器,接收端正确接收到数据包 0 之后返回 ACK 确认信号,但是因为 ACK 出错或者丢失导致发送端没能正确收到 ACK 信号,发送端在等待超时时限之后还没有收到预期的 ACK,此时发送端认为数据包 0 发送失败,发送端重新发送数据包 0,进入下一轮停等 ARQ。注意,这种情况下,接收端可能会重复收到两个正确的数据包 0,接收端需要根据重发标志识别出这种情况,然后丢弃第二个正确收到的数据包 0。

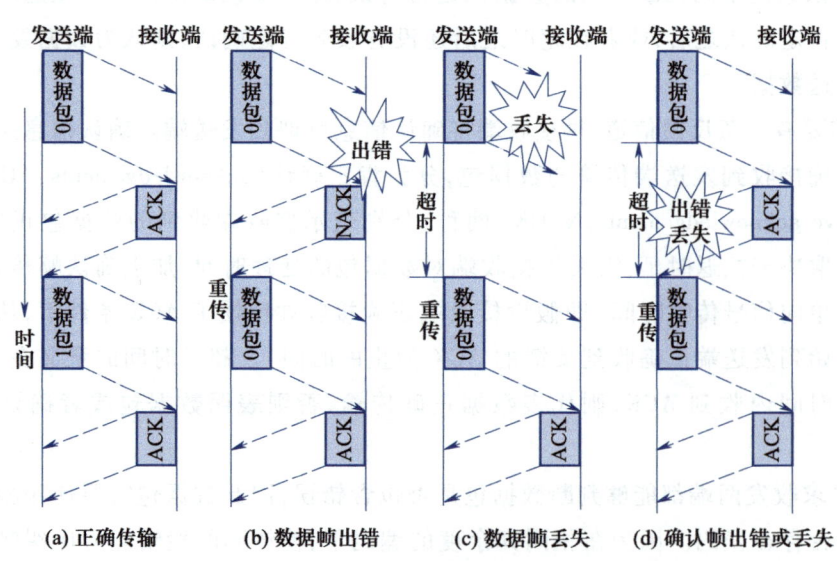

(a) 正确传输   (b) 数据帧出错   (c) 数据帧丢失   (d) 确认帧出错或丢失

图 4-1-4 停等 ARQ 协议运行的垂直时间序列图

停等 ARQ 协议中的收发双方在同一时间内仅对一个数据包进行操作,因此信令开销小、接收缓存容量要求低,实现简单。但是由于发送端在等待确认信号的过程中不发送数据,导致信道利用率不高。尤其是当信道传输时延大于数据包传输时间时,信道的利用率很低。此时可以采用下面的两种方法。

4. 后退 N 步 ARQ

对于后退 N 步 ARQ 协议,发送端在没有收到 ACK 确认的情况下也可连续发送多个数据包,具体工作过程如下:

发送端维持一个固定大小为 k 的发送窗口,位于发送窗口内的所有数据包可以连续发送出去,同时启动超时计时器,中途不需要等待接收端的确认(即发送端最多可以连续发出 k 个没得到确认的数据包);发送端必须保存所有未收到确认的数据包的副本,直到收到 ACK 确认帧才把发送窗口的起点向前滑动到确认帧所指向的位置,并丢弃已确认的数据包副本;如果发送端收到 NACK 或者计时器超时,则发送端需重发从 NACK 指向的帧或者超时的帧开始的所有帧。

接收端维护一个等待接收的下个数据包的帧序列号,收到的数据包的帧序列号如果不匹配,该数据包将被丢弃,并且在确认信息中包含所确认的数据包的帧序列号。接收端采用积累确认的方式,即接收端对任一数据包的确认都表明到这个数据包为止的之前所有数据包都已经正确收到了。图 4-1-5 所示的水平时间序列图中分别描述了后退 N 步 ARQ 协议运行正确或者出错的四种情况,带箭头的虚线代表数据包传递的方向,假设发送窗口大小为 5。

(1)正确传输:发送端发送完数据包 0 之后启动超时计时器,不用等待 ACK0 确认信号,直接连续发送数据包 1、数据包 2……。根据发送窗口大小为 5 的假设,在没有收到 ACK0 之前最多可以连续发送到数据包 4。发送端在发送数据包 2 的时候收到 ACK0,此时发送端知道接收端已正确接收数据包 0,发送端删除数据包 0 的副本,并将发送窗口的起点移至数据包 1,即可以连续发送到数据包 5,后继收到 ACK1、ACK2 之后据此规则移动发送窗口。

(2)数据帧出错:发送端发出数据包及收到 ACK0 的处理过程与(1)相同,接收端对数据包 1 检错发现错误之后,反馈 NACK1 确认信号,丢弃后继收到的数据包 2 和数据包 3。发送端正确收到 NACK1 之后重发数据包 1 及以后的所有数据包(即图中的数据包 2 和数据包 3),即使此时数据包 2 和数据包 3 被正确接收也需要重发,因为发送端无法获得这两个数据包是否被正确接收的信息。

(3)数据帧丢失:发送端发出数据包及收到 ACK0 的处理过程与(1)相同。假设数据包 1 在传输过程完全丢失,接收端没有收到数据包 1,因此也不会反馈任何信息。发送端在等待超时时限之后还没有收到预期的 ACK1,此时发送端认为数据包 1 发送失败,发送端重新发送数据包 1 及之后的所有数据包,包括数据包 2、数据包 3 和数据包 4。

(4)确认帧出错或丢失:发送端发出数据包及收到 ACK0 的处理过程与(1)相同。确认信号 ACK1 因为出错或者丢失的原因导致发送端没能正确收到 ACK1 信号。但是在数据包 1 超时之前,发送端收到了接收端对数据包 2 的确认信息 ACK2。因为后退 N 步 ARQ 协议采用的是积累确认的方式,发送端收到 ACK2 表示数据包 2 及之前的所有数据包(包括数据包 1)都已经正确收到了,因此发送端可以删除数据包 1 和数据包 2 的副本,并将发送窗口的起点移至数据包 3。

后退 N 步 ARQ 协议可以连续发送多个数据包,相比停等 ARQ 协议,在信道条件好的情况下协议效率大大提高。后退 N 步 ARQ 协议使用了积累确认,具有确认丢失也不一定重传、接收端不必缓存过多数据包、不用关心接收乱序的问题的优点。但是积累确认的缺点是不能向发送端反映出正确接收的所有数据包的信息,导致如图 4-1-5 的例子中正确传输的帧也需要重传。为了进一步提高信道利用率,可以通过增加接收端的缓存和处理复杂度来换取重传的减少,即选择重发 ARQ 协议。

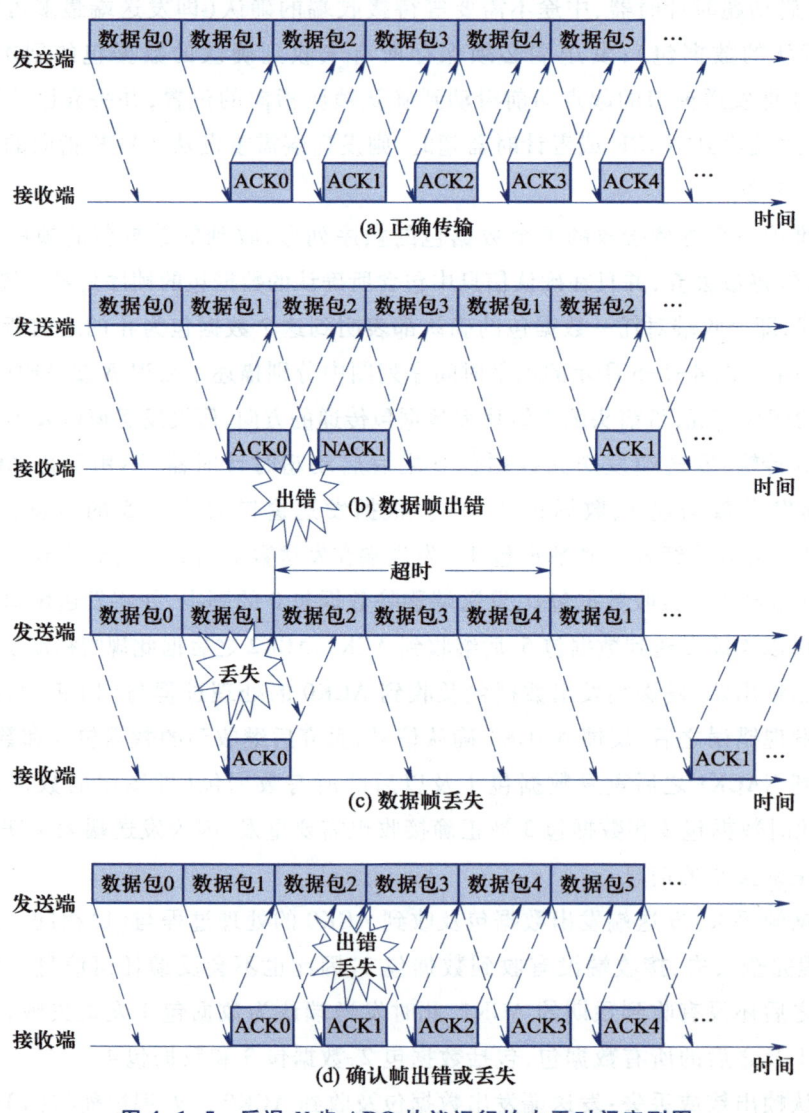

图 4-1-5　后退 N 步 ARQ 协议运行的水平时间序列图

5. 选择重发 ARQ

选择重发 ARQ 协议与后退 N 步 ARQ 协议一样,都可以在没有收到 ACK 确认的情况下

连续发送多个数据包。它们的区别在于选择重发 ARQ 协议下的接收端在遇到错误或者丢失数据包之后,仍然会继续接收并且确认后继接收的数据包,发送端只用重传出现差错的数据包。

选择重发 ARQ 协议对每个数据包进行独立的确认和重传,因此不存在后退 N 步 ARQ 协议中需要将出错帧之后所有的数据帧重传的问题,提高了信道利用率。但是由此也带来了一些负面影响:① 接收端正确收到的数据包可能不再是按顺序到达,因此接收端需要较大的缓存空间来存储已正确接收但是还没有按序输出的数据包;② 失去了积累确认的部分优势,对于如图 4-1-5(d)的确认帧丢失的情况,后退 N 步 ARQ 协议不用重传对应数据包,但是选择重发 ARQ 协议必须重传对的数据包。

协议运行正确时,选择重发 ARQ 协议和后退 N 步 ARQ 协议的运行过程完全相同。因此,图 4-1-6 所示的水平时间序列图中只描述了选择重发 ARQ 协议运行出错的三种情况,带箭头的虚线代表数据包传递的方向,假设发送窗口大小为 5。对比图 4-1-5 和图 4-1-6 可知,在数据包出错或者丢失时,选择重发 ARQ 协议不需要重传已正确接收的帧,因此重发的数据包更少;但是在确认帧出错或者丢失时,后退 N 步 ARQ 协议可能会因为积累确认的原因而不需要重发数据帧,而此时选择重发 ARQ 协议一定会重发数据包。

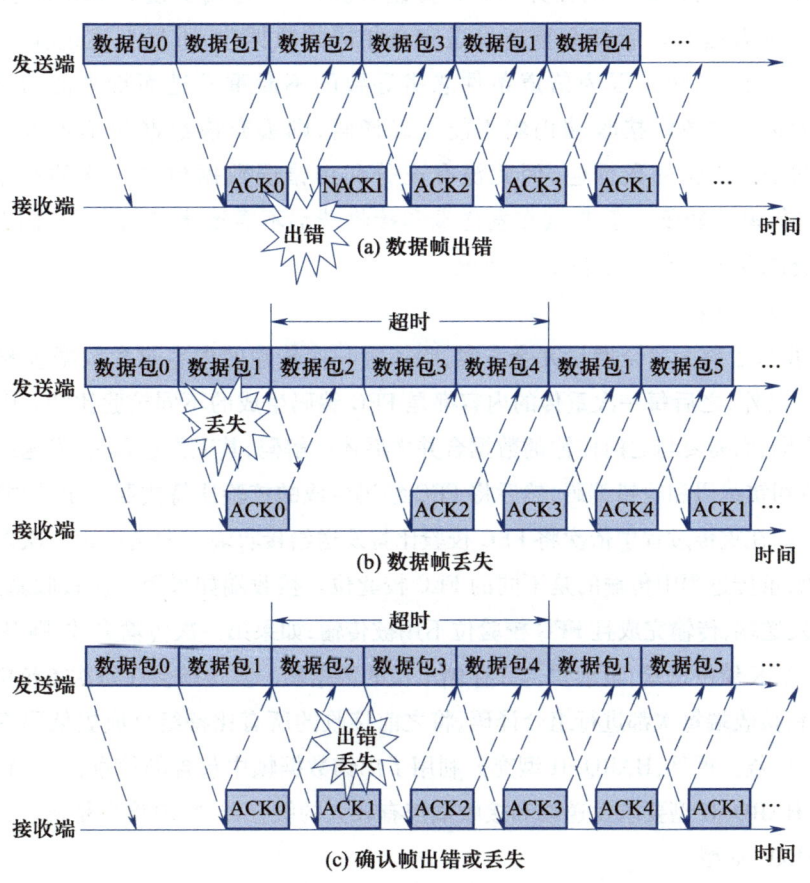

图 4-1-6 选择重发 ARQ 协议运行的水平时间序列图

6. 混合自动重传请求（HARQ）

HARQ 结合使用了 FEC 和 ARQ 两种纠错技术，通过 FEC 纠正可以纠正的错误，对于不能纠正但是能检测到的错误使用 ARQ 重传。具体工作过程为：发送端对信息码元按一定规律加入新的监督码元同时实现纠错和检错的功能。一般是先做纠错编码，然后再做检错编码（例如循环冗余校验）。有些编码方式同时具有纠错和检错的能力，例如 Reed_Solomon 编码，将两个步骤合二为一。接收端对收到的数据包先使用 FEC 进行纠错，如果信道条件比较好，则 FEC 可以纠正所有错误，接收端能获得正确的数据包并反馈 ACK 确认，发送端收到 ACK 之后传输下一个数据包；如果信道条件差，则 FEC 不能纠正所有错误，接收端通过检错码发现数据包还有残留错误则反馈 NACK，发送端根据 ARQ 进行重传，接收端将重传的数据和先前接收到的数据进行合并再解码。

根据重传内容和合并解调方式的不同，HARQ 可分为以下三种类型。

（1）HARQ-Ⅰ型

HARQ-Ⅰ型即传统 HARQ 方案，它仅仅在 ARQ 的基础上增加纠错编码以提高每次传输正确解调的概率，并不会对多次重传的数据包进行合并解码。工作过程为：发送端对数据包的信息码元进行纠错编码和检错编码；接收端对收到的数据包进行纠错译码和检错码校验，如果检错码校验发现错误则丢弃该出错分组，同时向发送端反馈 NACK 请求重传。发送端收到 NACK 或者超时之后都会重新发送完全相同的数据包，重复上述过程。一般系统会设置重传次数的上限，防止因为信道条件恶劣导致的不断重发进而带来的信道资源浪费。如果达到最大重传次数时接收端仍然不能正确译码，则丢弃该数据包不再重传。HARQ-Ⅰ型方案简单的丢弃出错的数据包，因此没有充分利用错误数据包中包含的有用信息，所以 HARQ-Ⅰ型的效率比较低。但是其在发送端和接收端都不需要大的缓存器，因此实现简单，适用于硬件资源受限且信道条件好的情况。

（2）HARQ-Ⅱ型

HARQ-Ⅱ型也称为完全增量冗余方案，除了第一次传输的内容包含数据包的信息码元与检错码校验位以外，之后每一次重传的内容都是 FEC 编码生成的不同校验比特。因此重传数据并不能单独译码，而需要与之前传输的数据合并之后才能解码，其工作过程为：发送端对数据包的信息码元进行纠错编码和检错编码，然后将 FEC 编码生成的校验比特按照一定的规则打孔，根据码率兼容的原则在重传过程中依次将 FEC 校验比特发送给接收端。发送端第一次发送的是信息码元和检错码，重传过程中传输的是不同的 FEC 校验位。接收端如果第一次接收就正确解调，则反馈 ACK 给发送端，传输完成且 FEC 校验位不用被传输；如果第一次传输失败，则 HARQ-Ⅱ型的接收端反馈 NACK 给发送端，请求重传并存储出错的数据帧。发送端会在每次重传中包含不同的 FEC 校验比特，接收端每次都进行组合译码，将之前接收的所有比特组合成更低码率的码字以获得更大的编码增益。可见，HARQ-Ⅱ型充分利用了出错数据帧中包含的信息，比 HARQ-Ⅰ型的效率更高，但是 HARQ-Ⅱ型要求发送端和接收端都有较大的缓存器，实现较为复杂。

（3）HARQ-Ⅲ型

HARQ-Ⅲ型也称为部分增量冗余方案，它与 HARQ-Ⅱ型的主要区别在于 HARQ-Ⅲ型

重传的数据包既可以单独译码,也可以与之前传输的数据包合并译码,即重传的数据帧不仅包含 FEC 校验位,还包含原始的信息码元信息。HARQ-Ⅲ型的工作过程与 HARQ-Ⅱ型基本相同,只是重传数据帧的内容稍有不同。根据各重传帧携带的冗余信息的不同,HARQ-Ⅲ型的协议可以进一步分为两类:基于软合并(chase combine,CC)的 HARQ 协议(CC-HARQ)和基于增量冗余(incremental redundancy,IR)的 HARQ 协议(IR-HARQ)。

CC-HARQ 协议各次重传数据包的内容与第一次传输的完全相同,不包含新的冗余信息。接收端将之前收到的所有数据帧进行最大比合并译码。因此,CC-HARQ 只能获得时间分集增益,不能获得编码增益,合并效果仅相当于接收端每一轮收到的信噪比的累加。

IR-HARQ 协议各次重传数据包的内容与第一次传输的不相同,包含有相同的信息码元和不同的冗余比特。发送端各次重传的冗余比特经过精心设计后具有互补性,所以 IR-HARQ 将之前收到的所有数据帧合并之后,将获得更低码率的码字和更大的编码增益。IR-HARQ 可以同时获得时间分集增益和编码增益,协议效率最高。但是由于其每次重传都需要使用不同的删除矩阵对编码比特进行打孔,IR-HARQ 协议实现的复杂度要高于 CC-HARQ 协议。

4.2 交换技术

为实现通信网中任意两个终端设备之间的点对点通信,最直接的办法是采用如图 4-2-1(a)所示的全互连网络结构。该结构在任意两个终端设备之间都有一对传输链路,即拥有 n 个终端设备的网络将包含 $n(n-1)/2$ 对传输链路。终端设备总数量大时,传输链路的投资过大,而且每个终端设备需要的端口数量过大。同时,每条链路专用于一对终端设备间的通信,导致每条链路的利用率很低。

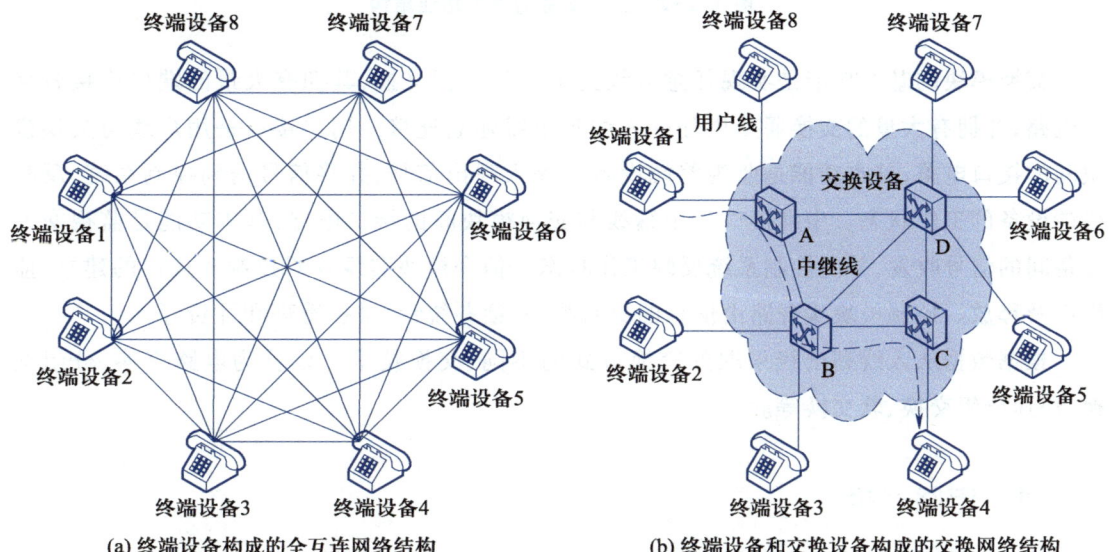

(a) 终端设备构成的全互连网络结构　　　(b) 终端设备和交换设备构成的交换网络结构

图 4-2-1　全互连网络与交换网络的通信网络结构对比

为了减少传输链路的数量需求、提高链路的利用率并合理地实现大量终端设备之间的信息传输,现代通信网络结构采用如图4-2-1(b)所示的交换网络结构。该结构的核心是使用了交换设备:每个终端设备通过一对专用链路连接到交换设备上;交换设备之间一般采用网状结构互连,互连链路通常采用 FDM 或者 TDM 复用技术以提高链路利用率。终端设备到交换设备之间的传输链路称为用户线,也叫作用户环路或者本地环路;交换设备之间的传输链路称为中继线。任意两个终端设备之间都可以通过交换设备和中继线完成信息传输。由图4-2-1可知,交换网络所需的传输链路远少于全互连网络,而且交换网络中的终端设备只需要一个端口、只连接一条用户线,交换网络的扩容、控制与管理都更加容易。

常见的交换设备有电话交换机、分组交换机、路由器、转发器等设备。交换设备的基本功能结构如图4-2-2所示,主要包括交换模块、用户接口、中继接口、控制模块和信令模块。

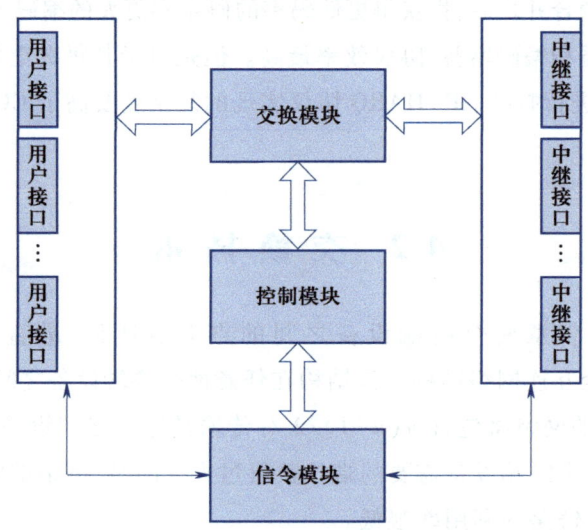

图 4-2-2　交换设备的基本功能结构

交换模块的基本功能是实现任意入线到出线的数据交换,其拥有大量的端口连接各接口电路,并拥有大量的交换通路供任一入线到出线建立连接。用户接口是用户线与交换模块间的接口电路,基本功能是监视终端设备的呼入呼出信号,并将信号送到控制系统,反映终端设备的工作状态。中继接口是中继线与交换模块间的接口电路,基本功能是监视交换设备间的信号收发,并向控制系统反映工作状态。信令模块实现呼叫控制和连接的建立、监视以及释放。控制模块实现路由信息的更新维护、话务统计、维护管理和计费等。

根据数据从入线到出线采取的交换方式的不同,交换技术可以分为电路交换、分组交换、快速分组交换、软交换等。

4.2.1　电路交换

电路交换(circuit switching,CS)是面向连接的交换方式,在通信过程中为收发双方建立

一条临时但是专用的物理线路,具有可靠性高、时延小、无时延抖动的优点。专用的物理线路可能是一条专用的传输链路,也可能使用时分复用传输链路的一个时隙,或者使用频分复用传输链路的一个频带。

电路交换起源于电话交换系统。1876 年,贝尔发明了电话机,1877 年就出现了简单的人工电话交换机,19 世纪末出现了步进制电话交换机,20 世纪 20 年代出现了纵横制电话交换机,20 世纪 60 年代出现了电子自动电话交换机。上述无论是人工交换机还是自动交换机,无论是机电式交换机还是电子交换机,都属于电路交换系统,都是通过建立一条首尾相连的物理传输链路序列来为收发双方提供专用的通信通道的。

基于电路交换的通信过程包括三个阶段:电路建立、消息传输和电路释放,下面以图 4-2-1(b)所示的终端设备 1 向终端设备 4 发起呼叫的过程为例加以解释。

电路建立:在通信开始之前,首先需要建立一条专用的端到端电路,该电路一直维持到通话结束。例如,图 4-2-1(b)所示的终端设备 1 会先向交换设备 A 发送请求,请求连接到终端设备 4。交换设备 A 综合考虑路由、费用等信息选择到达交换设备 B 的中继线,在这条中继线上分配一路空闲的复用子信道,然后将请求连接到终端设备 4 的信息传给交换设备 B。依此类推,最终建立起终端设备 1→交换设备 A→交换设备 B→交换设备 C→终端设备 4 的专用电路。

消息传输:专用通信链路建立之后,收发双方就可以进行透明的消息传输,交换设备不对所传输的信息做任何处理(包括差错控制)。例如,图 4-2-1(b)所示的终端设备 1 与终端设备 4 之间将经通道终端设备 1→交换设备 A→交换设备 B→交换设备 C→终端设备 4 及反向链路进行双向的消息传输。依据网络性质,所传输的消息可以是模拟信号,也可以是数字信号。

电路释放:数据传输完毕之后,经通信的一方或双方请求拆除此连接,该通信链路被释放。该请求拆除链路信号需要传递到链路上的每个设备,例如,图 4-2-1(b)所示的交换设备 A、B、C,以保证释放电路建立时所分配的所有网络资源。

根据交换设备采用的转接体制的不同,电路交换可以进一步分为空分交换和时分交换两类。

1. 空分交换

空分交换是指入线根据空间位置选择出线并建立连接的交换方式。例如,早期采用人工交换的电话交换系统,接线员将塞绳的一端连接至入线塞孔,然后根据主叫要求,将塞绳的另一端连接至被叫的出线塞孔。步进制电话交换机和纵横制电话交换机则是通过电磁机械或者继电器推动金属连接点完成空间连接,同样是根据空间不同位置交叉点的闭合实现入线到不同出线的连接。此外,程控模拟交换机以至宽带交换机都可以利用空分交换原理实现交换的要求。

单级空分交换可以归纳为图 4-2-3 所示的交换阵列,N 条入线经过 $N \times K$ 交换矩阵连接到 K 条出线。交换网就相当于这个 $N \times K$ 矩阵,交叉点处由人工、机电开关或者电子开关实现任意输入与输出之间的连通。每条入线都能连接到所有出线,并且能同时给所有入线分配出线的交换机称为无阻塞交换机。图 4-2-3(a) 所示的 $N \times N$ 交换矩阵对应的交换网是无阻塞的。图 4-2-3(b) 所示的 $N \times K$ 交换矩阵,在 $K \geqslant N$ 时,交换网是无阻塞的,当 $K < N$ 时,交换网会阻塞。

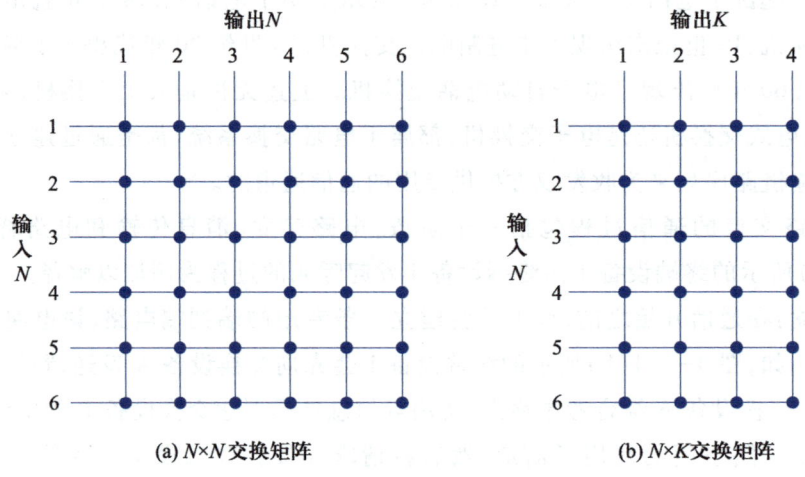

(a) $N \times N$ 交换矩阵　　　　　　　　　　(b) $N \times K$ 交换矩阵

图 4-2-3　单级空分交换的交换阵列

空分交换网的复杂度由所需要的交叉点数量来衡量,因为每一个交叉点需要使用一个机电或者电子开关。当入线和出线的数量很多时,空分交换网的复杂度将急剧增加。为了降低实现的复杂度同时保持交换网不阻塞,通常采用多级交换模式。

图 4-2-4 给出了通过三级空分交换网来实现 $N \times N$ 交换的例子。图 4-2-4 中,每个标有"$x \times y$"的矩形框代表如图 4-2-3(b) 所示的交换矩阵,矩形框左上角的标号#i 表示该交换矩阵在本级交换中的序号。由图可知,三级空分交换网的第一级包含 N/n 个 $n \times k$ 的交换矩阵,第二级包含 k 个 $(N/n) \times (N/n)$ 的交换矩阵,第三级包含 N/n 个 $k \times n$ 的交换矩阵。N 条入线先均分为 N/n 组,每组 n 条入线,分别连接到第一级的各个 $n \times k$ 的交换矩阵输入端;第一级,每个 $n \times k$ 的交换矩阵有 k 条出线,分别连接到第二级 k 个不同 $(N/n) \times (N/n)$ 的交换矩阵的输入端;第二级,每个 $(N/n) \times (N/n)$ 的交换矩阵有 N/n 条出线,分别连接到第三级 N/n 个不同 $k \times n$ 的交换矩阵的输入端。如此构成的三级空分交换网可以连通任一入线到任一出线。

单级空分交换实现 $N \times N$ 交换需要 N^2 个交叉点,而图 4-2-4 所示的三级空分交换网只需要 $2Nk + k\,(N/n)^2$ 个交叉点。适当选择 n 与 k,可以大大降低复杂度。三级空分交换无阻塞的条件是

$$k \geqslant 2n-1 \tag{4-2-1}$$

取 $k = 2n-1$,再选择最佳的 n 可得无阻塞三级空分交换网需要的交叉点数约为 $4\sqrt{2}\,N^{3/2}$,远小于单级空分交换的交叉点数 N^2。

为了进一步降低空分交换的复杂度,一种方法是增加多级空分交换的串联级数,例如将三级空分交换的第二级中的每个 $(N/n) \times (N/n)$ 的交换矩阵进一步扩展为三级空分交换,总体就变成了五级空分交换,可以进一步减少交叉点数;另一种方法是以允许一定概率的阻塞

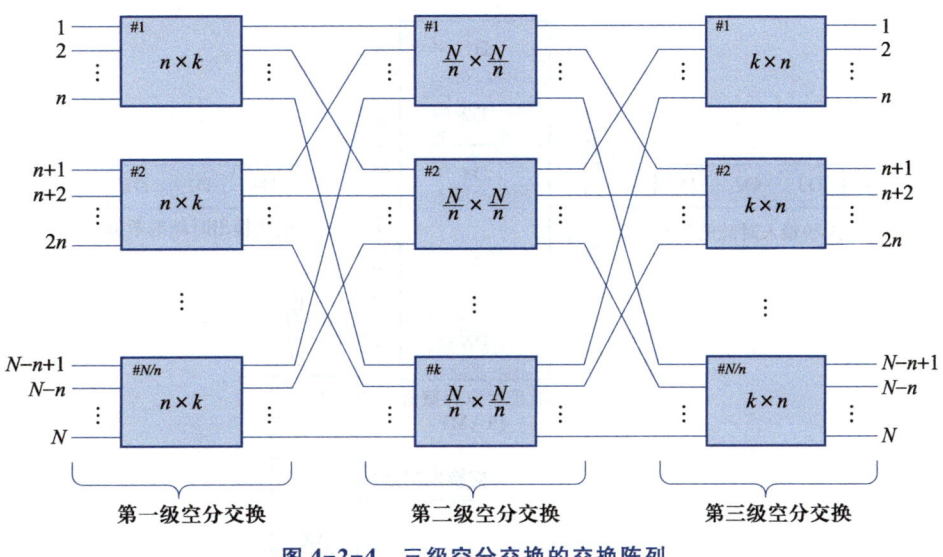

图 4-2-4 三级空分交换的交换阵列

为代价降低复杂度。现代大型交换机一般都设计为在阻塞概率很小的方式下运行,称为准无阻塞交换机。

2. 时分交换

时分交换是一种应用于同步时分复用传输链路的交换技术。时分交换使用的时隙交换器(time slot interchange,TSI)只包含一个物理输入链路接口和一个物理输出链路接口,输入和输出传输链路使用时分复用技术划分为周期循环的时隙,每个周期内时隙号相同的时隙组成一个子信道。时分交换就是通过时隙交换网络完成数据的时隙搬移,从而实现入线子信道和出线子信道之间的数据交换。

图 4-2-5 给出了时隙交换器的工作原理。TSI 的核心部件是随机存取存储器(random access memory,RAM),通过写入和读出 RAM 的顺序不同来实现时隙位置的交换。假设入线时分复用后输入 TSI 的每个周期有 N 个时隙,经输入端口将每个时隙内的数据顺序写入 RAM 的 N 个存储器单元中;从 TSI 输出到出线时分复用的每个周期有 K 个时隙,经输出端口根据交换要求按特定顺序从 RAM 中读出数据并送到出线,这样就改变了时隙的顺序,实现了时隙交换。当然输入按交换要求的次序写入数据,然后顺序输出数据也能达到同样的交换目的。因为 TSI 需要对交换的数据先存后取,所以时分交换会引入一定的时延。

进行时分交换的信号首先需要进行抽样,每个时隙中传输的是一路信号的一个脉冲抽样产生的模拟信号或者二进制编码信号。例如典型的 PCM 话音信道,音频信号的抽样频率为 8 kHz,所以 TDM 的周期长度为 125 μs,即每路话音信号每间隔 125 μs 产生一个脉冲抽样信号。

单级 TSI 所能容纳信道数的最大值取决于读写 RAM 所需的时间,以及采用的 RAM 器件类型。假设一个 TDM 的周期长度为 T,读写一个抽样信号到 RAM 所需的时间为 t。如果 TSI 采用单端口 RAM,即 RAM 的读和写不能在一个时隙内同时进行(每路信道需要占用两

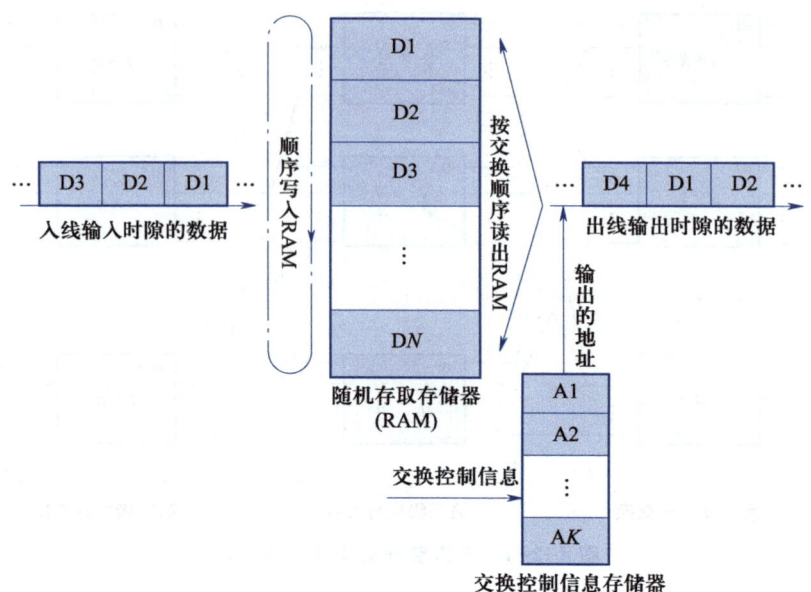

图 4-2-5　时隙交换器的工作原理

个时隙分别对应写入和读出），则 TSI 支持的信道数上限为 $T/(2t)$。如果 TSI 采用双端口 RAM，则 RAM 可以在一个时隙内同时实现读写，TSI 支持的信道数上限为 T/t。但是使用双端口 RAM 的 TSI 需要避免同时读写相同的 RAM 地址，这可以通过控制软件来完成。

RAM 的读写时间限制了单级 TSI 所能交换的信道数，为了提高交换器的容量，可以采用多级交换模式。例如，图 4-2-6 所示的支持 N 个信道（时隙）的三级 T-S-T 交换网，第一级为 N/n 个 $n×k$ 的时隙交换器，第二级为一个 $(N/n)×(N/n)$ 的空分交换器，第三级为 N/n 个 $k×n$ 的时隙交换器，三级交换器串联组成 $N×N$ 的交换网络。对比图 4-2-4 所示的三级空分交换（T-T-T）和图 4-2-6 所示的 T-S-T 交换可知：T-T-T 的第二级包含 k 个 $(N/n)×(N/n)$ 的交换矩阵，而 T-S-T 的第二级只包含 1 个 $(N/n)×(N/n)$ 的交换矩阵。二者能实现相同的交换功能，这是因为 T-S-T 的第二级空分交换矩阵在 TSI 一帧的 k 个时隙里独立地改变 k 次，实现了时间复接的 k 个不同交换，因此，这种空分交换也称为时间复接空分交换。同理，T-S-T

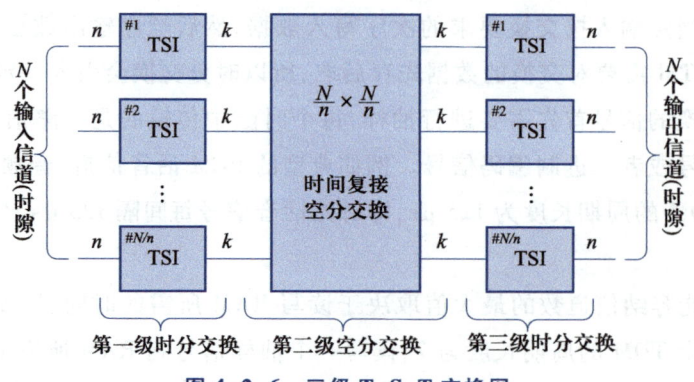

图 4-2-6　三级 T-S-T 交换网

交换网无阻塞的条件仍然是 $k \geqslant 2n-1$。T–S–T 交换网的结构和复杂度远低于单级空分交换网和三级空分交换网。

包括空分交换和时分交换在内的电路交换技术的主要优点有以下几点。

（1）交换时延小，适用于实时通信。空分交换在建立连接之后，入线到出线之间由电路直连，所以交换时延几乎为零。因为需要对交换的数据先存后取，所以时分交换存在一个很小而且固定的时延。

（2）用户数据不需要附加控制信息，交换机处理开销小。因为电路交换对交换的数据进行"透明"转发，所以在建立传输链路之后再没有额外的交换控制开销。

（3）对所交换数据的格式和编码类型没有限制，只需要通信双方类型一致。

（4）硬件实现简单。电路交换是在 OSI 模型的物理层完成交换，不需要使用网络协议，软件实现复杂度低。

电路交换的主要缺点有以下几点。

（1）信道利用率低。电路交换的通信双方在通信过程中独占信道，即使占用期间无数据传输也不能给其他用户使用，因此信道利用率低。

（2）建立交换的接续控制开销大。电路交换包含三个阶段：电路建立、消息传输和电路释放。虽然在消息传输时没有额外的交换开销，但电路建立和电路释放占用的时间较长。

（3）不同类型的终端之间不能通信。因为电路交换采用"透明"转发，没有速率、码型和协议的变换，所以要求通信双方在传输速率、信息格式、编码类型、同步方式和通信协议各方面都完全一致才能进行通信。

综上所述，电路交换适用于业务稳定、连续占用信道的话音等类型业务，不适用于突发性强、不连续占用信道的数据业务。电路交换技术的典型应用包括公共交换电话网（public swtich telephone network，PSTN）、综合业务数字网（integrated services digital network，ISDN）和蜂窝网通信系统中的电路交换数据业务等。

4.2.2 分组交换

分组交换（packet switching，PS）也称为包交换，是一种以"分组"为基本传输单位、使用存储—转发机制实现数据交换的通信方式。分组交换中的分组数据以异步时分复用的方式占用传输链路，即每个分组只在传输过程中占用传输链路，因此不存在电路交换中因为同步时分复用可能带来的传输链路空闲，所以分组交换的传输链路利用率高。

"分组"的帧结构包括帧头和净荷两部分：帧头包含地址及其他控制信息，交换网络根据帧头中的地址信息将分组转发到目的终端；净荷是通信双方需要传输的数据信息，每个分组包含一段合适长度的用户通信数据。

"存储—转发"是分组交换的本质，交换过程中，交换机首先将入线端口输入的分组暂时缓存到存储器，然后根据分组帧头中的地址信息将该分组在出线端口上排队。根据出线的忙闲程度和排队规则，分组在合适的时机被传输到出线上完成转发。就本质上而言，邮政通

信和电报通信也是基于存储转发的思想。所不同的是,分组交换的最小信息单位是分组,而电报通信的最小信息单位是电报。分组交换通过将长的报文信息划分成多个短的分组可以缩短交换时延。

分组交换的数据传输过程包括如下三步。

分组打包:数据源终端进行分组打包,将原始的长报文信息打包成多个短的带地址信息的分组,即首先将要发送的整个报文信息按照具体交换协议的规则划分成多个长度固定或者长度可变的较短数据块,然后在每个数据块的前面加上包含交换控制信息的帧头构成"分组"。分组在不同的具体协议中也被称为报文或者信元等。通过将较长的报文划分为多个较短的分组,每个分组的传输时间较短,所以能降低交换时延,同时较短的分组还可以降低每次传输的误包率。但由于每个分组都必须携带帧头,会带来额外的固定开销,所以每个分组包含的数据块净荷不能太短。

分组的存储转发:端到端传输链路上(位于源和目的终端之间的)所有的交换设备完成分组的存储转发,即每个交换设备先从上一跳交换设备(或者源终端设备)接收分组并缓存到存储器,然后根据分组携带的交换信息按照具体交换协议规则选择最佳路由或者固定路由转发给下一跳交换设备(或者目的终端设备)。为保证数据传输的正确性,存储转发过程中还包含差错控制机制,即根据具体协议的要求,逐跳或者端到端地进行差错检测及重发,要求上一跳或者源终端设备重发出错的分组。

数据重组:目的终端设备进行数据重组,即将收到的属于同一个报文的多个分组按照分组顺序重新组合并恢复出原来完整的报文信息。对于不同分组独立选择路由的交换方式,不能保证所有分组按照发送的顺序到达目的终端设备,因此需要对收到的分组进行重新排序,然后提取净荷并组装成原始的报文,提交给上层应用。

根据交换过程中存储转发选择路由方式的不同,分组交换分为两种模式:无连接的数据报(datagram)分组交换和基于连接的虚电路(virtural circuit)分组交换。

1. 数据报分组交换

使用数据报分组交换的端到端传输不需要链路建立和链路拆除,直接进入消息传输阶段,因此被称为是无连接的。数据报的每个分组都必须包含独立并且完备的交换控制信息(包括源地址和目的地址等),使得交换网络不依赖于任何之前的信息交换,可以仅依据该控制信息将各分组独立地发送到目的终端设备。交换设备根据地址信息为每个分组独立地选择最佳路由,因此同一报文的多个分组可能会通过不同的交换路径到达目的终端。不同路径上的传输时延和误码率的不同可能造成同一报文的不同分组到达目的终端时出现乱序、重复与丢失的现象,因此目的终端需要重排序等数据重组工作。

数据报分组交换没有链路建立和链路拆除阶段,因此传输突发性的短报文效率较高。每个分组需要独立路由,优点是对于网络故障有更强的适应能力;缺点是每个分组附加的帧头控制信息多,使得分组额外开销增大并且交换设备的处理更为复杂。

基于无连接的数据报分组交换的典型协议包括网间协议(internet protocol,IP)、用户数据报协议(user datagram protocol,UDP)等。IP 数据报的格式如图 4-2-7 所示,帧头部分包

括 20 字节的固定部分和可变长度部分。其中,4 字节的源 IP 地址和 4 字节的目的 IP 地址用于路由选择,13 bit 的片偏移用于目的终端的数据重组。

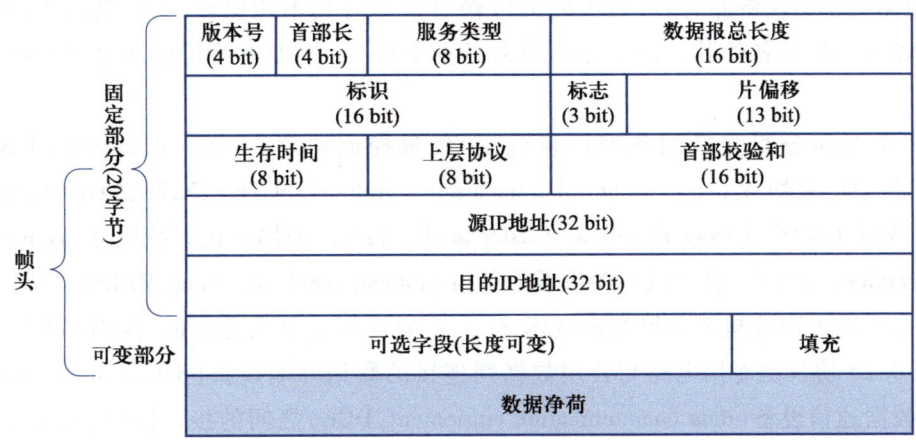

图 4-2-7　IP 数据报的格式

2. 虚电路分组交换

虚电路是基于连接的分组交换技术,即在数据传输之前首先需要在源和目的终端之间建立一条逻辑连接电路。所有的分组沿着这条固定的路径传输,就像电路交换中的电路一样,因此这样一条逻辑连接被称为虚电路。

虚电路分组交换的具体工作过程如下。

(1)逻辑连接建立阶段,源和目的终端根据完整的地址信息在源终端、目的终端以及交换网络中确定一条逻辑连接,即虚电路。每条虚电路用一个短的虚电路标识符表示,虚电路上沿路所有的交换设备登记该虚电路标识符以及路由信息。

(2)数据传输阶段,整个报文的所有分组都沿着事先建立的虚电路传输,即不需要再为每个分组单独选择路由。每个分组不需要携带完整的地址信息,仅需要携带虚电路标识符,因此分组的额外控制开销小。交换设备只需要根据虚电路标识符查找路由表并完成转发,因此处理简单、转发速度快。同一报文的所有分组沿相同路径到达目的终端,因此不会发生分组乱序,目的终端收到分组后无须重新排序。为保证分组无差错、无丢失、不重复的可靠传输,虚电路分组交换还包含逐跳的或者端到端的差错控制机制。

(3)虚电路拆除阶段,当所有数据发送完毕之后拆除虚电路,交换设备清除该虚电路标识符以及路由信息条目。

根据逻辑连接持续时间的不同,虚电路可以分为交换型虚电路(switched virtual circuit, SVC)和永久型虚电路(permanent virtual circuit, PVC)。SVC 是终端之间按需动态建立的临时性连接,在数据传输之前建立并且传输结束之后立即拆除连接。PVC 是终端之间的永久性连接,由服务商预先配置提供专线服务,在数据传输时不需要再经历链路建立和链路拆除阶段。

虚电路分组交换和电路交换都是基于连接的交换技术,都包含建立连接的额外开销,能

够保证分组按序传输。但是电路交换中每条连接独占传输链路资源,能够提供传输容量和时延的保证。虚电路并不独占传输链路,而是采用统计复用的方式和共享相同交换设备的其他虚电路共享传输链路,因此虚电路的传输容量和时延不能保证,会受到以下因素的影响:共享相同交换设备的其他虚电路所承载的业务强度、本虚电路传送的分组长度和业务速率。

使用虚电路分组交换的典型协议包括:传输控制协议(transmission control protocol,TCP)、流控制传输协议(stream control transmission protocol,SCTP)、X.25、帧中继(frame relay,FR)、异步传输模式(asynchronous transfer mode,ATM)、通用分组无线服务(general packet radio service,GPRS)、多协议标签交换(multi-protocol label switching,MPLS)。以 X.25 为例,它是最早的面向连接的分组交换技术之一,主要应用于早期速率低、误码率高的电话传输线路。X.25 协议是专用电路与公用数据网连接的数据终端设备(data terminl equipment,DTE)与数据通信设备(data communication equipment,DCE)之间的接口协议,它定义了物理层、数据链路层和分组层协议,分别对应 OSI 七层模型的下三层。X.25 协议的数据链路层采用了完全的差错控制,包括帧定位、差错检验和确认应答,不仅浪费了带宽还增加了分组传输延迟;X.25 协议的分组层完成交换功能。随着物理传输链路可靠性的提升,数据链路层的差错控制逐渐弱化,X.25 逐渐被帧中继以及 ATM 技术取代。

分组交换技术相对于电路交换的主要优点有以下几点。

(1)传输链路利用率高。与电路交换独占传输链路的方式不同,分组交换的传输链路是由多路分组数据采用统计时分复用的方式共享使用。每个分组只在传输过程中占用传输链路,减少了链路空闲的概率,因此传输链路的利用率高。

(2)不同类型的终端之间可以通信。分组交换设备以分组为单位的存储-转发机制使得交换网络能够进行速率、码型、同步方式和协议的变换,所以不同传输速率、不同信息格式、不同编码类型、不同同步方式和不同通信协议的终端之间都可以通过分组交换网络进行通信。

(3)不会拒绝新的交换请求。电路交换中每一路交换都需要独占一路传输链路和交换设备资源,因此所支持的总交换数是有限的,当通信量过大时,电路交换网络将拒绝新的交换请求。而由于分组交换网络采用统计时分复用方式占用传输链路,交换设备基于存储转发机制,因此分组始终可以被接受,只是在通信量大时交换时延会增加。

(4)能够使用优先级。分组交换基于存储转发机制,交换设备中所有待转发的分组会排队等待转发,因此可以设置带优先级的排队规则,让高优先级的分组优先被转发,使得高优先级的分组交换时延降低。

(5)可靠性高。分组交换可以进行逐跳或者端到端的差错控制,能够保证无差错传输,而且使用数据报分组交换时,分组还可以自动避开故障路由,进一步提高了交换的可靠性。电路交换没有差错控制。

分组交换技术相对于电路交换的主要缺点有以下几点。

(1)数据传输过程中的控制开销大。电路交换中一旦电路建立,整个消息传输过程中

传输的是纯数据,没有额外控制开销。然而在分组交换中,每个分组都需要包含源地址和目的地址(或者虚电路标识符)以及其他控制信息作为帧头,这些信息降低了可用来承载用户数据的有效通信容量。

(2)交换时延大。电路交换的时延很小:空分电路交换只有电路的传播时延,几乎为零;时分电路交换只产生固定的时隙搬移的时延,每个时隙只用于存储一个采样信号,所以时延也非常小。而分组交换需要将整个分组先存储然后根据帧头信息转发,所以交换时延包括三部分:① 接收整个分组的输入时延;② 分组在出线端口的排队时延;③ 节点处理帧头信息的处理时延。因此,分组交换带来的时延较大。

(3)时延抖动大。电路交换中一旦建立电路,时延是固定的,不会产生变化。而分组交换中每个分组的时延受三个因素影响:① 分组的长度;② 分组所经过的交换路径;③ 分组经过每个交换节点时所经历的排队时延。对每个分组而言,上述三个因素可能都不同,因此总的时延变化有可能很大。

(4)交换处理复杂。电路交换中一旦电路建立,交换机几乎不需要进行其他处理,而分组交换还需要解析每个分组的帧头来选择每个分组下一跳的路由,因此要求分组交换设备具有较高的处理能力。

综上所述,分组交换适用于突发性强、不连续占用信道、对时延不敏感、要求误码率低的数据业务。分组交换技术主要应用于计算机网络等数字通信网络,例如因特网和局域网等。

4.2.3 快速分组交换

为了进一步提高传统分组交换网的交换能力,一方面需要提高物理链路的传输能力,另一方面还需要加快交换设备的交换处理速度。在传输链路方面,早期电话网的误码率约为 $10^{-4} \sim 10^{-5}$ 量级,现如今光纤网的误码率已降到 10^{-9} 量级以下。传输链路在误码性能和信道容量两方面都获得了极大的提高。基于传输链路性能的提升,交换协议可以简化协议交换过程以提高交换速度,因此发展出了帧中继和异步传输模式两种快速分组交换技术。

1. 帧中继

帧中继是在数字光纤传输链路代替了原有的模拟电话传输链路之后,由 X.25 发展起来的基于连接的分组交换技术。X.25 协议早期用于误码率高的电话传输线路,而帧中继的物理层采用了几乎无差错的光纤链路,因此,帧中继简化了 X.25 协议中逐段的差错控制和流量控制,以实现快速交换。

图 4-2-8 给出了帧中继和 X.25 的协议栈的结构和功能对比。由图 4-2-8(b)可知,帧中继的交换设备只包含物理层和部分数据链路层协议。帧中继将完全差错控制和流量控制功能放在源终端和目的终端设备中完成,交换设备只进行简单的检错并丢弃出错帧以实现有限的差错控制,在交换网内不进行逐段的确认与出错重传。而 X.25 需要通过逻辑链路控制子层的平衡链路接入规程(link access procedure balanced,LAPB),实现了逐段的完全差错控制与流量控制。同时,X.25 协议的分组在网络层实现交换,而帧中继的分组是在数据链路

层实现交换。综合上述两个因素可知,帧中继相较于 X.25 简化了处理过程,加快了交换速度。

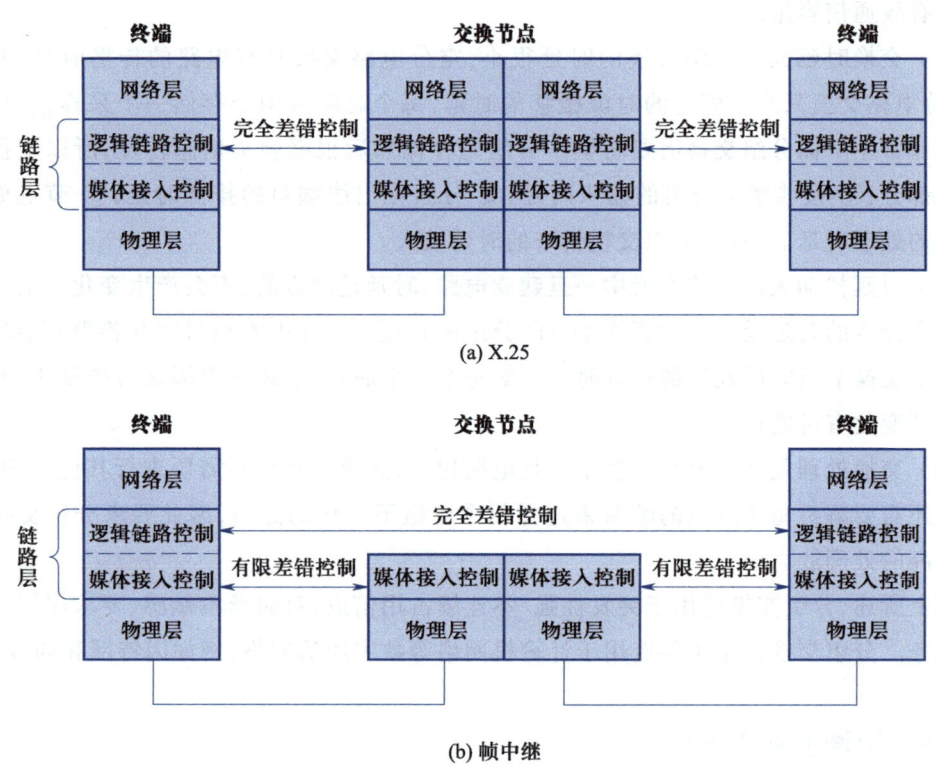

(a) X.25

(b) 帧中继

图 4-2-8　帧中继和 X.25 网络协议栈的结构和功能对比

1986 年,AT&T 首先在关于 ISDN 的技术规范中提出了帧中继业务。1994—1995 年,帧中继技术成熟,标准日趋完善。制定帧中继标准的国际组织主要有 ITU-T、ANSI 和帧中继论坛。ITU-T Q.922 标准的附件 A.2 中给出了帧中继的帧结构,如图 4-2-9 所示,其中包含四个字段:标志字段 F、地址字段 A、信息字段 I 和帧校验字段 FCS。

(1)标志字段 F,它是一个特殊的比特组 01111110,它的作用是标志一帧的开始和结束,用于实现帧的定位。

(2)地址字段 A,用于标识同一物理通道内的不同逻辑链路,以及作为拥塞控制。它的默认长度是两字节,可以扩展到三字节或者四字节。图 4-2-9 中有三种不同长度的地址字段 A。地址字段 A 所包含的信息字段有:

① DLCI:数据链路连接标识符(data link connection identifier,DLCI),用于标识同一物理通道内的不同逻辑链路,实现多个用户逻辑数据流的复用与交换。DLCI 仅具有本地意义,数据帧在虚电路上每经过一个交换机,DLCI 都会发生改变。

② C/R:命令响应指示(command/response,C/R),帧中继不使用。

③ EA:地址扩展(address field extension,EA),EA = 0 表示地址字段还没有结束,EA = 1 表示地址字段结束。

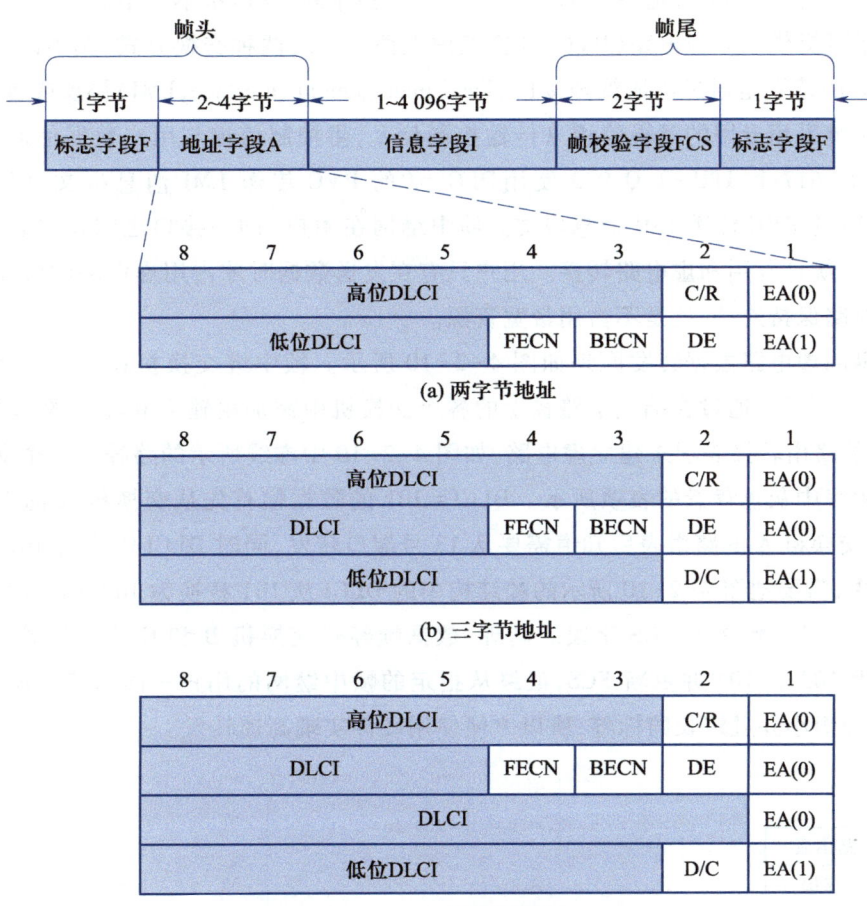

图 4-2-9 帧中继的帧结构

④ FECN：前向显示拥塞通告（forward explicit congestion notification，FECN），FECN＝1 表示该帧传送的方向上发生了拥塞。

⑤ BECN：后向显示拥塞通告（backward explicit congestion notification，BECN），BECN＝1 表示该帧传送的反方向上发生了拥塞。

⑥ DE：丢弃允许（discard eligibility，DE），DE＝1 表示当拥塞发生时该帧可以被丢弃。

⑦ D/C：控制指示比特（DLCI/DL-Control，D/C），D/C＝0 表示最后一个字节的高六位为 DLCI 值，D/C＝1 表示最后一个字节的高六位为 DL-CORE 的控制信息。

DL-CORE（数据链路核心协议）是 ITU-T Q.922 标准的一部分，它定义了帧中继网络中数据链路层的核心功能，主要包括帧界定、队列、标志透明度、虚电路复用与解复用技术、差错监测和拥塞控制等功能。

（3）信息字段 I 包含的是用户数据，长度以字节为单位，在 1~4 096 之间变化。为了保证信息字段中不出现与帧标志字段 F 相同的比特结构，发送端需要对开始标志和结束标志之间的内容进行插值，在连续 5 个 1 后插入一个 0，接收端对收到的帧进行相反处理。

（4）帧校验字段 FCS，是一个 16 bit 的 CRC 校验序列，只检错不纠错。

帧中继可提供永久虚电路（PVC）和交换虚电路（SVC）两种交换方式，其中以 PVC 方式为主。PVC 的建立是通过本地管理接口（local management interface，LMI）协议或者人工设置实现。帧中继采用专用的逻辑信道来传输控制信令，将控制信道与用户数据信道分开。例如，ANSI T1－617 和 ITU－T Q.933 使用 DLCI＝0 的 PVC 传送 LMI 消息报文，CISCO 使用 DLCI＝1 023 的 PVC 传送 LMI 消息报文。帧中继网在用户–网络接口之间建立起虚电路连接，实现信道统计复用和虚电路转接。用户只有在发送数据时才占用虚电路的带宽，无数据传输时虚电路保持连接，但是不占用带宽资源。

帧中继的虚电路数据转发原理如图 4-2-10 所示。帧中继交换机在 PVC 电路预定或 SVC 呼叫建立阶段，通过在端到端路径上的各个交换机中添加由输入和输出的"端口号"和 DLCI 组成的路由转接表项来建立虚电路，如图 4-2-10 中虚线所示的路径上三个交换机 A、B、C 的路由表中灰色背景的表项所示。DLCI＝101 的数据帧首先从交换机 A 的 14 号端口进入，查找交换机 A 的路由表后知道需要从 13 号端口转发，同时 DLCI 需变为 102。因此在交换机 A 中，需要把图 4-2-10 所示的帧结构中的 DLCI 从 101 替换为 102，帧头内容的改变导致需要重新计算帧尾的 FCS 字段。同理，数据帧经过交换机 B 和 C 的时候需要把 DLCI 分别替换为 103 和 104 并更新 FCS，最终从指定的帧中继网的用户—网络接口输出。因为 DLCI 是一种短小并且定长的标签，所以方便使用硬件实现高速转发。

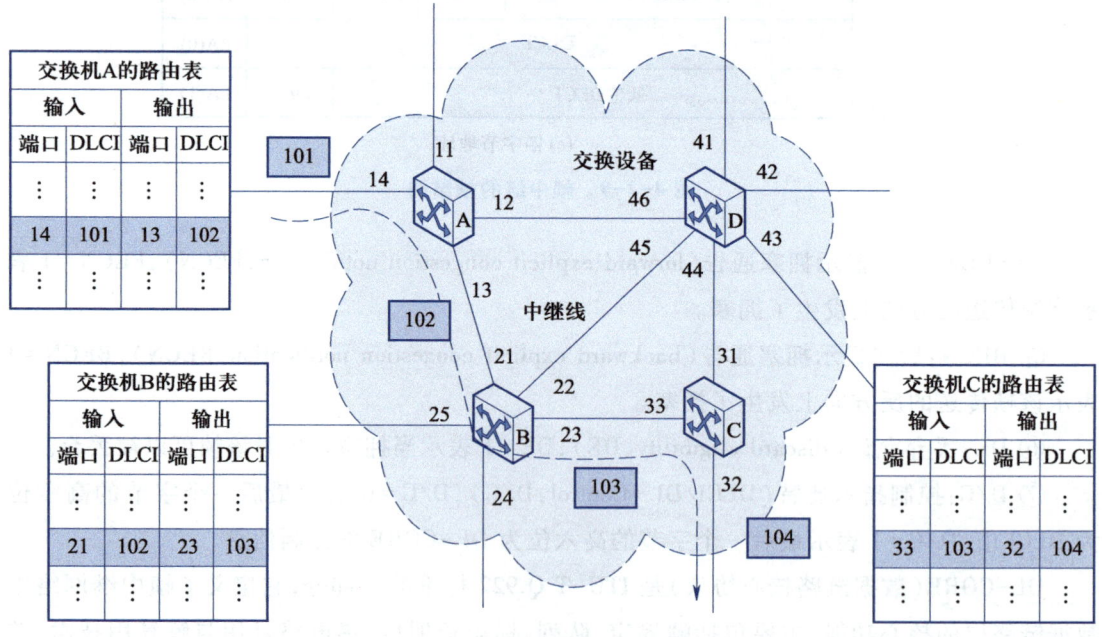

图 4-2-10　帧中继的虚电路数据转发原理

帧中继只规定了数据链路层和物理层的协议规范，与其他高层协议相互独立。由于其带宽利用率高、交换时延低的优点，帧中继主要应用于局域网间的互联，尤其是局域网通过广域网进行的互联。

2. ATM

异步传输模式(asynchronous transfer mode,ATM)也是基于光纤链路的交换方式,它对 X.25 做了进一步的简化:一方面是简化差错控制和流量控制,如图 4-2-11 所示,ATM 交换设备不做任何差错控制,差错控制和流量控制完全放在端到端设备中完成;另一方面是固定数据帧的长度,ATM 网中传输的基本信息单位称为信元,ITU-T 规定信元长度固定为 53 字节。固定长度的帧结构便于用硬件实现高速转发,并且降低了交换处理时延。ATM 的命名源于 ATM 信元并不会周期性地在时域上占用传输链路,而是根据业务需求动态地占用信道,并根据信元头部中的信道标识进行交换。

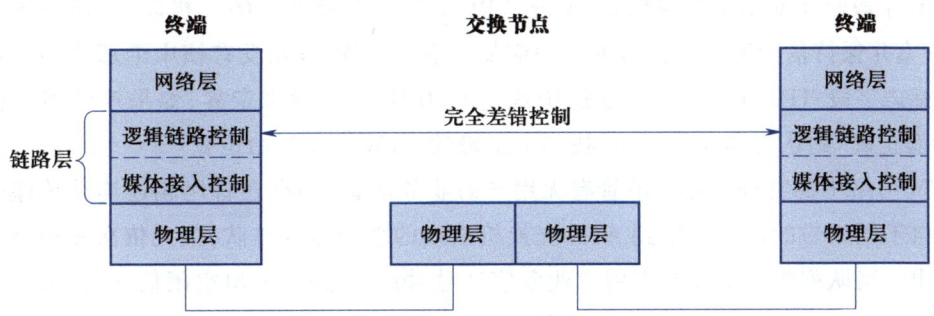

图 4-2-11　ATM 网络协议栈功能

ITU-T 在 I.361 建议中规定 ATM 信元长度为 53 字节,其中前 5 字节为信头,后 48 字节为信息域。如图 4-2-12 所示,ATM 信元包含两种信元格式,分别应用于用户-网络侧接口 (user-network interface,UNI)和网络节点接口(network-network interface,NNI)。

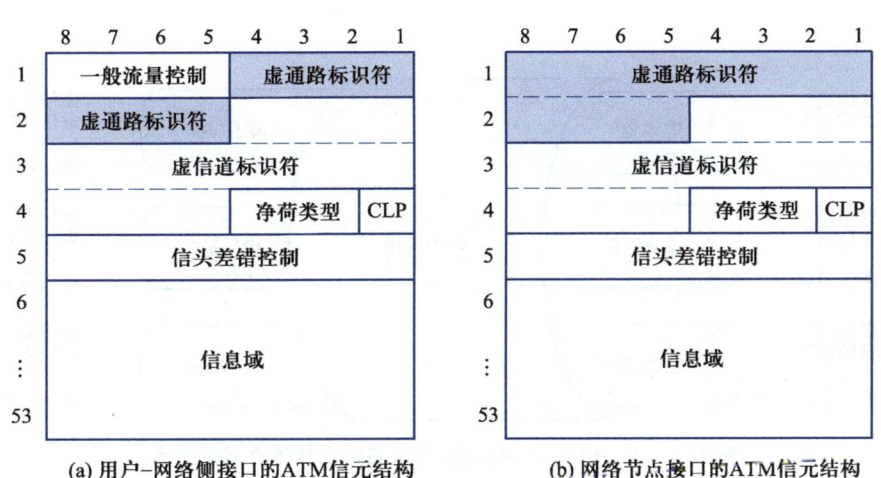

(a) 用户-网络侧接口的ATM信元结构　　(b) 网络节点接口的ATM信元结构

图 4-2-12　ATM 的信元结构

(1)一般流量控制(general flow control,GFC)字段,占 4 bit,仅包含于 UNI 接口的 ATM 信元结构。ITU-T 在 I.150 建议中定义了 GFC 的具体功能,GFC 用于控制 UNI 上多个用户共享缓存器、接口线路等资源时的总业务量,消除网络中常见的短期过载现象。

(2)虚通路标识符(virtual path identifier,VPI)字段,UNI 接口的 VPI 占 8 bit,NNI 接口

的 VPI 占 12 bit,用于 ATM 网络中的虚通路路由选择。

（3）虚信道标识符(virtual channel identifier,VCI)字段,占 16 bit,用于 ATM 网络中的虚信道路由选择。

（4）净荷类型标识(payload type indication,PTI)字段,占 3 bit,用于标识帧体 48 字节信息域的信息类型。最高位为 0 表示信息域为用户数据,最高位为 1 表示管理数据。

（5）信元丢失优先级(cell loss priority,CLP)字段,占 1 bit,用于标识信元丢弃的优先等级,队列满时优先丢弃 CLP = 1 的信元。

（6）信头差错控制(head error control,HEC)字段,占 8 bit,用于信头差错控制与信元定界。HEC 字段除了对信头提供保护,防止 VPI 和 VCI 出错带来的干扰以外,还用于信元同步,即搜索并保持信元第一个比特的正确起始位置。ATM 信元没有帧中继那样用于帧定位的特殊标志字段,ITU-T 在 I.432 建议中规定利用 HEC 字段来定界,如果连续多个信元的 HEC 检验正确,则认为实现了同步,找到了正确的 ATM 信元起始位置。

ATM 网络中的物理链路上不管有无用户的业务信息,都存在首尾相连连续传递的信元流。来自不同用户的信元汇集到 ATM 交换机出线的缓冲器内排队,信元依次复用到物理链路上输出。当队列中为空即没有用户业务信息时,物理链路上输出空闲信元;如果新的信元到达缓冲器时队列已满,则丢弃后到的信元。

根据图 4-2-12 的 ATM 信元结构可知,ATM 网络的逻辑连接采用了虚通路(virtual path,VP)和虚信道(virtual channel,VC)两级信道复用。如图 4-2-13 所示,物理链路首先划分为若干个 VP 子信道,每个 VP 子信道又进一步划分为若干个 VC 子信道。分为两级的主要目的是将网络的主要管理和交换功能集中在 VP 子信道层面,减少网络管理和控制的复杂度。

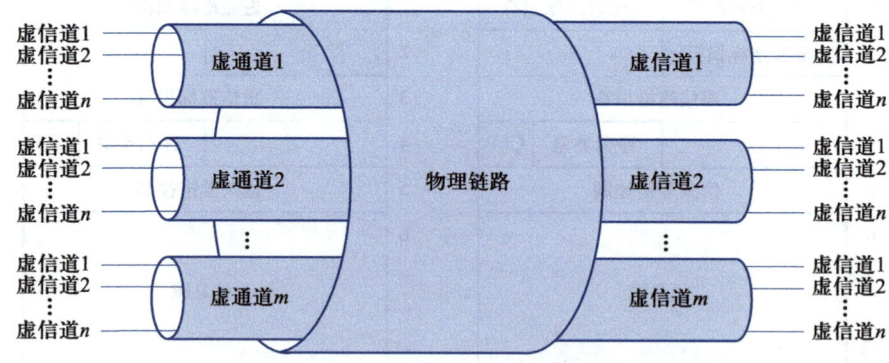

图 4-2-13　ATM 物理链路、虚通路和虚信道之间的关系

ATM 以面向连接的方式工作,在数据传输之前需要使用 ATM 信令系统基于 VPI/VCI 标签建立 ATM 连接,并为该连接预先分配网络资源。ATM 连接可以是永久或者是半永久的,也可以按需临时建立。

ATM 网络中的信元交换分为 VP 交换和 VC 交换两种。在 ATM 转接局之间一般只进行 VP 交换,它是将一条 VP 上所有的 VC 链路全部转送到另一条 VP 上去,所以对应信元中的

VPI 值改变,VCI 值不变。在 ATM 端局的信元一般需要 VC 交换,即信元的 VPI 值和 VCI 值都要发生改变。

　　图 4-2-14 展示了用户 A 和用户 B 之间经过两个端局、一个转接局进行通信的过程:用户 A 的数据经过 ATM 终端设备转换成 VPI=23、VCI=54 的 UNI 信元;经传输到达 ATM 端局交换机 A 的端口 11,按照预先建立的虚电路转接表可知该信元需进行 VC 交换,标签替换为 VPI=44、VCI=92,变成 NNI 信元从交换机 A 的端口 13 输出;经传输到达 ATM 转接局交换机 B 的端口 21,经 VP 交换将标签替换为 VPI=31、VCI=92 的 NNI 信元,从交换机 B 的端口 23 输出;经传输到达 ATM 端局交换机 C 的端口 33,经 VC 交换将标签替换为 VPI=11、VCI=36 的 UNI 信元从交换机 C 的端口 32 输出;最后经 ATM 终端设备转换成用户数据后交付给用户 B。

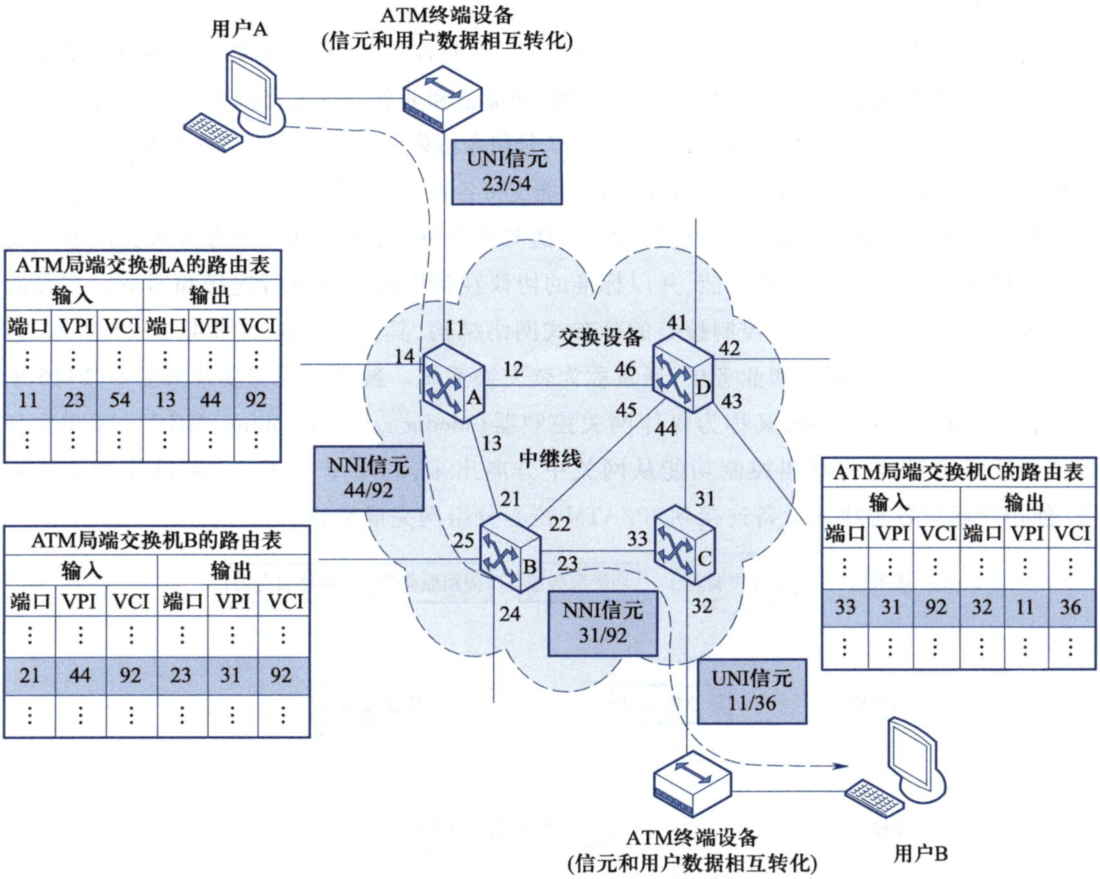

图 4-2-14　ATM 网络的数据转发原理

　　ATM 是一种与通信业务无关的高速宽带交换技术,能够同时支持语言、数据和多媒体等不同类型的实时与非实时业务。ATM 交换技术融合了电路交换和分组交换的优点,具有能支持不同速率的业务交换、吞吐量大、交换时延和时延抖动小以及能够提供点到多点或广播式通信的优点。但是 ATM 力求包揽一切的设计目标也使其存在技术复杂、价格昂贵的缺点,并且短小定长的帧结构使得信元首部的开销比例过大。

4.2.4 软交换

1997 年,美国朗讯公司的贝尔实验室首先提出了软交换的概念,目的是将基于电路交换的传统公众电话交换网和基于分组交换的 IP/ATM 数据网融合。根据国际软交换论坛的定义,软交换是基于分组网利用程控软件提供呼叫控制功能和媒体处理相分离的设备和系统。我国"软交换设备总体技术要求"中对软交换的定义是:软交换是网络演进以及下一代分组网络的核心设备之一,它独立于传送网络,主要完成呼叫控制、资源分配、协议处理、路由、认证、计费等主要功能,同时可以向用户提供现有电路交换机所能提供的所有业务,以及多样化的第三方业务。

简单而言,软交换就是实现传统程控交换机的"呼叫控制"功能的实体。呼叫控制负责呼叫的建立、维持和清除功能。传统的"呼叫控制"功能是和业务处理紧密耦合的,并且不同类型业务所需的呼叫控制功能不同,例如 PSTN 使用 7 号信令协议而 IP 网络使用 SIP 协议。为了使软交换与业务无关,要求软交换提供的呼叫控制功能支持各种业务的基本的、综合的呼叫控制。

软交换的设计思想是业务与控制分离、传送与接入分离,通过软件的方式来完成原来交换机的控制、接续和业务处理功能,并以标准的协议在各实体之间进行连接和通信。广义的软交换是指以软交换设备为控制核心的分布式网络结构,其体系结构如图 4-2-15 所示,包括接入层、传输层、控制层和业务层,通常称为软交换系统。狭义的软交换特指图 4-2-15 中位于控制层的软交换设备,又称为媒体网关控制器(media gateway control,MGC)、呼叫服务器或者呼叫代理,它将呼叫控制功能从网关中分离出来,利用 IP/ATM 分组网代替交换矩阵,使用户通过各种接入设备连接到 IP/ATM 核心分组网完成交换。

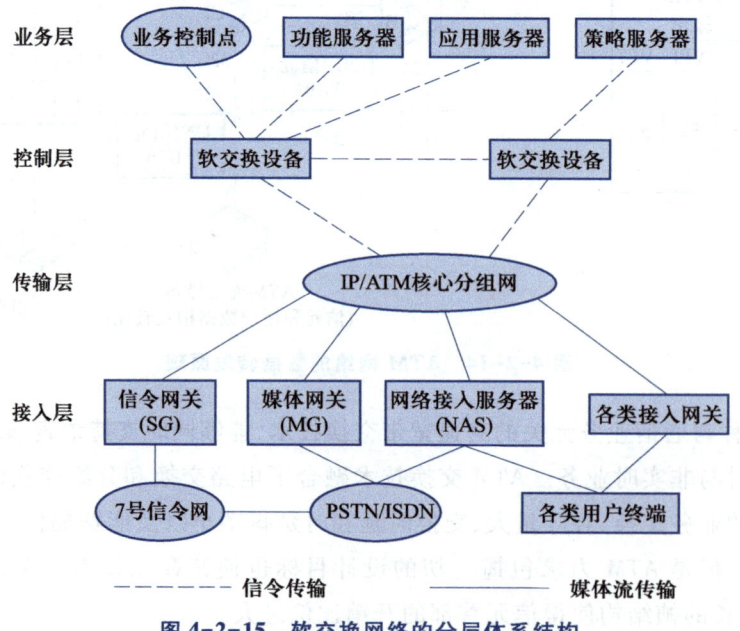

图 4-2-15 软交换网络的分层体系结构

软交换网络自底向上各层及各层主要构件的功能如下。

（1）接入层

接入层的主要功能是提供各种用户终端、用户驻地网和传统通信网接入到核心网所需的网关，利用各种接入设备实现不同用户的接入及不同信息格式的转换，其功能类似于传统程控交换机中的用户模块或中继模块，主要构件包括：信令网关（signaling gateway，SG）、媒体网关（media gateway，MG）、网络接入服务器（network access server，NAS）和其他各类接入网关。

网关的作用是完成两个异构网络之间的媒体信息和信令信息的相互转换，使一个网络的信息能够在另一个网络中传输。信令网关位于 7 号信令网和 IP 网的边缘，完成 7 号信令消息和 IP 网信令消息的互通，主要对信令消息进行中继、翻译或终接处理。信令网关的一端通过 IP 协议和媒体网关控制器通信，另一端通过 7 号信令和 PSTN 通信。

媒体网关位于 PSTN/ISDN 和 IP/ATM 分组网的边缘，作用是完成电路交换网的承载通道和分组网的媒体流之间的媒体格式的转换，将各种用户或网络综合接入到核心网络。媒体网关的一端连接 PSTN 电路，另一端作为路由器连接到 IP/ATM 分组网。媒体网关包括：IP 中继媒体网关、ATM 中继媒体网关和综合接入媒体网关。位于接入层的媒体网关本身不具有智能功能，要靠位于控制平面的软交换的控制才能实现完整的功能，目前的控制协议主要有 MGCP、H.248 和 MEGACO。

网络接入服务器位于 PSTN/ISDN 与 IP 网的接口处，是现有网络的拨号接入服务器。网络接入服务器是远程访问接入设备，用于将拨号用户接入 IP 网，完成远程接入、实现拨号虚拟专网、构建企业内部网等。

（2）传输层

传输层用于传送软交换网络承载的所有业务和媒体，将各种媒体通过宽带传输通道路由至目的地，目前主要指 ATM 分组网和 IP 分组网。传输层与接入层之间传递的是媒体流，接入层的网关将各种不同种类的业务媒体转换成统一的格式（例如 IP 分组或者 ATM 信元），之后在传输层的核心分组网实现传送。

（3）控制层

控制层是软交换网络的交换控制核心，控制底层网络元素端到端连接的建立和对业务流进行处理，该层的设备被称为软交换设备或媒体网关控制器。软交换设备通过标准协议与其他网络构件通信：软交换设备之间互通采用与承载无关的呼叫控制协议（bearer independent call control protocol，BICC）和会话初始协议（session initiation protocol，SIP）；软交换设备与媒体网关互通采用媒体网关控制协议（media gateway control protocol，MGCP）、H.248 和 MEGACO；软交换设备与信令网关互通采用信令传送协议（signaling transport，SIGTRAN）；软交换设备与智能终端互通采用 H.323 或 SIP 协议。

软交换设备的主要功能包括以下几方面。

① 呼叫控制功能。软交换设备负责呼叫连接的建立、维持和释放，包括呼叫处理、连接控制、智能呼叫触发检出和资源管理等。只有信令信息经过软交换设备，用户之间传递的业

务和媒体流并不经过软交换设备。

②协议适配功能。软交换设备支持丰富的协议类型,通过标准协议与媒体网关、信令网关、应用服务器和其他软交换设备等网络构件之间互通。

③业务接口提供功能。软交换设备向业务层提供开放的标准接口,不仅能提供现有电路交换机提供的所有业务,能与现有智能网配合提供现有智能网提供的业务,还能通过开放的接口与第三方合作提供多种增值业务。

④互联互通功能。以软交换设备为核心的软交换网络必须能与现有的网络互联互通,例如与现有的 PSTN/ISDN 电路交换网互通、与现有的 7 号信令网互通、与现有的智能网互通、与采用 H.323 协议的 IP 电话网互通等。

⑤计费、网关、操作维护等功能。软交换设备需要进行计费和信息采集并送往计费中心,提供业务统计和设备运行状态分析功能,软交换设备还支持简单网络的管理协议的配置和管理。

（4）业务层

业务层提供终端用户增值业务的网络管理功能,负责在呼叫建立的基础上提供各种各样的增值业务,控制相应的网络管理和服务。业务层由一系列业务应用服务器组成,包括应用服务器、功能服务器、策略服务器等。应用服务器利用软交换设备提供的标准应用编程接口来完成业务创建和维护。功能服务器提供业务的验证、鉴权和计费服务功能。策略服务器实现资源接入和使用规则的管理功能。

习　　题

4-1　三路独立信源的最高频率分别为 1 kHz、2 kHz 和 3 kHz,每路信号的抽样频率均为 8 kHz,采用时分复用的方式进行传输,每路信号均采用 8 位二进制编码。

（1）帧长为多少? 每帧多少时隙?

（2）计算信息速率。

（3）计算理论最小带宽。

4-2　简要说明什么是虚电路方式和数据报方式,并比较它们的优缺点。

4-3　在 ATM 系统中,什么是虚通路? 什么是虚信道? 它们之间存在着什么样的关系? 指出 VPI 和 VCI 的标识符在 ATM 信元中的位置,请画图描述。

4-4　为一个交换网络定义下列参数:

N——两个给定的端系统之间的跳数;

L——以比特为单位的报文长度;

B——在所有链路上的数据率,单位是 bit/s;

P——固定的分组大小,单位是 bit;

H——每个分组中的额外开销(首部),单位是 bit;

习题

S——呼叫建立时间（电路交换或虚电路），单位是 s；

T——连接释放时间（电路交换或虚电路），单位是 s；

D——每一跳的传播时延，单位是 s。

（1）对于 $N=4, L=3\,200, B=4\,800, P=1\,024, H=16, S=T=0.2, D=0.001$，计算电路交换、虚电路分组交换和数据报分组交换的端到端时延。假设不存在确认，且忽略节点处理时间。

（2）对（1）中的三种交换方式，推导时延的一般表达式，每次对两种方式进行比较，找出其时延相等的条件。

4-5　关于 ATM 的一项关键设计是使用固定长度的信元还是使用可变长度的信元，让我们从效率的角度来考虑这项决策，我们可以把传输效率定义为

$$N=\frac{\text{信息的八位组数量}}{\text{信息的八位组数量}+\text{开销的八位组数量}}$$

（1）考虑使用固定长度的分组。在这种情况下，额外开销由首部八位组组成。定义变量如下：

L——信元的数据字段长度，单位为八位组；

H——信元的首部长度，单位为八位组；

X——作为一个报文传输的信息的八位组数量。

推导 N 的表达式。提示：表达式中需要使用到 $[\cdot]$ 运算符，其中 $[Y]$ 表示大于或等于 Y 的最小整数。

（2）如果信元具有可变的长度，那么额外开销由首部决定，再加上为信元定界的标志或首部中附加的长度字段。令 Hv 等于为了使用可变长度的信元而需要的附加开销八位组。用 X、H 和 Hv 推导 N 的表达式。

（3）令 $L=48, H=5, Hv=2$。分别为固定长度和可变长度信元画出 N 与报文长度的关系曲线，并对得到的结果加以说明。

（4）令 $L=32, H=8$。求当报文长度为 92 字节时，使用可变长度信元而 N 可达到 95% 的 Hv 的值。

4-6　假设一颗米粒长 2.5 mm 并起到一个无线电天线的作用，即它的长度是波长的一半，请问你所接收的信号属于什么类型的电磁波？属于哪一种传播方式？

4-7　两个相邻节点（A 和 B）使用了 3 bit 序号的滑动窗口协议。对于 ARQ 机制，返回 N 使用的窗口大小为 4。假设 A 发送而 B 接收，分别指出在下列几个连续事件时该窗口的位置。

（1）A 发送任何帧之前；

（2）A 发送帧 0、1、2 且 B 对 0、1 已确认后；

（3）A 发送帧 3、4 和 5 且 B 确认了 4，而 A 接收到 ACK；

（4）A 发送帧 7、8 和 9 且 B 确认了 9，而 A 未接收到 ACK。

4-8　判断以下命题的对错，并给出错误命题的正确说法及理由。

95

（1）长途电话网中的长途交换节点一般要分为几级，形成逐级汇接的交换网。

（2）统计时分复用给用户分配资源时采用固定分配方式，因此线路的利用率较低。

（3）虚电路方式也有类似电路交换的建立电路、通信、拆除电路 3 个过程。

（4）虚电路建立时间实质上是呼叫请求分组的传输时延。

（5）传统电话网只提供话音业务，均采用分组交换技术。

4-9　判断以下命题的对错，并给出错误命题的正确说法及理由。

（1）光纤系统只能用于传输数字信号。

（2）光频分复用与波分复用都是利用不同的光载波传输信息的。

（3）与同轴电缆比较，光纤光缆的敷设安装更方便。

（4）与双绞线比较，同轴电缆的抗干扰能力更强。

（5）光纤的典型结构是多层同轴圆柱体，自内向外为包层、纤芯和涂覆层。

4-10　X.25 的链路层和分组层都设有流量控制，两者有何区别？仅在链路层设置流量控制是否可行？

4-11　试比较帧中继和 X.25 在技术特征、业务特征和网络性能方面的异同。

4-12　简要说明软交换网络的系统结构，并指出哪一部分是软交换网络的交换控制核心。

4-13　假设在 T-S-T 网络中，有 16 条输入线、16 条输出线，每条线上有 256 个时隙。若每条入线的话务量为 Y，即占用概率为 Y，则空闲概率为 $1-Y$。求解交换网络中呼叫发生阻塞的概率。

4-14　在连续 ARQ 协议中，设编号用 3 bit，而发送窗口 $W_T=8$。试找出一种情况，使得在此情况下协议不能正确工作。

4-15　在一个 ATM 网络的源端点和宿端点之间有三个 ATM 交换机，现在要建立一条虚通路，问一共需要发送多少个报文？

4-16　一个分组交换网内部采用虚电路服务，沿虚电路共有 n 个结点交换机，在交换机中为每个方向设有一个缓存，可存放一个分组。在交换机之间采用停止等待协议，并采用以下的措施进行拥塞控制。结点交换机在收到分组后要发回确认，但条件是：

（1）接收端已成功地收到了该分组；

（2）有空闲的缓存。

设发送一个分组需要时间 T（数据或确认），传输的差错可忽略不计，主机和结点交换机之间的数据传输时延也可忽略不计。试问：分组交付给目的主机的速率最快为多少？

扩展阅读：中国首台大型数字程控交换机 HJD04

第 5 章

多址接入

多址接入是多个用户使用同一个公共物理信道实现相互通信的信道接入方式。从协议层面,多址接入工作在 OSI 参考模型的数据链路层,其目的是高效地控制和利用物理层提供的多个子信道。多址接入的信道接入规则需要保证在时间、频率、编码等信号维度上各用户信号不冲突或可分离,因此不仅可以采取如 FDMA/TDMA/CDMA 的静态分配方式,还可以根据用户业务变化采取动态的信道分配方式来提升信道利用率。

5.1 静态多址接入

静态多址接入方案如图 5-1-1 所示,包括 FDMA/TDMA/CDMA 等类型。首先将信道在某个信号维度划分为正交子信道,然后将每个子信道固定分给某个用户专用,并且信道分配在一次通信过程中保持不变。静态多址接入方案下,无论用户是否有业务需要传输,该用户都独享该子信道的使用权,而不能将其再分配给其他用户使用。因此,静态分配适用于业务特征稳定的传输系统,不适合业务量变化剧烈的突发性业务传输。下面介绍常用的几种静态多址接入方案。

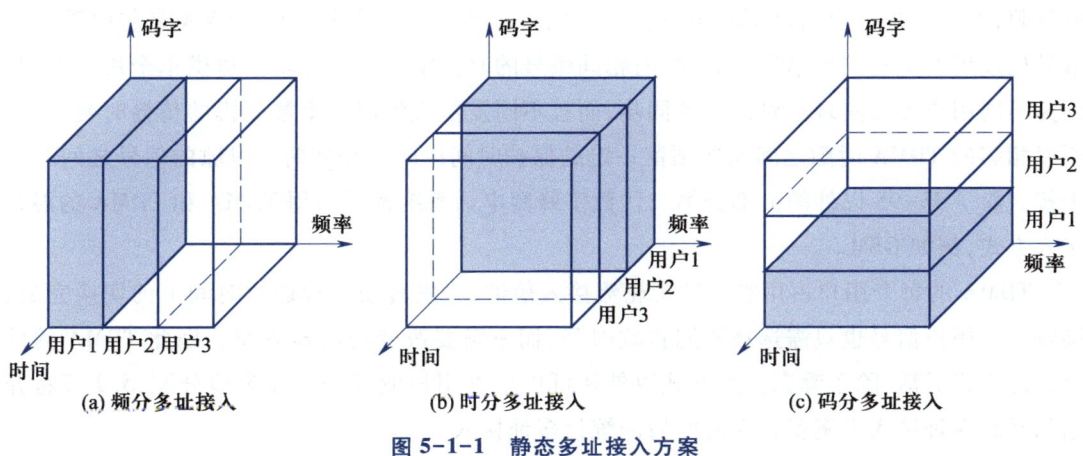

(a) 频分多址接入　　　　(b) 时分多址接入　　　　(c) 码分多址接入

图 5-1-1　静态多址接入方案

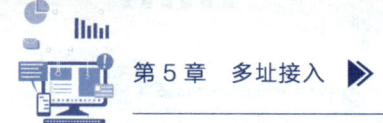

5.1.1　频分多址接入

如图 5-1-1(a)所示,频分多址接入(FDMA)将信道的可用频段划分为多个更窄的互不重叠的频带,每个频带作为一个子信道只被一个用户专用。各用户发送时将信号调制到 FDMA 各子信道对应的不同载波频率上,接收用户使用不同的带通滤波器即可将各用户的信号区分开。因为不同用户的收发信机之间存在频偏,并且因为收发信机相对运动带来的多普勒频移以及物理信道的非线性失真会改变信号频率特征,所以相邻的 FDMA 子信道之间需要预留一定的保护频带以防止各路信号之间的相互干扰。保护频带需要占用一定的可用频段,因此,FDMA 的频带利用率比较低。FDMA 技术复杂度低,完全采用 FDMA 的系统主要是早期的模拟系统,例如第一代蜂窝电话系统、无线电广播等。

除 FDMA 以外,波分多址接入(wavelength division multiple access,WDMA)和正交频分多址接入(orthogonal frequency divesion multiple access,OFDMA)也都是在频域区分多用户信号的技术。WDMA 是光网络中的频分多址接入,在总线或者星形网络上,各用户占用不同波长的光在光纤中相互通信。OFDMA 是在正交频分复用(OFDM)技术将频带划分成正交的子载波集合的基础上,将不同子载波分配给不同的用户,实现频率域的多址接入。OFDM 里每个子载波的频谱零点和其他子载波的工作频点相重叠,因此虽然各子载波之间部分重叠,但是理想同步情况下子载波间没有干扰,所以 OFDMA 的频谱效率远高于传统的 FDMA。但是 OFDMA 存在着对频偏和相位噪声敏感、实现复杂度高等缺点。

5.1.2　时分多址接入

如图 5-1-1(b)所示,时分多址接入(TDMA)将信道的使用权在时间域划分为互不重叠的时隙,然后以某种规则使不同用户占用不同时隙传输。静态分配的 TDMA 是将时隙顺序编号构成周期重复的帧结构,每一帧内相同编号的时隙组成一个逻辑信道供单个用户专用。因为不同用户无法实现绝对的时钟同步,而且不同发信机到同一个接收机的传播时延不同,所以相邻的 TDMA 时隙之间需要预留一定的保护时间以防止相邻两个时隙的信号之间互相干扰。除了 IS-95 以外的大部分第二代数字蜂窝电话系统都是采用 TDMA 和 FDMA 的混合接入方式,例如 GSM。

TDMA 的每个用户占用整个频带轮流接入信道,收发转换过程通过时间上的切换完成,接收不同用户信号也只需选择不同接收时间,而不需要改变滤波器频率。因此 TDMA 的信道分配方式灵活,除了静态分配方式以外还可以根据用户业务分布动态地分配,5.2 节将介绍的动态多址接入方案就是在时间域的统计多址接入。

5.1.3 码分多址接入

如图 5-1-1(c)所示,码分多址接入(CDMA)通过扩频编码将信道划分为多个依靠信号的不同波形来相互区分的子信道,每个互为正交的扩频码字对应一路子信道,供一个用户独立使用。典型的扩频码字有 m 序列、Gold 码序列、M 序列、Bent 序列、Walsh 序列等。CDMA 系统要求扩频码字的互相关性和自相关性尽可能小,并且可用码字数目大。但是实际使用的 CDMA 扩频码字难以满足上述要求,扩频码字的互相关系数不为零会带来多用户干扰,干扰信号能量与其他信号功率以及工作用户数成正比。因为强信号对弱信号的干扰明显,从而会产生“远近效应”,所以 CDMA 需要使用功率控制算法来保证不同距离用户的接收信号功率基本一致。

CDMA 技术具有抗干扰性好、抗多径衰落性能好、保密性高、频谱利用率高等优点,广泛应用于各类通信系统中,例如第二代数字蜂窝电话系统的 IS-95、第三代数字蜂窝电话系统 CDMA2000 和 WCDMA、全球定位系统 GPS 等。

在静态多址接入方案中,每个用户都独享某一个子信道的使用权。这种多址接入方式实现简单,并且控制开销几乎为零,适用于业务恒定并且一直占用信道的应用场景,例如无线调频广播。但是对于不连续占用信道的突发性业务类型,当用户没有数据发送时,子信道不能再分配给其他用户,此时子信道只能空闲而带来信道资源的浪费。为了提高突发性业务应用的信道利用效率,需要使用动态分配的多址接入方案,即各用户仅在需要传输业务时占用信道,尽量避免信道空闲带来的资源浪费。

5.2 动态多址接入

突发性业务的传输起始时间和业务量大小一般具有不可预知性,例如个人使用移动终端上网时,需要传输数据的时间和数据量随时都在变化。因此,突发性业务不占用信道的时间是无法预知的,不能通过预先分配的方式在用户没有业务传输时让出信道使用权来提高信道利用率。动态多址接入方案是根据各用户实时的业务传输需求,采用显式的控制信息交互或者多址协议的传输规则将信道分配给有业务传输需求的用户使用。动态多址接入方案减少了信道空闲带来的信道资源浪费,但是控制信息和多址协议规则也会带来额外的开销。动态多址接入方案设计的重点就是设计合理的控制信息或者协议规则,以降低其带来的额外信道开销和业务传输时延。

动态多址接入方案可以分为随机接入方式、调度接入方式和混合接入方式三类。随机接入方式是一种竞争访问信道的技术,利用业务的随机性以及内部随机数的随机性来分配信道使用权;调度接入方式是显式的控制信息的交换,以协商的方式来分配信道使用权;混合接入方式是组合使用随机接入、调度接入和静态多址接入的一种混合信道分配方式。

5.2.1 随机多址接入

随机多址接入不需要中心控制器，是一种完全依靠分布式控制的多址接入方式，所有需要传输业务的用户独立根据多址接入规则选择合适的时刻将信息广播到公共物理信道。如果在整个信息传输期间只有一个用户占用信道，则该用户的数据传输成功；如果传输期间的任意时段有两个或者两个以上用户同时占用信道，则认为信道上发生了冲突，所有用户的数据传输都失败，然后各用户根据协议规则独立选择一个随机的时间退避之后再重新发送，直到数据成功传输或者重传次数过多而放弃。

根据用户接入信道过程中是否利用信道忙闲状态信息，随机多址接入可以分为 ALOHA 系统和载波侦听系统两类。ALOHA 系统不使用信道忙闲信息，即用户仅根据业务到达时间和多址接入规则来选择发送时间。ALOHA 系统又可以细分为纯 ALOHA（pure ALOHA，P-ALOHA）和时隙 ALOHA（slot ALOHA，S-ALOHA）两类。载波侦听系统需要使用当前信道的忙闲信息，即用户需要综合考虑业务到达时间、多址接入规则和当前信道是否被占用三个因素来选择发送时间。载波侦听系统又可以细分为 CSMA、CSMA/CD、CSMA/CA 等。

在无线局域网等传输时延非常小的场景下，载波侦听系统的性能优于 ALOHA 系统。但是对于传播时延大的场景，例如卫星通信的传输时延比单个数据包的传输时间还长，发送端侦听到的信道忙不能反应真实的信道忙闲状态，此时载波侦听系统的性能劣于 ALOHA 系统。下面依次介绍各种动态多址接入方案的工作原理并进行性能分析。

1. P-ALOHA

P-ALOHA 的信道接入规则如图 5-2-1 所示。任意用户在有数据需要发送时，立即将数据打包成长度固定的数据包发送到公共物理信道上。如果数据包在传输过程中没有发生冲突，则传输成功；如果发生冲突，则传输失败，则发生冲突的用户各自独立退避一个随机的时间之后再重发数据帧，直到成功。

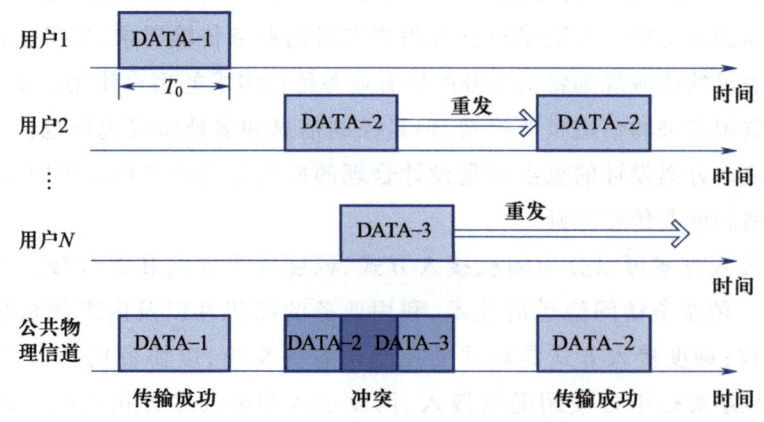

图 5-2-1 P-ALOHA 的信道接入规则

图 5-2-1 中的数据帧 1 在整个传输过程独占信道,所以传输成功。数据帧 2 在传输到一半时遇到数据帧 3 接入信道,所以数据帧 2 的尾部和数据帧 3 的头部发生碰撞,导致两个帧都不能被正确接收,两个帧都需要独立退避一个随机的时间长度之后再重发。数据帧 2 重发的整个传输过程独占信道,所以重传成功。

P-ALOHA 能化解信道上的冲突、完成多用户的多址接入主要是基于两个因素:利用不同业务到达的随机性和独立性解决部分冲突,再利用随机退避的随机性和独立性解决余下部分冲突。下面我们对一个数据帧在信道上传输成功与失败的情况进行数学分析。

假设 P-ALOHA 每个数据包的长度为 T_0,如图 5-2-2 所示,某个用户在 t 时刻开始传输数据包 DATA-1 到公共物理信道。根据 P-ALOHA 的多址接入规则,只有满足 DATA-1 的整个传输过程中仅此一个用户独占信道的条件,DATA-1 数据包才能成功发送。该条件等价于在 $(t-T_0, t+T_0)$ 期间没有任何其他新到达或者重发的数据帧接入公共物理信道。因为 $(t-T_0, t]$ 期间接入信道的其他数据帧的帧尾会和 DATA-1 的帧头冲突,而 $[t, t+T_0)$ 期间接入信道的其他数据帧的帧头会和 DATA-1 的帧尾冲突,两者都会导致 DATA-1 的传输失败。我们称 $(t-T_0, t]$ 和 $[t, t+T_0)$ 分别为 DATA-1 的帧头易碰撞期和帧尾易碰撞期。下面我们基于易碰撞期,在理想假设模型下来定量分析 P-ALOHA 的吞吐量性能。

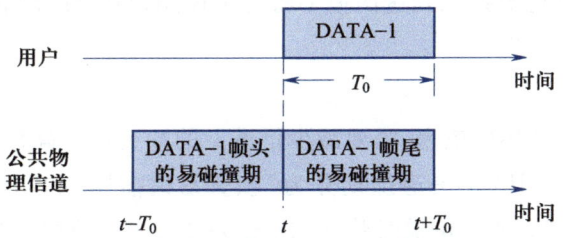

图 5-2-2　P-ALOHA 多址接入的易碰撞期

假设共享物理信道上所有用户总的数据帧到达率(包括新到达数据包和重传数据包)为 a/T_0 的泊松流,即公共信道上每秒传输 a/T_0 个数据包并且各数据包的起始时间相互独立,则在长度为 T 的任意时间段内共有 k 个数据包进入公共信道的概率为

$$P_k(T) = \frac{\left(\dfrac{a}{T_0} \cdot T\right)^k}{k!} e^{-\frac{a}{T_0} \cdot T} \quad (T>0; k=0,1,2,\cdots) \tag{5-2-1}$$

根据对图 5-2-2 的分析可知,对于任意 t 时刻送入公共信道的数据包而言,成功传输的条件是在 $(t-T_0, t+T_0)$ 期间没有任何其他新到达或者重发的数据帧接入公共物理信道,即该数据包成功传输的概率是在 $(t-T_0, t+T_0)$ 期间总计 $2T_0$ 时长内没有其他数据包到达。定义 P-ALOHA 一个数据包成功传输的概率为 p_p,则利用式(5-2-1)可知

$$p_p = P_0(2T_0) = e^{-2a} \tag{5-2-2}$$

定义在一个数据帧传输周期 T_0 内所有用户平均需要传输的总的数据帧数目为平均业务量,根据前面参数为 a/T_0 的泊松流假设,其平均业务量为 a。定义 P-ALOHA 在一个周期 T_0 内成功发送的数据包数目为平均通过量 $\bar{a}_p$,根据式(5-2-2)中成功传输概率公式可计算

得 P-ALOHA 平均通过量为

$$\bar{a}_p = a \cdot p_p = a e^{-2a} \qquad (5-2-3)$$

依据式(5-2-3)可知,P-ALOHA 的最大通过量在 $a = 0.5$ 时获得

$$\bar{a}_{p-max} = 0.5 e^{-1} \approx 0.184 \qquad (5-2-4)$$

其物理意义是:在平均业务量为 0.5 时(即平均每两个周期有一个数据帧需要传输),P-ALOHA 的平均通过量达到最大的 18.4%,即 P-ALOHA 系统的最佳工作状态是 18.4% 的时间内成功传输,剩余 31.6% 的时间内发生碰撞,50% 的时间内信道空闲。每个数据包成功传输的平均时延不仅与周期 T_0 和平均业务量 a 有关,还与端到端传播时延以及随机退避时长的选取规则有关,这里不再做分析。

上述分析结果是在以下几个理想假设条件下得出的:① 将新到达数据包和重传数据包总的数据流建模为泊松分布。事实上,重传数据包是在前一次发送失败之后再等待一个随机时间后才进行的重传,因此重传的时间起点与前一次传输的时间起点有关(即有记忆性),将其建模为无记忆的泊松分布不够准确。② 冲突重传机制使得重传数据流构成一个正反馈系统,因此瞬时业务到达速率与冲突状态有关,将总业务建模为到达速率恒定的业务流并不准确。③ 上述分析是在总用户数为无穷大条件下得出的结论,否则根据式(5-2-2)分析的在 $2T_0$ 时长内没有其他数据包到达的概率将与全体用户在 $2T_0$ 时长内没有数据包到达的概率不同。

2. S-ALOHA

为提高 P-ALOHA 的传输效率,需要减少信道上的冲突以提高数据帧成功传输的概率。由图 5-2-2 可知,P-ALOHA 的易碰撞期分为"帧头易碰撞期"和"帧尾易碰撞期"两部分。S-ALOHA 的改进策略就是通过信道时隙化,让图 5-2-2 中"帧尾易碰撞期"到达的数据帧不再和 DATA-1 碰撞。

S-ALOHA 的信道接入规则如图 5-2-3 所示。首先将公共物理信道的使用权在时间域划分为以 T_0 为周期循环的时隙,每个时隙的长度刚好传输一个数据包,并且规定数据包传输的起始时刻必须与时隙起点对齐。任意用户在有数据需要发送时,需要等到下一个时隙的起点,才能将数据打包成长度为 T_0 的数据包发送到公共物理信道上。如果该时隙只有这一个数据包传输则传输成功;反之则发生冲突导致传输失败,发生冲突的多个用户各自独立退避一个随机的时隙数之后再重发数据帧,直到成功。

如图 5-2-3 所示,三个数据帧到达的相对时间与图 5-2-1 中 P-ALOHA 的一致。但是根据 S-ALOHA 的接入规则,三个数据帧分别延迟不同的时间,实现了彼此无冲突的信道接入,避免了 P-ALOHA 中 DATA-2 与 DATA-3 的冲突。

S-ALOHA 的性能优于 P-ALOHA 是因为 S-ALOHA 将易碰撞期缩短了一半。P-ALOHA 协议的易碰撞期仅与帧到达时间及帧长 T_0 有关,与 t 时刻到达的数据帧的易碰撞期是 $(t - T_0, t + T_0)$。而如图 5-2-4 所示,S-ALOHA 的易碰撞期就是数据帧到达时刻所在的整个时隙。因此 S-ALOHA 协议的易碰撞期不仅与帧到达时间 t 以及帧长 T_0 有关,还与 t 在公共物理信道时隙划分起点的相对位置有关。假设帧到达时间 t 与紧临的前一个时隙起点的时间

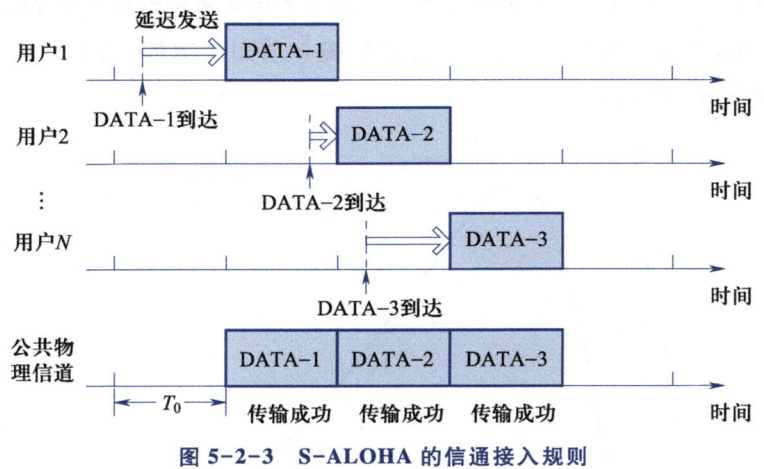

图 5-2-3 S-ALOHA 的信通接入规则

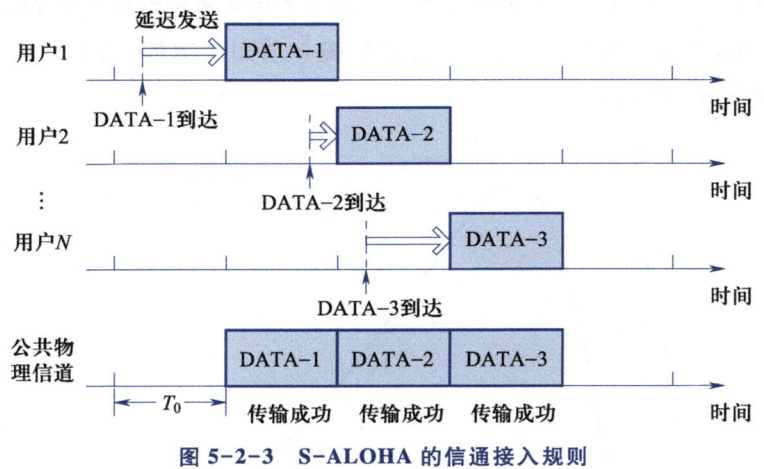

图 5-2-4 S-ALOHA 多址接入的易碰撞期

差为 $\Delta t(0 \leqslant \Delta t < T_0)$，则该数据帧的易碰撞期是 $(t-\Delta t, t-\Delta t+T_0)$。因为 $(t-\Delta t, t-\Delta t+T_0) \in (t-T_0, t+T_0)$，即 S-ALOHA 的易碰撞期是 P-ALOHA 的易碰撞期的子集，由此可以得出结论：对于运行 P-ALOHA 不发生冲突的业务分布，运行 S-ALOHA 一定不会发生冲突；而运行 P-ALOHA 中发生冲突的业务分布，运行 S-ALOHA 仍然可能不发生冲突。

采用与上节 S-ALOHA 分析中相同的假设，设共享物理信道上所有用户总的数据帧到达率（包括新到达数据包和重传数据包）为 a/T_0 的泊松流。根据对图 5-2-4 的分析可知，对于任意 t 时刻送入公共信道的数据包而言，成功传输的条件是在 $(t-\Delta t, t-\Delta t+T_0)$ 期间没有任何其他新到达或者重发的数据帧接入公共物理信道，即该数据包成功传输的概率是在 $(t-\Delta t, t-\Delta t+T_0)$ 期间总计 T_0 的时长内没有其他数据包到达。定义 S-ALOHA 一个数据包成功传输的概率为 p_s，则利用式（5-2-1）可知

$$p_s = P_0(T_0) = \mathrm{e}^{-a} \tag{5-2-5}$$

定义 S-ALOHA 在一个周期 T_0 内成功发送的数据包数目为平均通过量 $\bar{a}_s$，根据式（5-2-5）中成功传输概率公式可计算得 S-ALOHA 平均通过量为

$$\bar{a}_s = a \cdot p_s = a\mathrm{e}^{-a} \tag{5-2-6}$$

依据式（5-2-6）可知，S-ALOHA 的最大通过量在 $a=1$ 时获得

$$\bar{a}_{s\text{-}\max} = \mathrm{e}^{-1} \approx 0.368 \tag{5-2-7}$$

S-ALOHA 与 P-ALOHA 的平均通过量与平均业务量关系的性能曲线如图 5-2-5 所示。由图可知当平均业务量 a 比较小时,平均通过量随 a 增加而增加;当平均业务量 a 比较大时,平均通过量随 a 增加而减少。

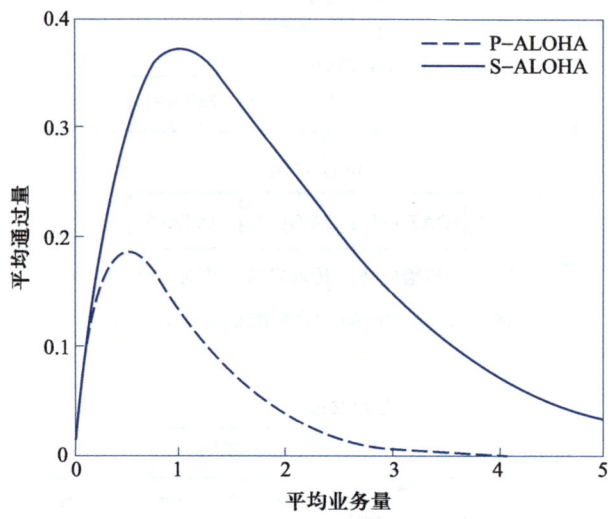

图 5-2-5　ALOHA 系统的平均通过量与平均业务量关系的性能曲线

S-ALOHA 获得性能提升的代价是实现复杂度的增加,全网所有用户需要实现时钟同步,而且该时钟同步是要求每个用户的时钟加上该用户到接收站点的传播时延之后的同步。因此对于传输范围小的网络,在时隙中增加一定的保护时间后可以实现全网的任意两两通信。而对于卫星等传输范围大的网络,由于各用户到不同接收站点的传播时延相差太大,要实现全网任意两两通信设置的保护时间开销太大。因此,在传输范围大的场景下,例如卫星通信,S-ALOHA 时钟固定同步到一个站点上,只进行该站点与其他站点的点对多点通信。S-ALOHA 的另一个代价是所有数据帧的发送需要对齐到公共时隙而延迟发送,所以首次接入信道的时延大于 P-ALOHA。同时,S-ALOHA 与 P-ALOHA 的冲突模式也有所区别。S-ALOHA 一旦发生冲突,就是每个帧都完全重叠,而 P-ALOHA 发生冲突一般是部分重叠。但是,对于以数据包为单位的传输而言,部分重叠和完全重叠都会造成接收失败。

3. CSMA

为进一步减少信道上的冲突,以便提高随机多址接入方案的传输效率,载波侦听多址接入(carrier sense multiple access,CSMA)机制将当前信道的忙闲状态信息纳入发送时机的选择。CSMA 采取"先听后说"的机制,使用侦听减小发送的盲目性,即需要传输的用户首先对公共信道上是否为"忙"(即是否有业务正在传输)进行侦听,如果信道忙则延迟发送,如果信道空闲则以一定规则接入信道。

"当前时刻"的信道忙闲信息对于 CSMA 协议的性能至关重要,而发送延迟、传播延迟和检测延迟三个因素的存在使得 CSMA 只能获得"过时"的信道忙闲信息。发送延迟是用户在 MAC 层启动传输到信号进入物理信道所需的时间(设为 T_1),包括物理层发送信号处理延迟和射频电路延迟两部分。传播延迟是信号在物理信道上从发送端启动传输到信号到达接收

端所需的时间(设为 T_2),这个时间取决于传输距离和信号传播速度两个因素。检测延迟是从信道变为忙到 MAC 层知道信道忙所需的时间(设为 T_3),包括射频电路延迟和物理层接收信号处理延迟两部分。任意用户的 MAC 层在 t 时刻检测到的信道忙闲信息,对 MAC 层而言是 $t-T_1-T_2-T_3$ 时刻的信道忙闲信息,其他用户的 MAC 层在 $(t-T_1-T_2-T_3,t]$ 期间内启动的数据传输对 t 时刻的检测是不可见的。因此,$(t-T_1-T_2-T_3,t+T_1+T_2+T_3)$ 可以认为是 CS-MA 协议下用户的 MAC 层在 t 时刻发送的数据帧的易碰撞期,只能通过协议设计来进一步降低冲突。所以,CSMA 只适用于局域网等时延小的场景,用于卫星通信等时延大的场景时性能将很差。

根据需要传输信息的用户获取公共信道的忙闲状态信息后的处理规则不同,CSMA 可以细分为 1-坚持侦听 CSMA、非坚持侦听 CSMA、概率 p 侦听 CSMA、CSMA/CD、CSMA/CA 等多种方式。

(1) 1-坚持侦听 CSMA

需要传输信息的用户首先侦听信道的忙闲状态,如果当前信道"空闲",则立即发送数据;如果当前信道"忙",则持续侦听信道,直到信道变为"空闲"之后再以概率 1 立即发送数据。如果出现碰撞导致发送失败,则用户等待一段随机长度的时间之后再次侦听信道,然后根据上述规则再次尝试接入信道。

因为信道由"忙"变"空闲"之后,所有待发送的用户都以概率 1 发送数据,所以一旦在信道为"忙"的期间有两个及以上用户等待发送,则必然引起冲突。所以 1-坚持侦听 CSMA 是比较激进的传输策略,碰撞概率高于其他 CSMA 机制。

(2) 非坚持侦听 CSMA

需要传输信息的用户首先侦听信道忙闲状态,如果当前信道"空闲",则立即发送数据;如果当前信道"忙",则停止侦听,等待一段随机长度的时间之后再次侦听信道,然后根据侦听结果重复上述过程。非坚持侦听 CSMA 不会在信道由"忙"变"空闲"之后马上接入信道,因此能减少冲突,提升吞吐量,但是非坚持侦听 CSMA 比 1-坚持侦听 CSMA 的初次接入时延大。

(3) 概率 p 坚持侦听 CSMA

需要传输信息的用户首先侦听信道忙闲状态,如果当前信道"空闲",则立即发送数据;如果当前信道"忙",则持续侦听信道,直到信道变为"空闲"之后再以概率 p 立即发送数据,以概率 $1-p$ 等待时间长度 τ 之后重新侦听信道。时长 τ 等于 $T_1+T_2+T_3$,即如果其他用户在由"忙"变"空闲"时发送数据,则本用户能在重新侦听信道时发现信道为忙。重新侦听信道为"闲",则继续以概率 p 立即发送数据,以概率 $1-p$ 等待时间长度 τ 之后重新侦听信道,依此类推。选择合适的概率 p 是提升吞吐量性能的关键,p 受到业务量和传播时延等多个因素的影响。

(4) CSMA/CD

带冲突检测的载波侦听多址接入(carrier sense multiple access with collision detection,CS-MA/CD)以"1-坚持侦听 CSMA"机制为基础,增加了对冲突的检测和处理。CSMA/CD 只要

检测到信道空闲就发送数据,同时采取"边说边听"的机制,即在发送的同时持续检测信道上是否发生冲突。冲突检测的方法有两种:一种方法是发送的同时进行接收,将接收的数据与发送数据逐比特对比,若不一致则认为发生冲突;另一种方法是发送的同时监测接收信号的电压值,如果电压幅度超过某一门限则认为发生冲突。一旦用户检测到冲突,则该用户首先立刻停止发送数据,避免信道继续被无效占用,然后向信道上发送一段简短的阻塞信号,目的是保证所有其他站点都知道已经发生了冲突并停止发送数据。最后该用户等待一段随机长度的时间之后,以 CSMA/CD 的方式再次尝试发送。

　　CSMA/CD 缩短了冲突之后的信道无效占用时间,因此与上述三种 CSMA 机制在发生碰撞之后不做任何处理的方法相比,大大提高了信道利用率。CSMA/CD 要求用户同时进行发送和接收操作,所以只适用于全双工系统,例如有线局域网等网络。在无线全双工技术成熟之前 CSMA/CD 机制尚无法应用于无线网络。以太网和 IEEE 802.3 协议在链路层采用的都是 CSMA/CD。

　　(5) CSMA/CA

　　对于不能全双工通信以及由于传播范围限制不能可靠检测冲突的通信系统,无法使用 CSMA/CD 来缩短冲突时间,只能依靠其他策略来降低冲突概率。基于冲突避免的载波侦听多址接入(sarrier sense multiple access with collision avoidance,CSMA/CA)是通过载波侦听和信道预约来减少冲突的方式。CSMA/CA 规定需要传输信息的用户首先侦听信道忙闲状态,如果当前信道"空闲",则立即发送数据或者预约报文;如果信道"忙",则启动随机退避,等待信道由"忙"变"闲"并且退避结束之后再发送数据或者预约报文。

　　在无线信道中使用 CSMA/CA 时,由于无线传输受传播能量、信道衰落和接收灵敏度等因素的影响限制了每个用户的通信距离,一个用户发送的信号不一定能被网络中的每一个用户监听到。由此可能产生"隐藏终端"问题,即发送端无法准确获得接收端的信道忙闲状态,此时需要使用信道预约来解决这个问题。信道预约使用请求发送/允许发送(request to send/clear to send,RTS/CTS)握手协议,如图 5-2-6 所示,在数据帧传输之前由发送端发送 RTS 控制帧,接收端正确收到 RTS 之后回复 CTS 控制帧,在 RTS 和 CTS 报文中携带的网络分配矢量域(network allocation vector,NAV)包含了接下来的数据帧和确认帧传输所需的时间信息。处于本次传输干扰范围内的其他邻居节点[例如图 5-2-6(a)的用户 C 和 D]正确收到 RTS 或 CTS 后,将 NAV 值设置到各自内部定时器并开始倒数计时,在 NAV 计数至零之前都认为信道为忙,不能接入信道,这就是虚拟载波侦听功能。因为 RTS/CTS 需要占用信道资源,所以一般只对帧长超过一定门限的数据帧使用,短数据帧则直接发送。

　　如果发送端在发出数据帧之后的限定时间内收到正确的确认帧,则传输成功;如果没有在规定时间内收到确认帧,则认为传输失败,发送端设置一个随机退避计时器,在信道空闲状态下退避计时到零后再次尝试重发数据帧。如果重传次数超过设定门限还没有传输成功,则丢弃数据帧不再重传。常用的随机退避算法主要有均匀随机数退避法、二进制指数退避法、线性增量退避法和顺序退避法。IEEE 802.11 的分布式协调功能(distributed coordination function,DCF)就是使用二进制指数退避算法的 CSMA/CA 协议。

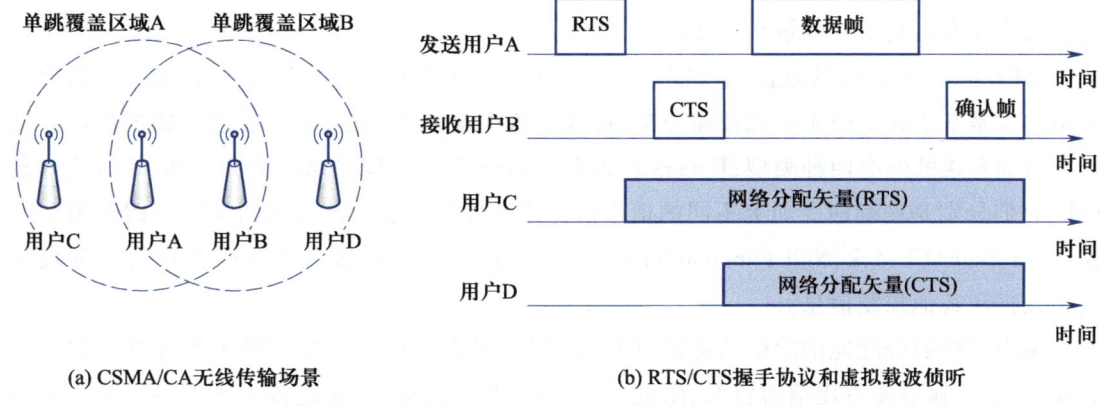

(a) CSMA/CA无线传输场景　　　　　　(b) RTS/CTS握手协议和虚拟载波侦听

图 5-2-6　CSMA/CA 的 RTS/CTS 信道预约机制

5.2.2 调度多址接入

调度多址接入是以显式或者隐式的调度方法将公共物理信道的使用权分配给有业务传输需求的用户。在控制中心或者控制协议的统一调度之下,调度多址接入的信道使用权是确定并且唯一分配的,所以信道上不会产生碰撞,并且各用户的信道接入时间和接入时延都是确定的。而上一节的随机多址接入主要靠随机性来化解信道上的冲突,因此各用户的信道接入时间、接入时延以及数据帧能否正确传输都是随机的。同时,随机多址接入在业务负载高时的吞吐量和时延性能都急剧恶化,而调度多址接入的控制开销基本恒定,所以在业务负载高时吞吐量性能更优。调度多址接入也不同于静态分配方案,它除控制开销以外只将信道分配给有传输需求的用户使用,因此避免了没有业务的用户占用信道而带来的资源浪费。因此,调度多址接入适用于业务负载较高、业务量动态变化,同时有严格服务质量要求的应用场景中。

根据信道控制主体的不同,调度多址接入可以分为集中式按需分配和分布式按需分配两类。集中式按需分配方案中由一个中心控制单元通过显式的信令交互来分配信道使用权。分布式按需分配是由所有用户共同遵守的一套分布式运行的协议规则来分配信道使用权。

1. 集中式按需分配

使用集中式按需分配的网络的全体用户按功能可以划分为两类:一类是作为中心控制单元的主用户,另一类是子用户。主用户和所有子用户之间通过有线或者无线信道可以互相直接通信。主用户依次向子用户发送询问消息,征询各子用户是否有数据需要传输,子用户只有在收到主用户对自己的询问之后才能使用信道,这种方式也称为轮询(polling)。集中式按需分配的通信模式一直是主用户和不同子用户之间的"一问一答",不会出现两个用户同时竞争信道的情况,因此不会发生冲突。主用户轮询子用户的顺序和次数会影响各用

户的吞吐量和时延性能。如果主用户每个轮询周期里顺序轮询每个子用户各一次,反复循环,则各用户具有相同的吞吐量和时延;如果在每个轮询周期里给部分子用户多次轮询,则这些用户具有更高的吞吐量和更小的时延。

IEEE 802.11 协议的点协调功能(point coordination function,PCF)工作在无竞争周期时采用的就是基于轮询的集中式按需分配,接入点依次轮询各站点,进行受控的数据传输。接入点可能发送的帧有四种类型:Data+CF-Poll、Data+CF-Ack+CF-Poll、CF-Poll 和 CF-Ack+CF-Poll,它们分别是轮询命令加上不同的捎带数据或者确认信息。站点会回复以下四种类型的帧:Data、Data+CF-Ack、Null Function 和 CF-Ack,它们分别针对接入点不同类型的轮询帧反馈的数据和其他控制信息。

集中式按需分配能消除信道冲突和信道空闲,但是其代价是轮询带来的控制开销。一方面,轮询传输需要占用信道资源,降低了吞吐量;另一方面,顺序轮询增大了每个用户的信道接入时延。当业务负载轻时,例如只有一个用户需要传输,轮询策略仍然需要将所有用户征询一遍才能给有需求的用户一次传输机会,吞吐量和时延性能较差。轮询策略只适用于往返传播时延小、子用户数量不多、业务负载较大的应用中。

为适应子用户数量多、业务负载轻的网络场景,轮询的一种改进策略是探寻(probing)。探寻的基本过程是主用户每次不再只征询一个子用户,而是每次征询一组用户,这一组中所有需要传输的子用户都发肯定响应给主用户。主用户将包含有传输需求用户的组分割成多个更小的互补子集,逐个子集再次通过征询寻找包含有传输需求用户的子集,依此类推。不断重复分割和征询的过程,直到最终确定单个有传输需求的子用户,然后该子用户传输数据。探寻的工作过程类似于一个从树根到树叶的搜索过程。

一种简单的分组规则是利用二进制编码的地址,将具有相同前缀的子用户分为一组(或子集),组地址就是该公共前缀。例如,图 5-2-7 中子用户 2 和子用户 3 的地址分别为"10"和"11",公共前缀(组地址)就是"1"。公共前缀的长度可变,长度越短包含的用户越多。假设如图 5-2-7 所示的包含四个子用户的网络中只有 U2 有数据需要发送,探寻的工作过程是:第一步征询所有站是否需要发送,得到肯定响应;第二步征询子集 U0 和 U1(或者 U2 和 U3)是否需要发送,得到否定(或者肯定)响应;第三步征询 U2(或者 U3)是否需要发送,得到肯定(或者否定)响应,此时即确定了有传输需求的子用户是 U2。

根据上述的搜索规则可知,对于总计 2^n 个子用户的网络,假设只有一个用户需要传输,探寻需要 $n+1$ 次交互,而轮询需要 2^n 次交互。可见,对于轻负载的情况下探寻比轮询的效率高。但是对于重负载的情况下,探寻的效率比轮询的效率低。例如,对于 2^n 个子用户全部需要传输的场景,探寻需要搜索树结构上的每一个节点,因此需要 $2^{n+1}-1$ 次交互,当然轮询仍然只需要 2^n 次交互。折中的办法是在负载重的时候直接从靠近树叶的较低层级开始搜索,相当于探寻和轮询的折中。

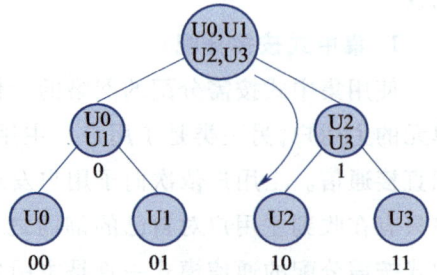

图 5-2-7　探寻的搜索过程举例

2. 分布式按需分配

使用分布式按需分配的网络中的所有用户的地位对等,依靠分布式运行的协议规则来分配信道使用权,典型实例包括使用 IEEE 802.5 协议的令牌环网和使用 IEEE 802.4 协议的令牌总线网,二者都是利用称为"令牌"(token)的三字节短报文在网络中循环传输来无冲突地分配公共物理信道的使用权。

令牌环网的结构如图 5-2-8 所示,所有用户使用转发器首尾相连,形成传输方向固定的环形网络。每个用户的转发器有一个入口和一个出口,转发器不停地监视从前一个用户输出到入口的比特流,如果比特流的目的地址是本用户,则将信息上传给本用户,然后修改帧状态控制位后经出口转发给后一个用户;如果目的地址不是本用户,则转发器逐比特地复制输出,经出口转发给后一个用户。

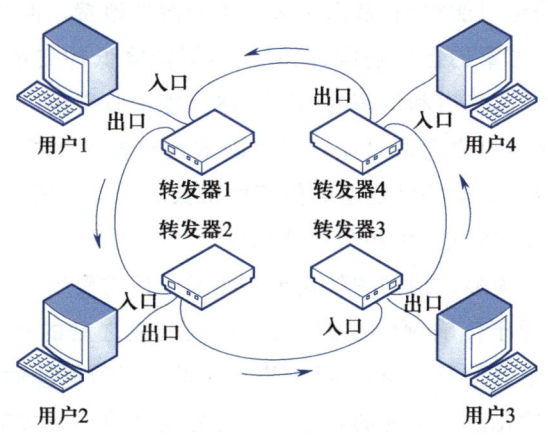

图 5-2-8 令牌环网的结构

令牌环网的工作过程如下:

(1) 当网络中没有数据需要传输时,只有一个令牌沿环形网在各用户之间传递。

(2) 当某一个用户需要传输数据时,则"截获"令牌,即令牌从该用户的转发器入口进入之后不再从出口输出,然后该用户将数据帧插入到环形网络上,即从出口输出数据帧到后一个用户,同时断开该用户转发器的入口和出口。

(3) 按照环排列的顺序,其他各用户依次检测该数据帧的目的地址是否与本站地址相同。目的用户识别出地址匹配成功并且有足够的缓存空间时,复制接收该数据帧,同时在将数据帧转发给下一个用户前修改数据帧的帧状态信息字节,表明"目的站正确接收,且复制此帧"。

(4) 数据帧继续沿环返回发送用户的入口,发送用户对数据帧检查之后可知道数据是否被正确接收。如果正确接收,则在数据帧最后一比特返回后,发送用户重新释放一个令牌到环网络,同时连接本用户转发器的入口和出口,返回第一步。

令牌环网在逻辑上等价于一个按照环排列顺序的轮询系统。由于每个转发器将入口比特流整形后再经出口转发出去的过程只有几个比特的延迟,令牌环网比轮询传输效率高。网络中只有一个令牌,保证了不会有多个用户同时争用公共信道,故不会出现冲突。但是令

牌的维护管理比较复杂,需要解决令牌丢失、多令牌现象等问题。令牌总线网与令牌环网类似,只是物理上采用总线结构连接所有用户,在逻辑上仍然采用虚拟的环形网络结构运行令牌。令牌环网技术过去主要应用于局域网,现在已被以太网技术所取代。

5.2.3 混合多址接入

前面讨论的随机多址接入方案通过随机性来化解信道上的冲突,在业务负载高的应用场景下存在着冲突概率高、吞吐量低、传输时延大的缺陷;调度多址接入方案通过显式或者隐式控制的方法分配信道使用权,在业务负载低的应用场景下存在控制开销比例大、信道利用率低的缺陷。静态分配方案虽然没有冲突也没有额外控制开销,但是当被分配信道的用户暂时没有业务时,子信道只能空闲,从而带来信道资源的浪费。混合方案结合了上述各种方案的优点:利用了随机方案的迅速响应,同时又尽可能降低冲突带来的影响;利用静态多址接入方案正常传输时的高信道利用率的同时又尽可能回收空闲的信道。混合方案一般都是基于预约机制,在网络节点之间通过显式或者隐式地交换预约控制信息来分配信道使用权,然后以静态分配的方式来维持已建立的信道使用权。常见的策略是以时隙 ALOHA 方式来预约信道,然后以 TDMA 方式来维持信道使用权。

信道预约方式可以分为显式预约和隐式预约两类。显式预约是通过固定或者动态地划出一部分信道资源专门用于传输预约控制信息,预约完成之后的数据传输不会发生碰撞。隐式预约不为信道预约划分信道资源,全部信道资源都用于数据传输,信道预约是通过数据传输过程中的碰撞和碰撞化解来实现的。这种隐含的信道预约方式带来的控制开销就是由于碰撞带来的无效信道占用。下面分别介绍这两种信道预约动态接入的工作原理。

1. 显式预约动态接入

显式预约动态接入方案的公共信道在时域可划分为两部分:竞争申请部分和无竞争数据传输部分。各用户在竞争申请的时间段内以随机多址接入方式竞争公共信道使用权,竞争成功的用户在无竞争数据传输的时间段内以统计复用 TDMA 的方式传输数据。使用显式预约动态接入的典型实例是时隙 ALOHA 型显式预约接入,简称预约 ALOHA 协议。

使用预约 ALOHA 协议的网络中包含两类节点:一个控制中心和其他普通用户。控制中心负责收集用户的预约申请然后分配信道使用权,普通用户负责发出预约申请,然后根据控制中心的分配结果传输数据报文。如图 5-2-9 所示,预约 ALOHA 协议将公共信道在时间域划分为以 TDMA 方式循环的帧结构,每帧包含 $n+1$ 个时隙,每个时隙的长度可以传输一个完整的固定长度的数据报文。根据网络中是否有数据业务需要传输,预约 ALOHA 协议有两种工作状态:预约竞争状态和预约发送状态,分别使用不同的帧结构。

预约竞争状态下网络中没有业务传输,所有用户都工作在竞争申请状态,所有信道资源都用于预约申请与确认。预约竞争状态的帧结构如图 5-2-9(a) 所示:全部 $n+1$ 个时隙的每一个都再划分为 V 个预约子时隙,每个子时隙的长度可以传输一个简短的预约申请报文。有数据传输需求的用户依据时隙 ALOHA 协议在各子时隙竞争传输预约申请报文。当控制

中心接收到正确的预约申请之后,根据各用户的需求分配各时隙的使用权,并将结果广播到所有用户,同时网络进入预约发送状态。

预约发送状态的帧结构如图 5-2-9(b)所示:全部 $n+1$ 个时隙的前 n 个时隙用于传输数据帧,以统计复用 TDMA 的方式供各用户按照控制中心的时隙分配方案传输数据;最后的第 $n+1$ 个时隙还是再划分为 V 个预约子时隙,用于有新业务传输需求的用户依据时隙 ALOHA协议发送预约申请报文,控制中心再根据预约申请修改下一帧的数据帧发送时隙的分配方案。当网络中没有数据业务需要传输时,网络回到预约竞争状态,如此循环往复地工作。

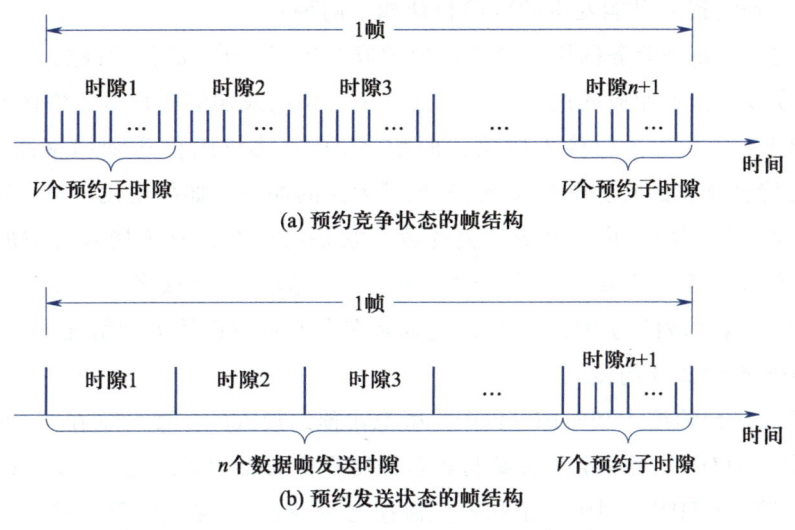

图 5-2-9 预约 ALOHA 协议的帧结构

预约 ALOHA 协议采用时隙 ALOHA 协议来实现信道的分配,因为预约报文长度短,所以竞争造成冲突的代价小、信道预约效率高且响应迅速。发送数据分组采用统计复用 TD-MA,用户独占申请到的时隙,没有竞争冲突,所以在业务负载高的场景下吞吐量高。

2. 隐式预约动态接入

隐式预约动态接入方案也是基于时隙 ALOHA 协议和 TDMA,但是它的时隙结构中没有图 5-2-9 中专门用于信道预约的控制子信道,所有的时隙都用于数据帧传输,通过时隙上的竞争碰撞和碰撞化解来完成信道资源分配。因此,使用隐式预约动态接入的网络只包含地位平等的普通用户,不需要额外的控制中心,通过分布式运行的协议规则来分配信道资源。根据碰撞化解规则的不同,隐式预约动态接入可以划分为时隙 ALOHA 型隐式预约接入和TDMA 型隐式预约接入两类。

(1) 时隙 ALOHA 型隐式预约接入

时隙 ALOHA 型隐式预约接入在时间域将公共信道划分为以 TDMA 方式循环的帧结构,每帧包含 n 个时隙,每个时隙的长度可以传输一个完整的固定长度的数据报文。时隙数 n 与总用户数无关,并且时隙和用户之间没有任何预置的对应关系。所有新到业务的用户按照时隙 ALOHA 协议规则可以选择任意一个时隙尝试发送数据报文,如果传输成功则用户对该时隙预约成功,该时隙称为这个用户临时的"私有"时隙,可以在后继帧里连续占用该时

隙直到数据传输结束,即以 TDMA 方式维持已建立的时隙预约关系。如果已经占用时隙的用户需要更大的吞吐量,还可以继续竞争使用其他空闲时隙,竞争成功的用户增加新的"私有"时隙,即可以在后继帧里连续占用新预约的时隙,该用户可以在一帧中同时占用多个"私有"时隙。

一旦某个时隙中发生分组碰撞,则说明有两个或者更多用户竞争同一个时隙。时隙 ALOHA 型隐式预约接入规定所有参与竞争的用户都要暂时退避,在紧邻的下一帧中不能参与这个时隙的竞争,各自独立采用随机退避之后再竞争信道。根据前面的规则可知,时隙 ALOHA 型隐式预约接入可能发生的碰撞包括如下两种:

① 一个或多个新到业务的用户抢占已预约成功的用户的"私有"时隙;

② 一个或多个新到业务的用户与一个或多个已预约成功的用户竞争空闲时隙。

时隙 ALOHA 型隐式预约接入协议比时隙 ALOHA 协议的信道利用率高,因为它通过 TDMA 方式维持已建立的时隙预约关系,避免了大量的冲突。如果使用时隙 ALOHA 协议规则,这些在各自"私有"时隙内无冲突传输的数据帧是需要继续竞争接入时隙的。相当于时隙 ALOHA 协议在上面的碰撞状态的基础上多了一种情况:一个或多个已预约成功的用户竞争"私有"时隙。这种碰撞的概率比较大,尤其是在业务负载比较重的情况下。

(2) TDMA 型隐式预约接入

TDMA 型隐式预约接入和时隙 ALOHA 型隐式预约接入的主要区别在于,前者提升了碰撞化解的效率。ALOHA 型规定所有参与竞争的用户都需要随机退避,在发生碰撞的下一帧不能占用该时隙;而 TDMA 型则力争在发生碰撞之后,在发生碰撞的下一帧让一个用户继续占用该时隙,其他用户随机退避。TDMA 型隐式预约接入的具体规则如下。

TDMA 型隐式预约接入方式在时间域将公共信道划分为以 TDMA 方式循环的帧结构,每帧包含 n 个时隙,每个时隙的长度可以传输一个完整的固定长度的数据报文。时隙数 n 必须等于或者大于总用户数,并且每个时隙固定地预先分配给某个用户,即每个用户以 TD-MA 方式拥有一个或多个"私有"的时隙。所有需要发生业务的用户按照 TDMA 规则首先占用自己的"私有"时隙,当用户需要更大的吞吐量时可以竞争使用其他处于空闲的时隙,竞争成功的用户可以在后继帧里连续占用这个时隙,直到数据传输结束或者发生碰撞。一旦某个时隙中发生分组碰撞,碰撞化解规则是:该时隙的拥有者不退避,在下一帧的这个时隙重发数据报文;不是该时隙拥有者的所有其他用户随机退避,在下一帧内不能再争用这个时隙,但是可以继续争用其他空闲时隙。

根据前面的规则可知,TDMA 型隐式预约接入可能发生的碰撞包括如下两种。

① 多个非时隙拥有者争用同一个空闲时隙发生碰撞。

② 时隙拥有者与非时隙拥有者的碰撞。根据碰撞时前一帧内该时隙是否有数据传输又可以细分为两类,即新业务到达时该时隙已被非时隙拥有者占用,以及新业务到达时非时隙拥有者刚好将其作为空闲时隙来争用。

TDMA 型隐式预约接入比时隙 ALOHA 型隐式预约接入的信道利用率高,因为 TDMA 型产生碰撞的概率低、化解碰撞的效率高。TDMA 型规定首先占用自己的"私有"时隙,与时隙

ALOHA 型规定的任意选择时隙相比减少了无序性,降低了碰撞概率,而且在发生碰撞之后,TDMA 型能够保证在一帧内化解冲突,确保不会出现连续两帧在同一时隙冲突,并且下一帧里冲突时隙能够被有效利用。不会出现连续冲突的原因是:参与冲突的非时隙拥有者保证不会在下一帧来争用该时隙,而其他没有参与冲突的非时隙拥有者因为前一帧不是空闲,所以也不会参与争用该时隙。因此,只有时隙拥有者会在下一帧的这个时隙里重发数据报文,即保证了不连续冲突,还保证了下一帧里该时隙能被有效利用。而时隙 ALOHA 型接入方式规定所有竞争参与者都需要退避,同时其他新用户可以自由竞争该时隙,在下一帧里该时隙可能空闲,可能多个新用户碰撞,也可能刚好一个新用户成功争用,所以时隙 ALOHA 型接入方式化解碰撞的效率比 TDMA 型接入方式低。

不过,TDMA 型隐式预约接入要求总时隙数 n 必须等于或者大于总用户数,且需要预先配置时隙和用户之间的对应关系,因此不适用于用户数变化的网络;而时隙 ALOHA 型隐式预约接入不需要知道用户数,适用于用户数变化的网络。

5.3 非正交多址接入

多址接入技术也是蜂窝网通信的核心技术:第一代移动通信系统(1G)采用频分多址接入,第二代移动通信系统(2G)采用时分多址接入,第三代移动通信系统(3G)采用码分多址接入,第四代移动通信系统(4G)采用正交频分多址接入。这四代蜂窝系统的多址接入方式和本章前两节介绍的技术都属于正交多址接入(orthogonal multiple access,OMA),即资源分配的目标是将时/频/码域资源正交的分配给每个用户,使得成功接入的用户能独占一个正交资源块而不受其他用户的干扰。但是 OMA 的正交约束限制了每个蜂窝小区能承载的用户数和吞吐量,为应对移动互联网和物联网发展带来的高系统容量、高频谱效率和海量连接等巨大需求挑战,第五代移动通信系统(5G)将非正交多址接入(non-orthogonal multiple access,NOMA)作为应对上述挑战的关键技术。

NOMA 将多个用户的信号叠加到同一个通信资源域上发送,以此来提高频谱效率和系统容量,因此付出的代价是引入了多址干扰,这需要在接收端通过复杂的信号处理技术予以消除,以实现多个用户数据的分离。当前学术界和工业界提出了多种 NOMA 方案。根据多个用户信号重叠利用的资源域的不同,可以将 NOMA 技术分为功率域 NOMA 和码域 NOMA。功率域 NOMA 是将不同用户的信道叠加在同一时/频/码域资源上,根据用户信道条件的差异性给不同用户分配不同的功率:信道条件差的用户多分配功率,信道条件好的用户少分配功率,在接收端使用连续干扰消除(successive interference cancellation,SIC)算法实现信号的正确解调;码域 MONA 是给不同用户分配不同的码字,以牺牲一定带宽为代价获得扩码增益,在码域上区分不同用户。下面分别介绍几种典型的 NOMA 技术。

1. MUSA

MUSA 是中兴通讯股份有限公司提出的基于复数域多元码序列的码域 NOMA 技术方

案。MUSA 的原理模型如图 5-3-1 所示。首先,每个用户选择一个低互相关的复数域多元码序列对要发射的调制符号进行扩展,然后不同用户扩展后的符号就可以在相同的时频资源里发送。接收机收到混叠的用户数据后,首先利用 ZF 检测或者 MMSE 检测等线性检测算法得到用户的初始估计数据,然后采用 SIC 技术对叠加的用户信号进行干扰消除以恢复出各个用户的原始数据。

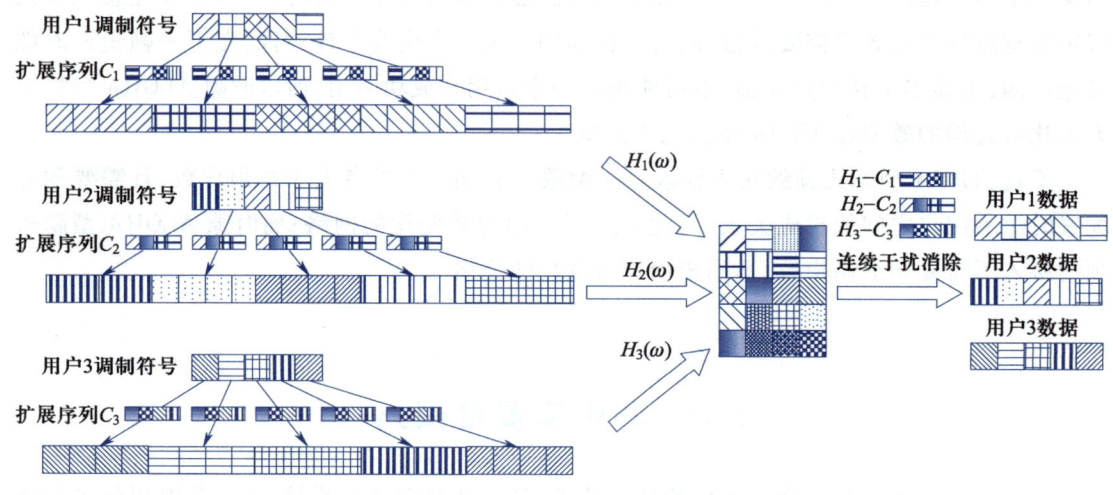

图 5-3-1　MUSA 的原理模型

MUSA 技术和传统 CDMA 技术的不同之处在于:CDMA 使用很长的彼此具有严格正交性的 PN 序列对符号做扩展,目的是提升系统的抗干扰能力;而 MUSA 使用短的复数域多元码序列对符号做扩展,扩展序列的长度 N 小于同时接入的用户数 K,目标是降低 SIC 的计算复杂度以及提升系统过载性能。MUSA 使用的短扩展序列不能保证正交性,因此会导致接收端存在多用户的多址干扰,需要额外的干扰消除技术来进行多用户检测。扩展码序列的选择和接收端多用户检测算法是影响 MUSA 性能的关键因素,现有研究主要针对用户如何选择扩展序列以减少碰撞、如何降低干扰消除的时延和计算复杂度等问题。

2. SCMA

SCMA 是华为技术有限公司提出的基于稀疏多维复数域码本映射的码域 NOMA 技术。SCMA 技术的思想来源于低密度签名 CDMA(low-density signature CDMA,LDS-CDMA)。LDS-CDMA 的主要原理是发送端对用户数据符号采用非正交的稀疏码扩频序列进行扩频,接收端采用基于消息传递算法(message passing algorithm,MPA)的多用户检测算法进行译码。

2013 年,华为技术有限公司将 LDS 技术中的正交幅度调制映射器和 LDS 扩频器级联为码本选择器进行联合优化,提出了面向 5G 的 SCMA 技术。SCMA 系统的工作原理是:SCMA 为每个用户设计专有码本,发送端各用户根据码本将输入比特直接映射成多维稀疏复数域码字,然后在相同的时频资源里叠加传输;在接收端,由于各用户在码域上非正交,即同一个子信道上可能叠加传输多个用户的码字信息,因此需要采用 MPA 等多用户检测算法进

行多用户信号的分离。MPA 的基本思想是基于发送端码字的稀疏性,将联合最大似然概率的判决准则转化为多个边缘函数的乘积,通过在用户和子信道间迭代地传递外部信息进行求解。

与 LDS-CDMA 相比,SCMA 将调制和扩频两个模块联合设计,可以从星座图和扩频因子两个方面的全局优化获得更高编码增益的码字,码本设计的调制模块引入了高维调制技术,可以带来额外的成形增益。SCMA 码字的稀疏性决定了系统负载和接收端译码的复杂度,需要根据应用场景进行选择。目前,学术界关于 SCMA 的研究主要集中于发送端的码本设计方案和接收端的低复杂度译码算法两个方面。

3. PD-NOMA

PD-NOMA 是 NTT DoCoMo 公司提出的功率域 NOMA 技术。PD-NOMA 在蜂窝网下行链路的工作过程是:基站根据它到各用户的信道状态的不同给各用户分配不同的发送功率,然后使用叠加编码(superposition coding,SC)机制将各用户的信号映射到相同的时/频/码域资源上叠加传输;接收端利用远近效应,各用户按照 SINR 的降序排列使用 SIC 算法进行多用户检测。这样的结构也适用于上行链路,此时基站采用 SIC 译码各个用户发送的上行信息。

以图 5-3-2 所示的下行 PD-NOMA 系统为例,系统包括一个基站和两个距离不同的用户,其中一个为信道传播损耗小的近端用户 1,另一个为信道传播损耗大的远端用户 2。PD-NOMA 系统中基站给远端用户 2 分配较大的功率,给近端用户 1 分配较小的功率,两个用户的信号叠加发送。在接收端,具有较好信道条件的近端用户 1 在解码过程中先解码出远端用户 2 的信号,然后采用 SIC 算法从叠加信号中减去用户 2 的信号,最后再解码出自己的信号;而信道条件较差的远端用户 2 直接将近端用户 1 的信号作为干扰,对自己的信号进行解码。

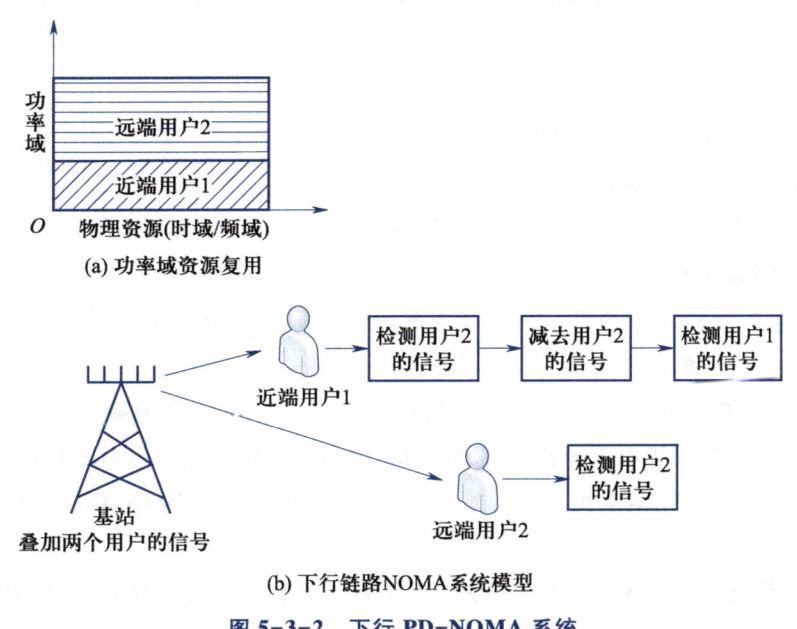

(a) 功率域资源复用

(b) 下行链路NOMA系统模型

图 5-3-2 下行 PD-NOMA 系统

4. PDMA

PDMA 是大唐电信科技股份有限公司提出的一种非正交特征图样的多址接入技术。在发送端,多个用户的信号进行功率域、空域和码域的单独或者联合编码,在相同的时频资源里叠加传输;接收端采用串行干扰抵消接收算法进行多用户检测,恢复出各用户的数据。

不同于 MUSA 和 SCMA 在码域对多个用户数据叠加、PD-NOMA 在功率域对多个用户数据叠加,PDMA 同时或者选择性使用功率域、空域和码域。这使得 PDMA 技术具有更大的优化自由度,能更灵活地利用功率域、空域和码域提升系统容量。但是,多种类型资源的非正交复用也导致了 PDMA 系统接收机检测算法的高复杂度。

习　题

5-1　在通信网络设计中,选择多址方式的基本原则和依据有哪些?

5-2　试举例说明 FDMA、TDMA 及 CDMA 的应用及特点,指出三者中具有最高系统容量的是哪一种多址接入方式,并从物理概念上说明理由。

5-3　ALOHA 类型接入协议是否在任何应用场景下的性能都不如 CSMA 类型的接入协议? 给出是或不是的理由,并简述 ALOHA 类型接入协议及 CSMA 类型接入协议的接入原理及特点。

5-4　如何将动态预约机制应用于卫星系统?

5-5　若干个终端用 P-ALOHA 随机接入协议与远端主机通信。信道速率为 2 400 bit/s。每个终端平均每 2 min 发送一个帧,帧长为 200 bit,请问为获得最大平均通过量,网络中需包含多少个终端? 若采用时隙 ALOHA 协议,结果又如何? 若改变以下数据,分别重新计算上述问题:

(1) 帧长变为 500 bit;

(2) 终端每 3 min 发送一个帧;

(3) 线路速率改为 4 800 bit/s。

5-6　1 000 个终端争用一条公用的时隙 ALOHA 信道。平均每个终端每小时发送帧 18 次,时隙长度为 125 μs,试求网络平均通过量。

5-7　码分多址 CDMA 为什么可以使所有用户在同样的时间使用同样的频带进行通信而不会相互干扰? 这种复用方法有何缺点?

5-8　为什么在无线局域网中发送数据帧后必须要求对方发回确认帧,而以太网不需要? 为什么在无线局域网中不能使用 CSMA/CD 协议,而必须使用 CSMA/CA 协议?

5-9　令牌环网与令牌总线网属于哪种多址接入方式? 与 CSMA/CD 相比,它们的主要缺点是什么?

5-10　假设网络中共有 $2N$ 个子用户,当有两个子用户有数据要发送时,使用轮询及探询的方法分别需要进行多少次交互? 当 N 等于多少时两种方式的交互次数最接近?

5-11 时隙 ALOHA 的时隙为 40 ms。大量用户同时工作,使网络平均每秒发送 50 个帧(包括重传的)。

(1) 试计算第一次发送即成功的概率;

(2) 试计算正好冲突 k 次然后才发送成功的概率;

(3) 每个帧平均要发送多少次?

扩展阅读:CDMA 技术的发展

第6章

路由算法

网络层的功能丰富多样,包括寻址、路由选择、建立、保持和终止网络连接等。其中,路由算法是网络层的核心问题,它的主要功能是引导分组通过通信子网,确保它们能够到达正确的目的节点。路由算法包含两个关键方面:一是为不同的源节点和目的节点对选择一条合适的传输路径;二是在路由选择完成后,确保用户的消息能够沿着这条路径被准确地送到目的节点。

在分组交换网中,每个分组可以单独选择路由,也可以由多个分组构成的序列共同选择同一条路径。如果子网内部采用数据报的传输方式,那么每个分组都需要重新进行路由选择,因为对于相同源和目的节点的每个分组来说,上次选择的最佳路由可能由于网络拓扑、负荷和拥塞等情况的变化而发生改变。然而,如果子网内部采用虚电路的传输方式,则只需在建立虚电路时进行一次路由选择,之后数据就可以在这条已经建立的路由上进行传输。

网络设计者面临的重要问题是:如何选择合适的路由策略?依据什么信息来进行这种选择?应该如何执行这种选择策略?用什么标准来评判所选路径的好坏?这些都是后续需要深入探讨的问题。

6.1 图 论 基 础

6.1.1 图的基本概念

图论中的图是由节点集 $V = \{v_1, v_2, \cdots, v_n\}$ 和边集 $E = \{e_1, e_2, \cdots, e_m\}$ 组成的结构。如果存在一种关系 R,使得 V 中的任意一对节点 (v_i, v_j)($i, j = 1, 2, \cdots, n$)对应到 E 中的某条边 e_k($k = 1, 2, \cdots, m$),那么我们称由节点集 V 和边集 E 组成的结构为图 G,记为 $G = (V, E)$。

视频:图的
基本概念

直观理解,当在平面上绘制 n 个点,并用曲线或直线段将其中一些点连接起来时,无论如何考虑点的位置或连线的长度,所形成的点与线的关系结构即为图。

在图中,节点集 V 的元素被称为节点,边集 E 的元素被称为边。如果一条边 e_k 与节点对 (v_i, v_j) 相对应,则称 v_i 和 v_j 是 e_k 的节点(也称为端点),记为 $e_k = (v_i, v_j)$。同时,v_i 和 v_j 与边 e_k 关联,v_i 和 v_j 称为邻居节点。

例 6.1　在图 6-1-1(a)所示的图 $G=(V,E)$ 中:$V=\{v_1,v_2,v_3,v_4\}$,$E=\{e_1,e_2,e_3,e_4,e_5,$ $e_6\}$,其中,$e_1=(v_1,v_2)$,$e_2=(v_1,v_3)$,$e_3=(v_2,v_4)$,$e_4=(v_2,v_3)$,$e_5=(v_3,v_4)$,$e_6=(v_1,v_4)$;v_1 与 e_1、e_2、e_6 关联;v_1 与 v_2、v_3、v_4 是邻居节点。

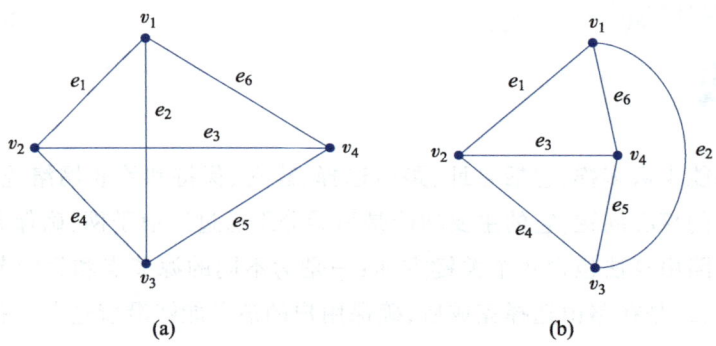

(a)　　　　　　　　　　　　(b)

图 6-1-1　图的例子

注意,一个图可以用几何图形来表示,但一个图所对应的几何图形不是唯一的。一个图只由它的节点集 V、边集 E 和点与边的关系所确定,而与节点的位置和边的长度及形状无关。例如,图 6-1-1 中(a)和(b)只是一个图的两种不同的几何表示方法。

无向图:设图 $G=(V,E)$,若 v_i 对 v_j 存在某种关系 R 等价于 v_j 对 v_i 存在某种关系 R,则称 G 为无向图,即图 G 中的任意一条边 e_k 都对应一个无序节点对 (v_i,v_j),而且 $(v_i,v_j)=(v_j,v_i)$。

有向图:设图 $G=(V,E)$,若 v_i 对 v_j 存在某种关系 R 不等价于 v_j 对 v_i 存在关系 R',则称 G 为有向图,即图 G 中的任意一条边都对应一个有序节点对 (v_i,v_j),且 $(v_i,v_j)\neq(v_j,v_i)$。

有权图:设图 $G=(V,E)$,如果对它的每一条边 e_k 或对它的每个节点 v_i 赋以一个实数 p_k,则称图 G 为有权图或加权图,p_k 称为权值。对于电路图,若节点为电路中的点,边为元件,则节点的权值可以为电压,边的权值为电阻。对于通信网而言,节点可代表路由器,边代表链路,权值可以为长度或造价等。

相邻边:若有两条边与同一节点关联,则称这两条边为相邻边。例如图 6-1-1 中,e_1 与 e_2、e_3、e_4、e_6 都是相邻边。

自环:若与一个边相关联的两个节点是同一个节点,则称该边为自环。例如图 6-1-2 中的 e_1。

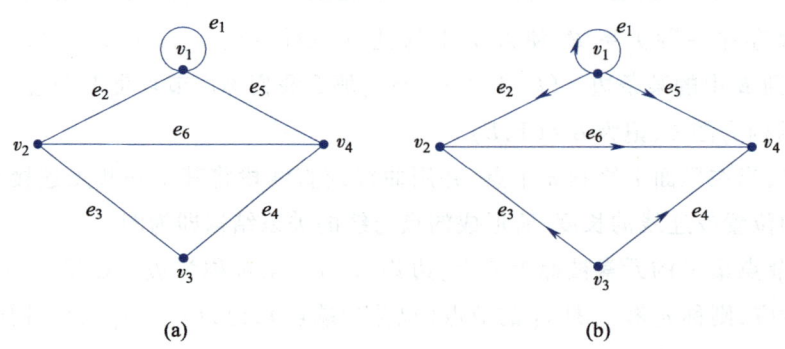

(a)　　　　　　　　　　　　(b)

图 6-1-2　自环示意图

重边:在无向图中与同一对节点关联的两条或两条以上的边称为重边。在有向图中,与同一对节点关联且方向相同的两条或两条以上的边称为重边。

简单图:没有自环和重边的图。

度:与某节点相关联的边数可定义为该节点的度,记为 $d(v_i)$。例如图 6-1-2(a)中,$d(v_2)=3$,$d(v_3)=2$,$d(v_1)=4$。若为有向图,用 $d^+(v_i)$ 表示离开或从节点 v_i 射出的边数,即节点 v_i 的出度,用 $d^-(v_i)$ 表示进入或射入节点 v_i 的边数,即节点 v_i 的入度,而节点 v_i 的度数表示为 $d(v_i)=d^+(v_i)+d^-(v_i)$。例如图 6-1-2(b)中,$d^+(v_1)=3$,$d^-(v_1)=1$,$d(v_1)=4$。

路径(path):既无重复边,又无重复节点的边序列叫作路径,或简称为径。在路径中,每条边和每个节点都只出现一次。例如图 6-1-3 中,(e_1,e_2,e_3),(e_1,e_2,e_3,e_6),(e_4,e_6,e_7) 等都为路径。

连通图:设图 $G=(V,E)$,若图中任意两个节点之间至少存在一条路径,则称图 G 为连通图,否则称 G 为非连通图。例如图 6-1-4 中,图(a)为连通图,图(b)为非连通图。

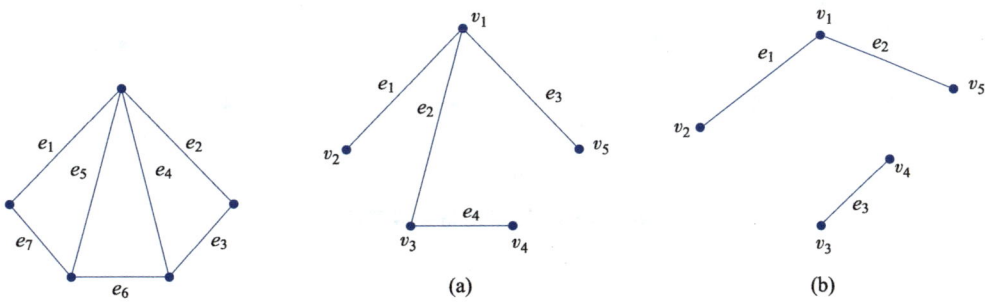

图 6-1-3　路径示意图　　　　图 6-1-4　连通图与非连通图

有限图与无限图:V 与 E 为有限个元素集合的图叫有限图,否则叫无限图。

完全图:任意两个结点都相邻接的图。根据其定义,在完全图中,若有 n 个节点,则有 $n(n-1)/2$ 条边,其图可表示为 $G=[n,n(n-1)/2]$。

K 正则图:每个节点都与 K 条边相关联。不难证明,完全图是 $n-1$ 正则图,即在完全图中,每个节点都与 $n-1$ 条边相关联。

子图:设 $G=(V,E)$ 和 $H=(V_1,E_1)$ 是两个图,如果 V 包含 V_1,E 包含 E_1,则称 H 是 G 的子图,记为 $G\supseteq H$,如图 6-1-5 所示。

真子图:如果 H 是 G 的子图,并且 $V=V_1$ 和 $E=E_1$ 中至少有一个不存在,就称 H 是 G 的真子图,记为 $G\supset H$,如图 6-1-6 所示。

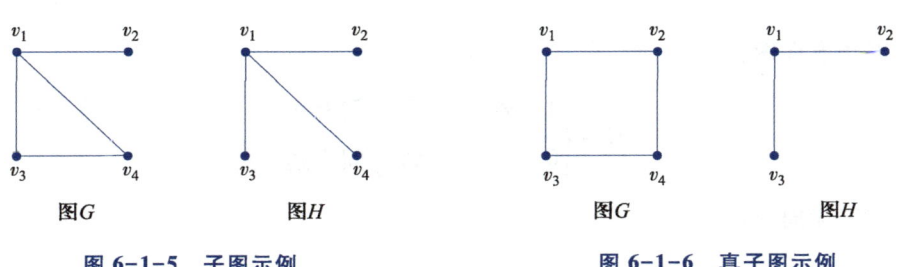

图 G　　　　图 H　　　　图 G　　　　图 H

图 6-1-5　子图示例　　　　图 6-1-6　真子图示例

生成子图：如果 H 是 G 的子图，并且 $V=V_1$，则称 H 是 G 的生成子图。例如图 6-1-7 中，图 H 为图 G 的一个生成子图。

从定义可以看出，每个图都是它自己的子图。从原来的图中适当地去掉一些边和节点后得到子图。如果子图中不包含原图的所有边就是原图的真子图，如果子图中包含原图的所有节点就是原图的生成子图。

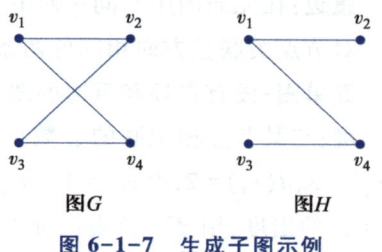

图 6-1-7　生成子图示例

图 6-1-8 中，图（b）是图（a）的真子图，图（c）是图（a）的生成子图，也是真子图。

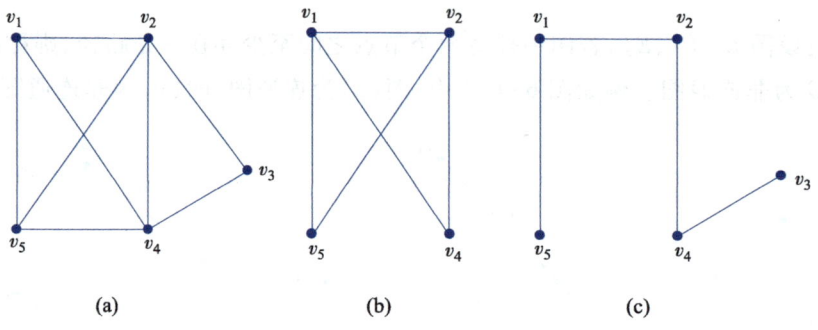

图 6-1-8　真子图与生成子图

6.1.2　图的矩阵表示

视频：图的
矩阵表示

图的最直接表示方法是用几何图形，这种方法已经被广泛应用。但是，几何图形在数值计算和分析时有很大缺点，因此需借助于矩阵表示。这些矩阵是与几何图形一一对应的，即由图形可以写出矩阵，由矩阵也能画出图形。用矩阵表示的最大优点是可以存入计算机，并进行所需的运算。下面介绍图的常用矩阵表示方法：邻接矩阵和权值矩阵。

1. 邻接矩阵

由节点与节点之间的关系确定的矩阵称为邻接矩阵。它的行和列都与节点相对应，因此对于一个有 n 个节点，m 条边的图 G，其邻接矩阵是一个 $n \times n$ 的方阵，记作 $\boldsymbol{C}(G) = [C_{ij}]_{n \times n}$。

（1）对于有向图：

$$C_{ij} = \begin{cases} 1 & \text{若从 } v_i \text{ 到 } v_j \text{ 间有边} \\ 0 & \text{若从 } v_i \text{ 到 } v_j \text{ 间无边} \end{cases}$$

（2）对于无向图：

$$C_{ij} = C_{ji} = \begin{cases} 1 & \text{若从 } v_i \text{ 到 } v_j \text{ 间有边} \\ 0 & \text{若从 } v_i \text{ 到 } v_j \text{ 间无边} \end{cases}$$

例 6.2 求图 6-1-9 中两个图的邻接矩阵。

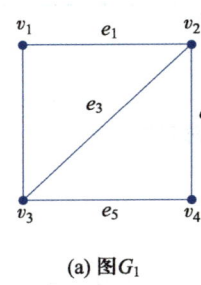

(a) 图 G_1

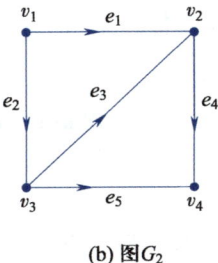

(b) 图 G_2

图 6-1-9 邻接矩阵示例

解：图 G_1 为无向图，而图 G_2 为有向图，它们的邻接矩阵分别如下：

$$C(G_1) = \begin{array}{c} \\ v_1 \\ v_2 \\ v_3 \\ v_4 \end{array} \overset{\begin{array}{cccc} v_1 & v_2 & v_3 & v_4 \end{array}}{\begin{bmatrix} 0 & 1 & 1 & 0 \\ 1 & 0 & 1 & 1 \\ 1 & 1 & 0 & 1 \\ 0 & 1 & 1 & 0 \end{bmatrix}} \qquad C(G_2) = \begin{array}{c} \\ v_1 \\ v_2 \\ v_3 \\ v_4 \end{array} \overset{\begin{array}{cccc} v_1 & v_2 & v_3 & v_4 \end{array}}{\begin{bmatrix} 0 & 1 & 1 & 0 \\ 0 & 0 & 0 & 1 \\ 0 & 1 & 0 & 1 \\ 0 & 0 & 0 & 0 \end{bmatrix}}$$

邻接矩阵的特点如下。

（1）当图中无自环时，C 矩阵的对角线上的元素都为 0。若有自环，则对角线上对应的相应元素为 1。

（2）对于无向简单图，其邻接矩阵是对称的。

（3）对于有向简单图，即没有自环和同方向并行边的有向图，邻接矩阵不一定对称。

（4）有向图中，C 阵中的每行上 1 的个数为该行所对应的节点的射出度数 $d^+(v_i)$，每列上的 1 的个数为该列所对应的节点的射入度数 $d^-(v_i)$。

（5）无向图中，每行或每列上 1 的个数为该节点的总度数 $d(v_i)$。

2. 权值矩阵

设 G 为具有 n 个节点的简单有权图，其权值矩阵为 $W(G) = \left[W_{ij} \right]_{n \times n}$，其中

$$W_{ij} = \begin{cases} p_{ij} & v_i \text{ 与（到）} v_j \text{ 有边}，p_{ij} \text{ 为权值} \\ \infty & v_i \text{ 与（到）} v_j \text{ 无边} \\ 0 & i = j \end{cases}$$

无向简单图的权值矩阵是对称的，对角线元素全为零。有向简单图的权值矩阵不一定对称，对角线元素也全为零。

例 6.3 求图 6-1-10 中两个图的权值矩阵。

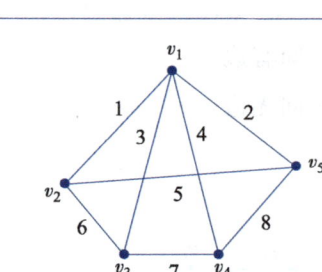

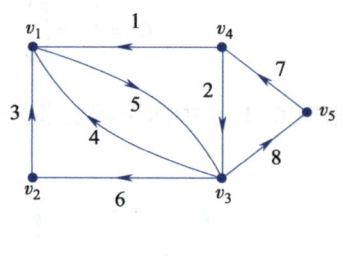

$$G_1 \qquad\qquad\qquad\qquad G_2$$

图 6-1-10　权值矩阵示例

解：

$$W(G_1) = \begin{array}{c} \\ v_1 \\ v_2 \\ v_3 \\ v_4 \\ v_5 \end{array} \begin{array}{ccccc} v_1 & v_2 & v_3 & v_4 & v_5 \\ \left[\begin{array}{ccccc} 0 & 1 & 3 & 4 & 2 \\ 1 & 0 & 6 & \infty & 5 \\ 3 & 6 & 0 & 7 & \infty \\ 4 & \infty & 7 & 0 & 8 \\ 2 & 5 & \infty & 8 & 0 \end{array}\right] \end{array} \qquad W(G_2) = \begin{array}{c} \\ v_1 \\ v_2 \\ v_3 \\ v_4 \\ v_5 \end{array} \begin{array}{ccccc} v_1 & v_2 & v_3 & v_4 & v_5 \\ \left[\begin{array}{ccccc} 0 & \infty & 5 & \infty & \infty \\ 3 & 0 & \infty & \infty & \infty \\ 4 & 6 & 0 & \infty & 8 \\ 1 & \infty & 2 & 0 & \infty \\ \infty & \infty & \infty & 7 & 0 \end{array}\right] \end{array}$$

6.1.3　生成树与最小生成树

视频：生成树
与最小生成树

1. 树的概念与性质

树是图论中的重要概念之一，在网络理论和工程中有广泛的应用。树的定义有很多种，它们都是等价的，在本书中我们取一种作为定义，其他作为树的性质。

树的定义：任何两节点间有且只有一条径的图称为树，树中的边称为树枝（branch）。若树枝的两个节点都至少与两条边关联，则称该树枝为树干；若树枝的一个节点仅与此边关联，则称该树枝为树尖，并称该节点为树叶。若指定树中的一个点为根，则称该树为有根树。

例 6.4　图 6-1-11 所示为一棵树，v_1 为树根，e_1、e_2 等为树干，e_3、e_4 等为树尖，v_2、v_3、v_4、v_5 为树叶。

树具有以下几个重要性质。

（1）树是最小连通图，即去掉树中的任何一条边就成为非连通图，丧失了连通性。

（2）树是无环的连通图，但增加一条边便可以得到一个环。

（3）若树有 m 条边及 n 个节点，则有 $m=n-1$，即有 n 个节点的树共有 $n-1$ 个树枝。

（4）除了单点树外，任何一棵树中至少有两片树叶。

在等级结构的通信网络中，比如电话网和互联网，一级交换中心或者骨干路由器与其所属的各级交换中心或路由器之间的连接关系可以很好地用树进行描述。

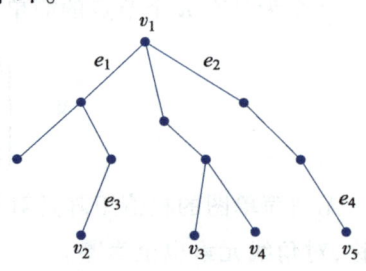

图 6-1-11　树的例子

2. 图的生成树及其求法

（1）图的生成树

设 G 是一个连通图，T 是 G 的一个子图且是一棵树，若 T 包含 G 的所有节点，则称 T 是 G 的一棵生成树，也称支撑树。

① 只有连通图才有生成树；反之，有生成树的图必为连通图。

② 连通图至少有一棵生成树。

③ 若连通图 G 本身不是树，则 G 的生成树不止一个。

（2）生成树的求法

求取连通图 G 的生成树有许多方法，下面介绍两种常用的求法：破圈法和避圈法。

① 破圈法：拆除图中的所有回路并使其保持连通，就能得到 G 的一棵生成树。

② 避圈法：在有 n 个点的连通图 G 中任选一条边（及其节点）；依次选取第二条边、第三条边等，使之不与已选的边形成回路，直到选取完 $n-1$ 条边且不出现回路。

例 6.5 分别用破圈法和避圈法求取图 6-1-12 的一棵生成树。

① 破圈法：根据破圈法的描述，我们首先发现 (e_1, e_3, e_5) 构成回路，因此去除 e_1 得到图 6-1-13(a)，然后又发现 (e_2, e_3, e_4) 构成回路，进而去除 e_3，得到图 6-1-13(b)。这样依此类推得到图 6-1-13(c) 和 6-1-13(d)。在图 6-1-13(d) 中再也找不到回路了，因此图 6-1-13(d) 为图 6-1-12 的一棵生成树。

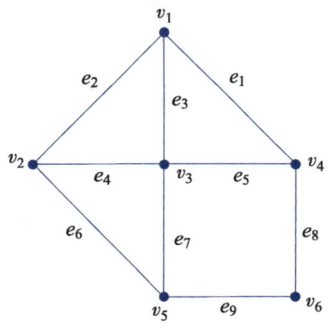

图 6-1-12　生成树示例

② 避圈法：根据避圈法的描述，我们首先选取 e_3 边，得到图 6-1-14(a)，然后选取不与其形成回路的 e_4，得到图 6-1-14(b)，再选取与 e_3 和 e_4 都不形成回路的 e_7，得到图 6-1-14(c)，依此类推最终得到图 6-1-14(d)。在图 6-1-14(d) 所示的基础上再添加 e_1、e_2、e_5 或者 e_6 中的任一条边都会构成回路，因此，图 6-1-14(e) 所示为图 6-1-12 的一棵树。

从上面两个例子的结果可以看出，图的生成树不止一个。

（3）最小生成树算法

最小生成树：如果连通图 G 本身不是一棵树，则它的生成树就不止一棵。如果为图 G 加上权值，则各个生成树的树枝权值之和一般不相同，其中权值之和最小的那棵生成树为最小生成树。

最小生成树一般是在两种情况下提出的，一种是有约束条件下的最小生成树，另一种是无约束条件下的最小生成树。下面首先介绍求无约束条件下的最小生成树的两种常用方法：K 算法和 P 算法，在此基础上再简要说明有约束条件下求取最小生成树的方法。

① 无约束条件的情况

● Kruskal 算法（简称 K 算法）

K 算法是一种顺序取边的方法，该算法实际为避圈法的推广。用 K 算法求得的树是最

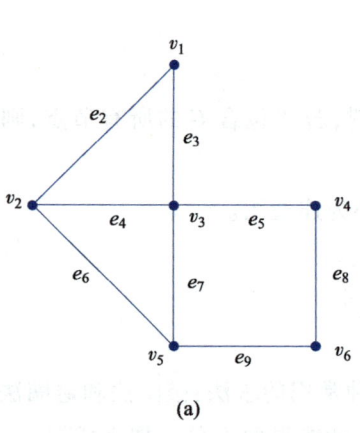

(a)

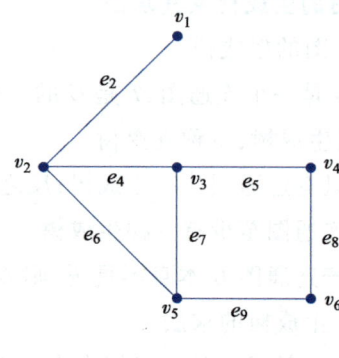

(b)

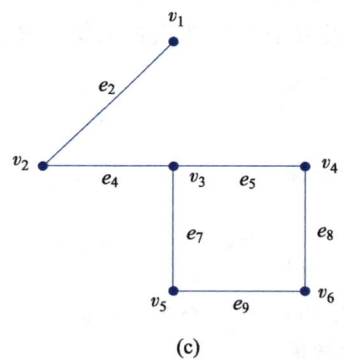

(c)

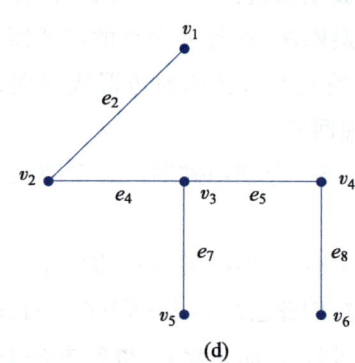

(d)

图 6-1-13　破圈法过程

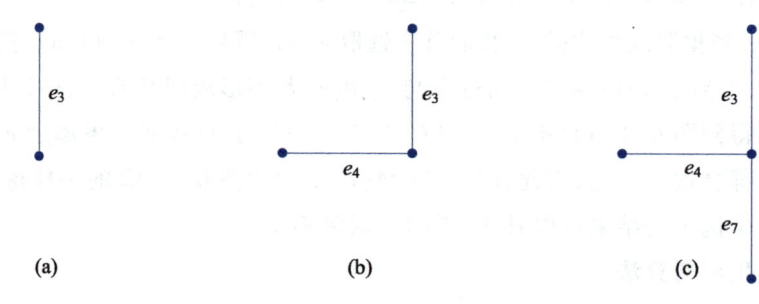

(a)　　　　　　　　　　　(b)　　　　　　　　　　　(c)

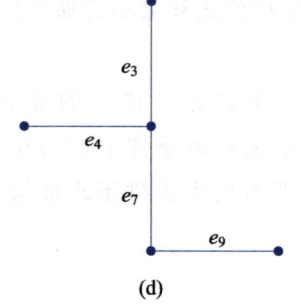

(d)

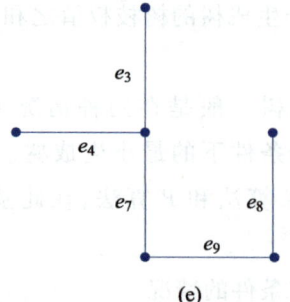

(e)

图 6-1-14　避圈法过程

小生成树,其具体步骤如下:

a. 将连通图 G 中的所有边按权值的非减次序排列;

b. 选取权值最小的边为树枝,再按步骤 a 的次序依次选取不与已选树枝形成回路的边为树枝,如果有几条这样的权值相同的边,则任选其中一条;

c. 对于有 n 个点的图直到 $n-1$ 条树枝选出,结束。

例 6.6 用 K 算法求例图 6-1-15 的最小生成树。

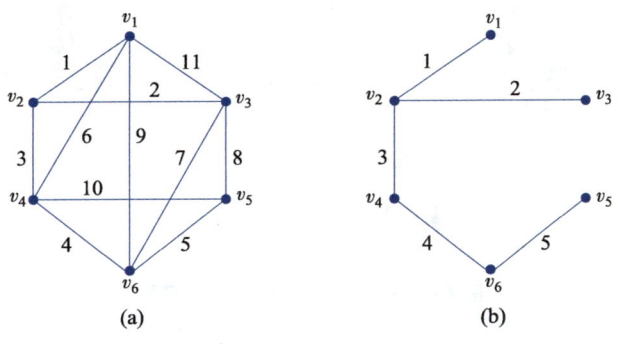

图 6-1-15 求最小生成树

求解过程如下:

a. 按照权值非减顺序排列的边的权值为 1~11;

b. 选取权值最小的边,即 (v_1,v_2),然后再依次选取不与已选树枝形成回路的边中权值最小的边,即依次选取 (v_2,v_3)、(v_2,v_4)、(v_4,v_6) 和 (v_6,v_5),形成图 6-1-15(b);

c. 该图中包含 6 个节点和 5 条树枝,算法结束。

K 算法的复杂性主要取决于把每条边排列成有序队列的复杂性,因此与网络中的边数有关。当原图中有 m 条边时,其复杂度为 $O(m\log_2 m)$ 量级,因而适合于稀疏图。

● Prim 算法(简称 P 算法)

P 算法是一种顺序取节点的算法,它与 K 算法的区别是:前者以节点为目标,而后者以边为目标。P 算法的思路是任意选择一个节点 v_i,将它与 v_j 相连,同时使得 (v_i,v_j) 具有的权值最小,再从 v_i、v_j 以外的其他各点中选取一点 v_k 与 v_i 或 v_j 相连,同时使所连两点的边具有最小的权值,重复这一过程,直至将所有点相连,就可得到连接 n 个节点的最小生成树。

P 算法可以用权值矩阵来求解最小生成树,具体步骤如下:

a. 写出图 G 的权值矩阵;

b. 由点 v_1 开始,在行 1 中找出非零最小元素 w_{1j};

c. 在行 1 和行 j 中,圈去列 1 和列 j 的元素,并在这两行余下的元素中找出最小元素,如 w_{jk}(如有两个最小元素可任选一个);

d. 在行 1、行 j 和行 k 中,圈去列 1、列 j 和列 k 的元素,并在这三行余下的元素中找出最小元素;

e. 直到矩阵中所有元素均被圈去,即找到图 G 的一棵最小生成树。

例 6.7 要建设连接如图 6-1-16 所示的六个城镇(用 C1~C6 表示)的线路网,任意两

个城镇间的距离见表 6-1-1,假设线路费用与线路长度成正比,用 P 算法找出线路费用最小的网路结构图。

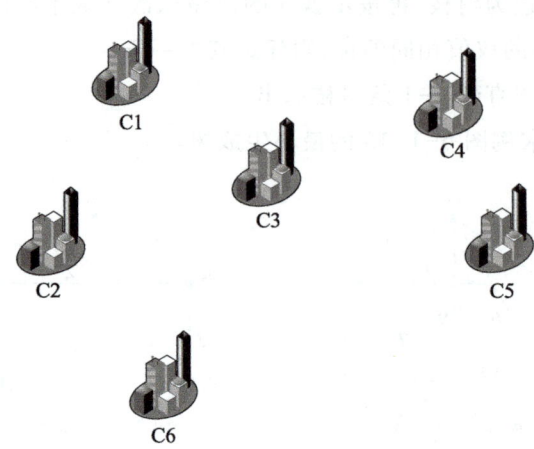

图 6-1-16　六个城镇分布示意图

表 6-1-1　任意两个城镇间的距离表(单位:km)

城镇	C2	C3	C4	C5	C6
C1	10	7	11	14	16
C2		11	17	19	10
C3			9	11	13
C4				5	19
C5					10
C6					

解: 这个问题可抽象为用图论求最小生成树的问题。首先列出其权值矩阵,如下所示:

$$W = \begin{bmatrix} 0 & 10 & 7 & 11 & 14 & 16 \\ 10 & 0 & 11 & 17 & 19 & 10 \\ 7 & 11 & 0 & 9 & 11 & 13 \\ 11 & 17 & 9 & 0 & 5 & 19 \\ 14 & 19 & 11 & 5 & 0 & 10 \\ 16 & 10 & 13 & 19 & 10 & 0 \end{bmatrix}$$

按照 P 算法,在第 1 行中找出最小元素 $W_{13} = 7$,圈去第 1 行和第 3 行中第 1 列和第 3 列的元素,然后在这两行剩余的元素中找出最小元素 $W_{34} = 9$,再圈去第 1、3、4 行中的第 1、3、4 列元素,从这三行中剩余的元素中找出最小元素 $W_{45} = 5$,重复上述过程,依次找出 $W_{12} = 10$,$W_{26} = 10$,将这些最小元素对应的边和节点(本题中的六个城镇)全部画出就可以得到一棵最小生成树,如图 6-1-17 所示。所以,费用最小的网络线路总长为 $L = (5+7+9+10+10)$ km $= 41$ km。

P 算法的时间复杂度为 $O(n^2)$,其与网络中节点数 n 有关,而与边数无关,因而适合于稠密图。

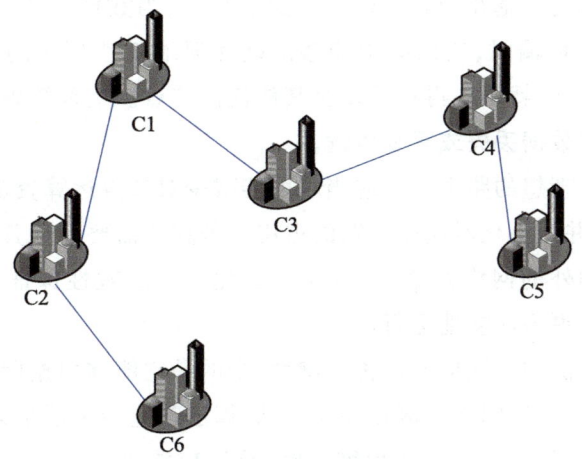

图 6-1-17　最小费用网络结构图

② 有约束条件的情况

在设计通信网的网络结构时,经常会提出一些特殊的要求,如某交换中心或某段线路上的业务量不能过大、任意两点间经过转接的次数不能过多等,这类问题可归结为求有约束条件的最小生成树的问题。

关于有约束条件的最小生成树的求法目前并没有一般的有效算法,而且对于不同的约束条件,算法也将有区别。一种常用的求解有约束条件的生成树的方法即穷举法。

穷举法就是先把图中的所有生成树穷举出来,再按条件筛选,最后选出最符合条件的生成树。显然这是一种最直观的也是最繁杂的方法,虽然可以得到最佳解,但计算量往往很大。不同情况下,一般都会有比穷举法更好的方法。

6.2　路由算法设计

6.2.1　路由算法的设计要求

关于路由算法的设计要求,可以归纳为以下几点:

(1)能够正确、迅速、合理地传送分组信息;

(2)能够适应网络内节点或链路故障引起的拓扑变化,确保分组在网络出现故障的条件下仍然能够到达终点,在发生故障时,允许某些链路的通信量过载以增加时延;

(3)能够适应网络流量的变化,使各路径的流量保持均匀,实现整个网络通信设备的负荷平衡,并充分发挥效率;

(4)算法应尽量简单,以减少网络开销。

因此,一个出色的路由算法应具备以下核心特性。

（1）正确性：算法的根基在于其正确性。这意味着，当数据包依照各个网络节点（如路由器）中的路由表进行传输时，它们必须能够准确无误地抵达预定的目标节点。更重要的是，一旦数据包到达目标，就不应再被转发至其他任何节点。这种精确性确保了数据的完整传输，避免了不必要的数据丢失或重复传输。

（2）计算高效性：理想的路由算法应当尽可能减少对节点运算资源的需求，以降低运行成本、减少传输延迟，并最小化对链路带宽的占用。若算法需要大量其他节点的状态信息来计算路由，将会导致额外的网络开销，这是需要避免的。高效性保证了网络资源的合理利用，使得整个网络能够更为流畅地运行。

（3）自适应性：算法的自适应性或称稳健性，指的是它能够根据网络流量和拓扑结构的变化做出相应的调整。无论网络总流量如何波动，算法都应能灵活地调整路由路径。同时，当网络中的节点或链路发生故障并随后恢复时，算法应能迅速找到替代的传输路径。这种自适应性是确保网络稳定性和可靠性的关键。

（4）稳定性：路由算法必须能够在业务负载和网络拓扑变化时保持收敛，避免过多的振荡。振荡是指算法在多条可能路径之间不断切换，而无法稳定在某一条路径上。稳定性是网络持续、平稳运行的重要保障。

（5）公平性：公平性是衡量路由算法是否对所有用户一视同仁的标准。例如，算法仅仅为了最小化某一对用户之间的端到端延迟而占用过多网络资源，这显然是不公平的。公平性确保了网络资源的公平分配，防止了某些用户过度占用资源。

（6）最优性：最优的路由算法应能提供最佳路由选择，以最小化平均分组延迟、最大化吞吐量或提高可靠性。这里的"最佳"是基于多种因素的考量，如链路长度、数据传输速率、链路容量、传输延迟、节点缓冲区的占用情况、链路错误率以及数据包丢失率等。需要注意的是，"最佳"并非绝对，而是相对于特定标准下的合理选择。

在现实应用中，可能没有一个算法能完美满足上述所有要求，甚至有些要求之间可能存在矛盾。例如，追求最大吞吐量可能会增加传输延迟。然而，一个优秀的路由算法应能在吞吐量与延迟之间找到平衡点，确保在达到某个吞吐量阈值之前，网络延迟保持在较低水平；而一旦超过这个阈值，延迟可能会显著增加，此时就需要进行流量控制，以确保网络尽可能在阈值以下运行。

6.2.2 路由算法的分类

路由算法主要承担两项核心功能：首先，它需要在源节点和目的节点之间确定最佳路径。其次，选定路径后，算法需负责将数据包沿着这条路径准确传送至目的地。其中，第二项功能相对直接，它依赖于一种称为路由表的数据结构。路由表记录了从源节点或本节点到目的节点的详细路由信息，包括到达目的节点必须经过的下一个跳转点（或是输出链路），以及有关路径质量和利用率的具体数值。通常，每个网络节点都会维护这样一张路由表，以便决定数据包的传输路径。为确保路由的准确性和效率，路由表需要根据网络实时状况进

行动态调整和更新。网络中的每个节点都会遵循特定的算法来选定路由,这些算法反映了网络自身的特点和需求。

现在,我们来探讨路由算法的分类。路由算法可以根据多个维度进行分类,如表6-2-1所示。首先,根据算法是否能够根据网络流量或拓扑结构的变化自适应调整,路由算法可以分为自适应和非自适应两大类。非自适应算法不依赖于网络当前的流量或拓扑结构进行路由选择,而是预先计算好路径并在网络启动时加载到路由器中,这种方式也称为静态路由选择,其优点在于简单且开销较小。

其次,从路由决策的制定方式来看,路由算法又可以分为集中式和分布式。集中式路由算法中,路由选择是由一个中央控制中心负责的,该中心会定期收集链路状态信息,计算路由,并定期向网络节点推送路由表。而在分布式路由算法中,网络中的每个节点通过交换路由信息来独立计算到达其他节点的最佳路径。

最后,根据应用场景的不同,路由算法还可以分为广域网路由算法、互联网路由算法和Ad Hoc网络路由算法。广域网路由算法主要关注子网内部的路径选择问题,互联网路由算法侧重于解决不同子网之间的路径选择问题,而Ad Hoc网络路由算法则主要关注在一个动态、自组织的网络环境中的路由选择问题。

表6-2-1 路由选择算法的分类

分类维度	分类类型	描述
自适应性	自适应路由算法	能够根据网络的实时状态(如链路负载、延迟等)动态调整路由选择
	非自适应路由算法	路由选择不依赖于网络的实时状态,通常基于预先设定的规则或策略
决策方式	分布式路由算法	每个节点根据本地信息和与其他节点的信息交换来独立作出路由决策
	集中式路由算法	路由决策由中央控制实体(如路由服务器)做出,并下发给各个节点
应用场景	广域网路由算法	专门设计用于广域网(WAN)环境的路由算法,考虑网络规模、复杂性和多样性
	互联网路由算法	用于互联网环境中,处理大量、动态变化的路由信息,强调可扩展性和鲁棒性
	Ad Hoc网络路由算法	用于Ad Hoc网络中,具备高度的灵活性和自适应性,能够在不依赖任何固定基础设施的情况下,快速地建立路由路径

在不同的应用场合中,路由算法的需求和特性各不相同。广域网、互联网和Ad Hoc网络都因其特定的环境和要求,采用了不同的路由算法。

广域网内的路由算法主要解决子网内数据包的传输路径问题。这里主要有三种算法被广泛使用:广播、最短路由和最佳路由。广播算法向全网发送信息,常用于传播公共或重要的网络变化信息。最短路由算法,如RIP和OSPF,关注于找到源节点和目的节点之间的最短路径,可能是物理距离最短或者中转次数最少,而最佳路由算法则是从全网的角度寻找最

优的传输路径,以最小化时延并最大化网络流量。

在互联网中,为了连接不同的网络,通常使用网关、网桥和路由器等设备。为了实现网络的扩展和资源的有效利用,互联网常采用分层的路由选择方式。这种方式将网络划分为不同的区域,每个路由器只需要了解其所在区域内的路由信息,从而大大降低了路由表的复杂性和维护成本。

Ad Hoc 网络是一种分布式的无线网络,对路由算法有特殊的要求。由于网络的动态性和节点能量的限制,Ad Hoc 网络不能直接使用为有线网络设计的传统路由算法。目前,Ad Hoc 网络的路由算法可以分为平面式路由、分层路由和地理位置辅助的路由。平面式路由中,所有节点都在同一层次上,可以进一步分为表驱动路由和按需路由。分层路由将网络划分为不同的层次,每一层可以采用不同的路由策略,便于网络的扩展,而地理位置辅助的路由算法则利用节点的地理位置信息来优化路由选择,降低路由建立和维护的开销。

在选择路由算法时,通常会考虑以下几个标准或准则。

(1) 网络规模和拓扑:网络的大小、形状和连接方式会影响路由算法的选择。大型、复杂的网络可能需要更复杂的路由算法来优化路径选择。

(2) 动态性:如果网络拓扑和流量经常变化,自适应的路由算法(如表驱动或混合式)可能更合适,因为它们能够根据实时网络状态调整路径选择。

(3) 性能要求:对于延迟、带宽利用率等性能有严格要求的应用,需要选择能够找到最优或近似最优路径的路由算法。

(4) 管理和配置复杂性:简单的网络环境可能更适合静态或按需路由算法,因为它们的管理和配置相对简单,而动态或混合式路由算法需要更多的配置和管理,但能够提供更好的网络性能和灵活性。

(5) 安全性:在某些应用中,路由算法的安全性也是一个重要的考虑因素。需要选择那些能够提供足够安全性保障的路由算法。

6.3　最短路由算法

在网络通信设计时,有一个重要问题:如何能够连接网络中的所有节点,并且所需要的路径最短(代价最小)?或者在网络结构确定后,如何选择通信路由使得路由代价最小?这些问题就是路径选择或者优化的问题。考虑简单无向图,最优的路径就是最短的路径。在本节我们介绍寻找两点间最短路径的经典算法。

6.3.1　集中式最短路由算法

1. Bellman-Ford 算法

典型的 Bellman-Ford 算法(简称 B-F 算法)是一种求解单源最短路径问题的算法,旨在

为一个特定节点（我们称之为"目的节点"）找到网络中所有其他节点到达该节点的最短路径。以图 6-3-1 所示的网络为例，假设节点 1 被设定为"目的节点"，我们的目标是计算出网络中每个节点到节点 1 的最短路径。这里有一个前提假设，即网络中的每个节点都至少有一条路径可以到达目的节点。在算法中，我们使用 d_{ij} 来表示从节点 i 到节点 j 的径长。如果节点对 (i,j) 之间不存在直接的链路连接，则设定 $d_{ij} = \infty$。

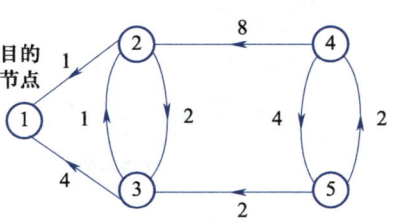

图 6-3-1　网络示意图

定义：最短（$\leqslant h$）行走（walk）是指在下列约束条件下从给定节点 i 到目的节点 1 的最短 walk。

（1）该 walk 中最多包括 h 条链路，即 walk 中包含的链路数至多为 h 条。

（2）该 walk 仅经过目的节点 1 一次。

最短（$\leqslant h$）walk 长度用 D_i^h 表示（这样的 walk 不一定是一条路径，它可能包含重复节点，但在一定的条件下，它将不包含重复节点）。对所有的 h，令 $D_1^h = 0$。B-F 算法的核心思想是通过下面的公式进行迭代，即

$$D_i^{h+1} = \min_j \left[d_{ij} + D_j^h \right]，对所有的 i \neq 1 \qquad (6-3-1)$$

下面给出从 h 步 walk 中寻找最短路由的算法。

第一步：初始化，即对所有 $i(i \neq 1)$，令 $D_i^0 = \infty$；

第二步：对所有的节点 $j(j \neq i)$，先找出一条链路的最短（$h \leqslant 1$）的 walk 长度；

第三步：对所有的节点 $j(j \neq i)$，再找出两条链路的最短（$h \leqslant 2$）的 walk 长度；

以此类推：如果对所有 i 有 $D_i^h = D_i^{h-1}$（即继续迭代下去以后不会再有变化），则算法在 h 次迭代后结束。

例 6.8　请描述图 6-3-1 中节点 4 到节点 1 的路由迭代过程。

解：在第一步中，由于仅可使用一条链路，故 $D_4^1 = \infty$。在第二步中，在仅使用两条链路的情况下，节点 4 通过节点 2 到达目的节点 1 的 $D_4^2 = 8 + D_2^1 = 9$。在第三步中，节点 4 不能通过引入新的链路来减少 walk 的长度，因此其路由不变。在第四步中，节点 4 通过节点 5 到达目的节点 1 的 $D_4^4 = 4 + D_5^3 = 8$ 要小于节点 4 通过节点 2 到达目的节点 1 的 $D_4^2 = 9$，故节点 4 最终选择通过节点 5 作为到达目的节点 1 的路由。B-F 算法的迭代过程如图 6-3-2 所示。

B-F 算法的复杂度分析：因为算法需要对所有的边进行 $V-1$ 次松弛操作，每次松弛操作都需要遍历所有的边，因此总的时间复杂度为 $O(VE)$，其中 V 是顶点数，E 是边数。如果考虑到可能存在负权回路，需要再进行一次遍历所有的边以检测负权回路，但这并不会改变算法的时间复杂度阶数。

2. Dijkstra 算法

迪杰斯特拉（Dijkstra）算法用于计算图中指定节点到其他各节点的最短路径，简称 D 算法。D 算法的基本原理如下（流程图如图 6-3-3 所示）。

（1）已知图 $G = (V,E)$，将其节点集分为两组：置定节点集 G_p 和未置定节点集 $G-G_p$。其中，G_p 内的所有置定节点，是指定节点 v_s 到这些节点的路径为最短（即已完成最短路径的

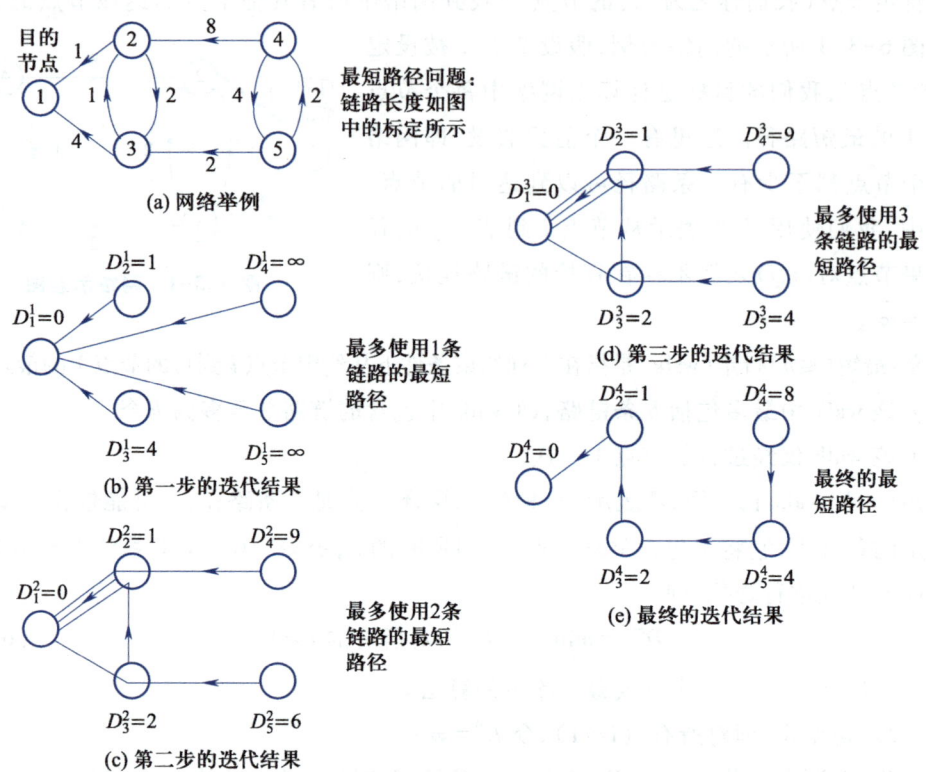

图 6-3-2　B-F 算法的迭代过程

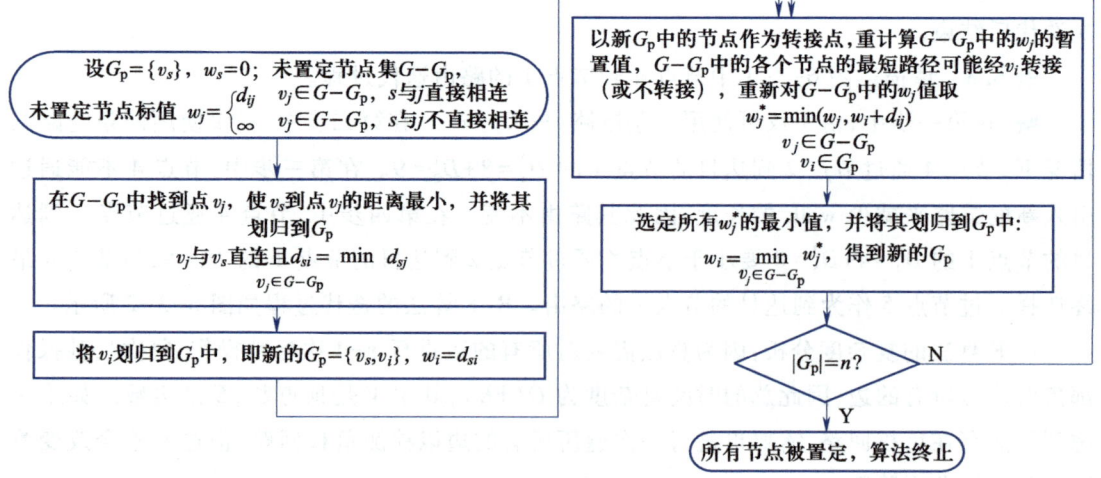

图 6-3-3　D 算法的流程图

计算）的节点。而 $G-G_p$ 内的节点是未置定节点，即 v_s 到未置定节点的距离是暂时的，随着算法的下一步将进行不断调整，使其成为最短路径。

（2）在调整各未置定节点的最短路径时，将 G_p 中的节点作为转接点，计算 (v_s,v_j) 的径长 $(v_j \in G-G_p)$，若该次计算的径长小于上次的值，则更新径长，否则径长不变。计算后，取其中

径长最短者,然后将 v_j 划归到 G_p 中。当 $G-G_p$ 最终成为空集,同时 $G_p=G$,即求得 v_s 到所有其他节点的最短路径。

（3）w_j:表示 v_s 与其他节点的距离。

（4）在 G_p 中,w_i 表示上一次划分到 G_p 中的节点 v_i 到 v_s 的最短路径。

（5）在 $G-G_p$ 中,w_i 表示从 v_s 到 v_j 仅经过 G_p 中的节点作为转接点所求得的该次的最短路径的长度。

（6）如果 v_s 与 v_j 不直接相连,且无置定节点作为转接点,则令 $w_j = \infty$。

例 6.9 用 D 算法求图 6-3-4 中 v_1 到其他各节点的最短距离。

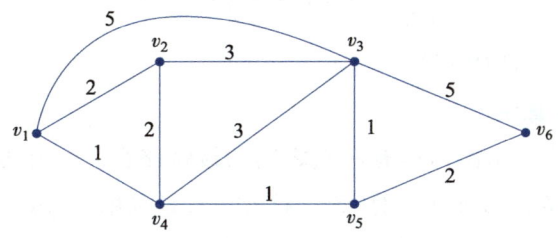

图 6-3-4　求最短距离图例

解:计算过程如表 6-3-1 所示。

表 6-3-1　D 算法求解过程

迭代次数	v_1	v_2	v_3	v_4	v_5	v_6	置定节点	w_i	G_p
0	0	2	5	1	∞	∞	v_1	$w_1 = 0$	$\{v_1\}$
1		2	5	<u>1</u>	∞	∞	v_4	$w_4 = 1$	$\{v_1, v_4\}$
2		<u>2</u>	4		2	∞	v_2	$w_2 = 2$	$\{v_1, v_4, v_2\}$
3			4		<u>2</u>	∞	v_5	$w_5 = 2$	$\{v_1, v_4, v_2, v_5\}$
4			<u>3</u>			4	v_3	$w_3 = 3$	$\{v_1, v_4, v_2, v_5, v_3\}$
5						<u>4</u>	v_6	$w_6 = 4$	$\{v_1, v_4, v_2, v_5, v_3, v_6\}$

在此过程中我们可以将 v_1 到其他各节点的最短路径和径长列入表 6-3-2,由此可画出 v_1 到其他各节点的最短路径如图 6-3-5 所示。

表 6-3-2　D 算法求解结果

节点	v_1	v_2	v_3	v_4	v_5	v_6
最短路径	$\{v_1\}$	$\{v_1, v_2\}$	$\{v_1, v_4, v_5, v_3\}$	$\{v_1, v_4\}$	$\{v_1, v_4, v_5\}$	$\{v_1, v_4, v_5, v_6\}$
径长	0	2	3	1	2	4

D 算法的复杂度分析:在第 k 步时,要做 $n-k$ 次加法,再做 $n-k$ 次比较可更新各节点的暂置值;然后再做 $n-k-1$ 次比较求最小值。因此,共有 $3(n-k)-1$ 次运算,总运算量应为

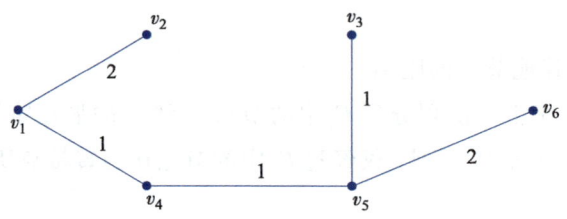

图 6-3-5　v_1 到其他各节点的最短路径

$$\sum_{k=1}^{n} 3(n-k) - n = \frac{n}{2}(3n-5) \qquad (6-3-2)$$

所以其复杂度为 n^2 量级，即 $O(n^2)$。

3. Floyd-Warshall 算法

在某些情况下，要求找出图内所有两点之间的最短路径。一种方法是依次选择每个点作为指定点，分别用 D 算法做 n 次计算；第二种方法就是采用 Floyd-Warshall 算法，简称 F 算法。F 算法使用距离矩阵和路由矩阵，它们的定义如下。

（1）距离矩阵是一个 $n×n$ 矩阵，以图 G 的 n 个节点为行和列。记为 $\boldsymbol{W}=\left[W_{ij}\right]_{n×n}$，$W_{ij}$ 表示图 G 中 v_i 和 v_j 两点之间的径长。

（2）路由矩阵是一个 $n×n$ 矩阵，以图 G 的 n 个节点为行和列。记为 $\boldsymbol{R}=\left[R_{ij}\right]_{n×n}$，其中，$R_{ij}$ 表示 v_i 至 v_j 经过的转接点（中间节点）。

F 算法的思路是首先写出初始的 $\boldsymbol{W}$ 矩阵和 $\boldsymbol{R}$ 矩阵，接着按顺序依次将节点集中的各个节点作为中间节点，计算此点距其他各点的径长，每次计算后都以求得的与上次相比较小的径长去更新前一次的较大径长，若后求得的径长比前次径长大或相等，则不变。以此不断更新和，直至 $\boldsymbol{W}$ 中的数值收敛。F 算法的流程图如图 6-3-6 所示。

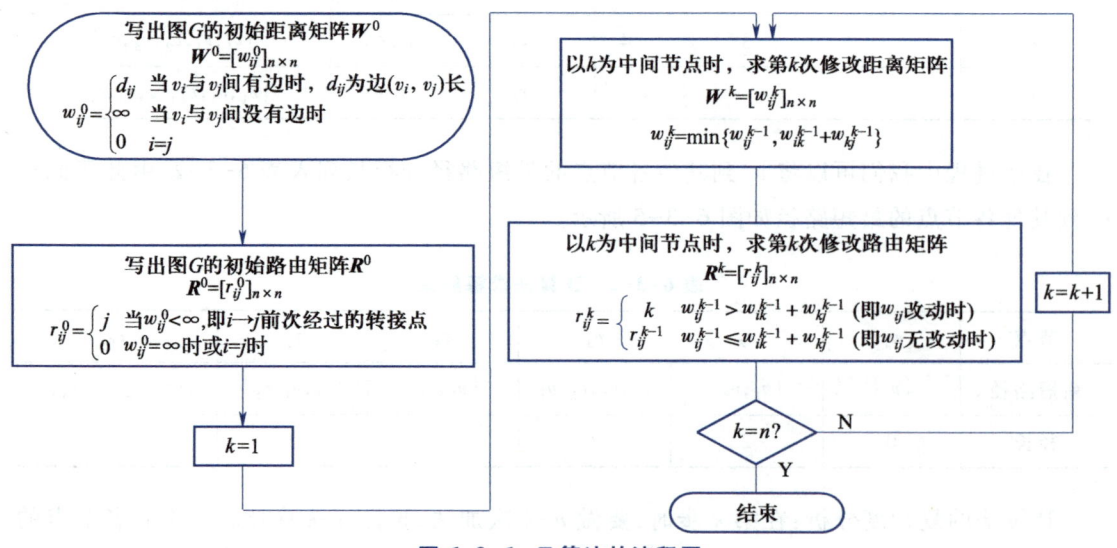

图 6-3-6　F 算法的流程图

例 6.10 用 F 算法求图 6-3-7 中任意点之间的最短路径。

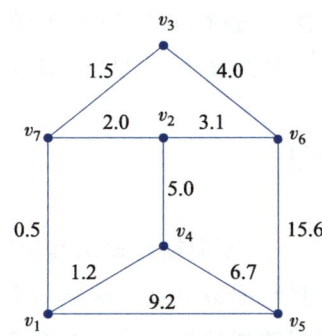

图 6-3-7　用 F 算法求最短路径

解：

（1）初始化距离矩阵 $\boldsymbol{W}^0$ 和路由矩阵 $\boldsymbol{R}^0$。

$$
\boldsymbol{W}^0 =
\begin{array}{c}
 \\ v_1 \\ v_2 \\ v_3 \\ v_4 \\ v_5 \\ v_6 \\ v_7
\end{array}
\begin{array}{c}
\begin{array}{ccccccc} v_1 & v_2 & v_3 & v_4 & v_5 & v_6 & v_7 \end{array} \\
\left[\begin{array}{ccccccc}
0 & \infty & \infty & 1.2 & 9.2 & \infty & 0.5 \\
\infty & 0 & \infty & 5 & \infty & 3.1 & 2 \\
\infty & \infty & 0 & \infty & \infty & 4 & 1.5 \\
1.2 & 5 & \infty & 0 & 6.7 & \infty & \infty \\
9.2 & \infty & \infty & 6.7 & 0 & 15.6 & \infty \\
\infty & 3.1 & 4 & \infty & 15.6 & 0 & \infty \\
0.5 & 2 & 1.5 & \infty & \infty & \infty & 0
\end{array}\right]
\end{array}
$$

$$
\boldsymbol{R}^0 =
\begin{array}{c}
 \\ v_1 \\ v_2 \\ v_3 \\ v_4 \\ v_5 \\ v_6 \\ v_7
\end{array}
\begin{array}{c}
\begin{array}{ccccccc} v_1 & v_2 & v_3 & v_4 & v_5 & v_6 & v_7 \end{array} \\
\left[\begin{array}{ccccccc}
0 & 0 & 0 & 4 & 5 & 0 & 7 \\
0 & 0 & 0 & 4 & 0 & 6 & 7 \\
0 & 0 & 0 & 0 & 0 & 6 & 7 \\
1 & 2 & 0 & 0 & 5 & 0 & 0 \\
1 & 0 & 0 & 4 & 0 & 6 & 0 \\
0 & 2 & 3 & 0 & 5 & 0 & 0 \\
1 & 2 & 3 & 0 & 0 & 0 & 0
\end{array}\right]
\end{array}
$$

（2）$k=1$，将 v_1 作为已知的路由中间节点，修改 W 矩阵和 R 矩阵。

$$
\boldsymbol{W}^1 =
\left[\begin{array}{ccccccc}
0 & \infty & \infty & 1.2 & 9.2 & \infty & 0.5 \\
\infty & 0 & \infty & 5 & \infty & 3.1 & 2 \\
\infty & \infty & 0 & \infty & \infty & 4 & 1.5 \\
1.2 & 5 & \infty & 0 & 6.7 & \infty & 1.7 \\
9.2 & \infty & \infty & 6.7 & 0 & 15.6 & 9.7 \\
\infty & 3.1 & 4 & \infty & 15.6 & 0 & \infty \\
0.5 & 2 & 1.5 & 1.7 & 9.7 & \infty & 0
\end{array}\right]
\qquad
\boldsymbol{R}^1 =
\left[\begin{array}{ccccccc}
0 & 0 & 0 & 4 & 5 & 0 & 7 \\
0 & 0 & 0 & 4 & 0 & 6 & 7 \\
0 & 0 & 0 & 0 & 0 & 6 & 7 \\
1 & 2 & 0 & 0 & 5 & 0 & 1 \\
1 & 0 & 0 & 4 & 0 & 6 & 1 \\
0 & 2 & 3 & 0 & 5 & 0 & 0 \\
1 & 2 & 3 & 1 & 1 & 0 & 0
\end{array}\right]
$$

（3）分别将 v_2、v_3、v_4、v_5、v_6 和 v_7 作为已知的路由中间节点，修改 W 矩阵和 R 矩阵，最终得到

$$
\boldsymbol{W}^7 =
\left[\begin{array}{ccccccc}
0 & 2.5 & 2 & 1.2 & 7.9 & 5.6 & 0.5 \\
2.5 & 0 & 3.5 & 3.7 & 10.4 & 3.1 & 2 \\
2 & 3.5 & 0 & 3.2 & 10.4 & 3.1 & 1.5 \\
1.2 & 3.7 & 3.2 & 0 & 6.7 & 6.8 & 1.7 \\
7.9 & 10.4 & 9.9 & 6.7 & 0 & 13.5 & 8.4 \\
5.6 & 3.1 & 4 & 6.8 & 13.5 & 0 & 5.1 \\
0.5 & 2 & 1.5 & 1.7 & 8.4 & 5.1 & 0
\end{array}\right]
\qquad
\boldsymbol{R}^7 =
\left[\begin{array}{ccccccc}
0 & 7 & 7 & 4 & 4 & 7 & 7 \\
7 & 0 & 7 & 7 & 7 & 6 & 7 \\
7 & 7 & 0 & 7 & 7 & 6 & 7 \\
1 & 7 & 7 & 0 & 5 & 7 & 1 \\
4 & 7 & 7 & 4 & 0 & 7 & 4 \\
7 & 2 & 3 & 7 & 7 & 0 & 2 \\
1 & 2 & 3 & 1 & 4 & 2 & 0
\end{array}\right]
$$

从 $\boldsymbol{W}^7$ 和 $\boldsymbol{R}^7$ 可以找到任何节点间最短路径的径长和路由。

F 算法的复杂度分析:在 F 算法中,进行第 k 步时,先做 n^2 次加法,再做 n^2 次比较,共有 n 步,计算量约为 $2n^3$。因此,该算法复杂度为 n^3 量级,即 $O(n^3)$。

6.3.2 分布式最短路由算法

这种路由选择策略要求每个节点必须周期性地从其邻居节点处获取最新的网络状态信息,并且定期将自身的决策结果广播给周边节点。这样一来,所有节点都可以根据网络状态的不断更新来调整其路由选择,确保数据的传输始终沿着最优路径进行。因此,整个网络的路由路径总是处于动态调整的状态。这种策略的独特之处在于,各个节点的路由表之间存在紧密的相互关联与影响。每当网络状态有所变动,就会对多个节点的路由表产生影响。这意味着,在网络状态变化后,需要经过一段时间的调整,各节点的路由表才能重新达到稳定状态。简而言之,分布式路由选择算法的本质在于每个节点都独立地计算并确定到达目的地的最短路径。其中,最具代表性的分布式最短路径算法包括距离矢量路由算法和链路状态路由算法。

1. 距离矢量路由算法

距离矢量路由算法是 Bellman-Ford 算法的一种具体实现方式。该算法起初被应用于 ARPANET 的路由选择,随后也在 Internet 网络(如 RIP 协议)以及 DECnet 和 Novell 的 IPX 早期版本中得到了广泛使用。

在距离矢量路由算法中,每个路由器都会维护一张路由表,这张表记录了到达网络中其他所有节点的详细路由信息。具体来说,表中包括了到达每个目的节点的下一跳节点(即本路由器应该通过哪个邻居节点来到达指定的目的节点),以及到达该目的节点所需"距离"的估计值。以图 6-3-8(a)所示的网络拓扑为例,当节点 J 从其邻居节点接收到路由矢量信息时[如图 6-3-8(b)所示],它会根据这些信息更新自己的路由表。更新后的节点 J 的新路由表如图 6-3-8(c)所示,这张表为节点 J 提供了到达网络中其他节点的最佳路径信息。

在距离矢量路由算法中,用于衡量路径优劣的距离量度可以是多样的,如跳数、时延、路径上的总分组排队数等。每个节点都清楚地知道它与每个邻居节点之间的距离。如果选用时延作为距离标准,节点可以通过发送特殊的"回声"分组来直接测量这一时延。接收节点在收到"回声"分组后会立即加上时间戳并返回。

这里,我们以时延为距离量度进行说明。每个节点会定期(例如每隔时间 T)向其所有邻居节点发送路由信息分组,其中包含该节点到达目的节点的下一跳信息和时延估计。同样地,每个节点也会接收其所有邻居节点的路由信息分组,如图 6-3-8(b)所示。例如,节点 J 从邻居节点 A、I、H、K 接收路由信息。当节点 J 收到来自邻居节点 X 的路由信息中表示 X 到达目的节点 I 的时延 x_I 时,如果 J 知道到达 X 的时延为 m_X,那么 J 通过 X 到达 I 的总时延就是 $m_X + x_I$。节点 J 会比较通过不同邻居节点(如 A、I、H、K)到达同一目的节点(如 G)的时

目的
节点

目的节点	A	I	H	K		J到各节点新估计的时延	到达目的节点路径上的第一个中继节点
A	0	24	20	21		8	A
B	12	36	31	28		20	A
C	25	18	19	36		28	I
D	40	27	8	24		20	H
E	14	7	30	22		17	I
F	23	20	19	40		30	I
G	18	31	6	31		18	H
H	17	20	0	19		12	H
I	21	0	14	22		10	I
J	9	11	7	10		0	—
K	24	22	22	0		6	K
L	29	33	9	9		15	K

JA时延 8　JI时延 10　JH时延 12　JK时延 6

从J的4个邻居节点接收到的矢量

J的新路由表

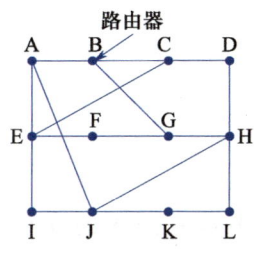

(a) 网络拓扑结构　　(b) 从J的4个邻居节点接收到的矢量　　(c) J的新路由表

图 6-3-8　距离矢量法应用说明

延,并选择时延最短的路径。

然而,距离矢量路由算法虽理论上可行,但在实际应用中存在显著缺陷。尽管它最终能找到正确路径,但反应速度可能非常慢。具体来说,该算法对好消息反应迅速,但对坏消息的反应却非常迟钝。这就是所谓的"计数至无穷问题"。

为了直观理解这一问题,我们可以看图6-3-9所示的例子。假设网络中各节点原本都有到达目的节点A的正确路由。当节点A故障或链路A→B中断时,问题就出现了。在路由信息交换过程中,节点B未能从A接收到信息,但会从C接收到路由信息,表明C可以经过2跳到达A。由于B不知道C是通过自己到达A的,因此B会认为C有另一条独立的2跳路径到达A。于是,B会认为通过C可以在3跳内到达A。在随后的信息交换中,C会发现其所有邻居节点都认为到达A需要3跳,于是C会随机选择一个邻居节点作为到达A的路由,并将跳数修改为4。这个过程会持续下去,每个节点都会逐渐增加其到达A的跳数估计,直至达到一个预设的"无穷大"值。这就是"计数至无穷问题"。

在实际系统中,"无穷大"通常被设置为网络的最大跳数加1。但是,当时延被用作距离量度时,很难定义一个合适的时延上限。这个上限需要足够大,以避免将长时延的路径误认为是故障链路。

理论上,已有多种方法被提出以解决计数至无穷问题,但这些方法通常较为复杂。其中一种相对简单的方法是"水平分裂算法"(split horizon)。水平分裂算法与基本的距离矢量算法在工作原理上大致相同,但有一个关键区别:如果节点I通过节点X得知到达某一目的节点J的距离,那么节点I将不会向节点X报告有关到达节点J的信息(即节点I会向节点X

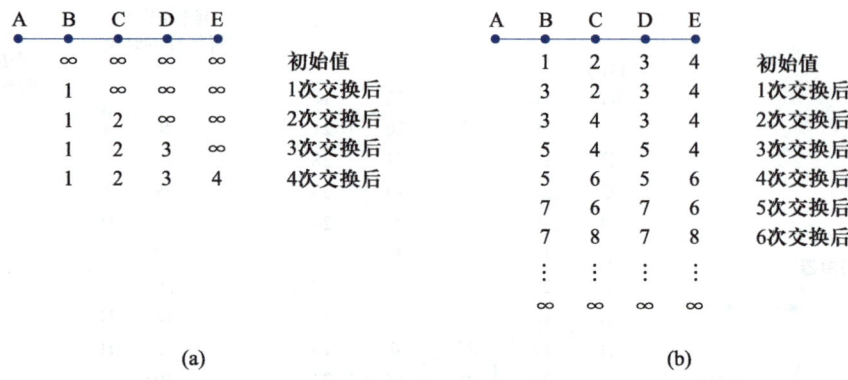

图 6-3-9　计数至无穷问题举例

报告到达节点 J 的距离为无穷大）。以图 6-3-9 为例,节点 C 会告诉节点 D 到 A 的真实距离,但向节点 B 报告的距离则为无穷大。

尽管水平分裂算法能在一定程度上解决计数至无穷问题,但在某些情况下,它可能无法正常工作。以图 6-3-10 所示的由四个节点组成的子网为例,在初始化时,节点 A 和 B 到节点 D 的距离都设置为 2,到节点 C 的距离为 1。假设链路 CD 发生故障,如果采用水平分裂算法,节点 A 和 B 都会告知节点 C 它们无法到达节点 D。因此,节点 C 会立即得出结论,认为节点 D 是不可达的,并会通知节点 A 和 B。然而问题在于,节点 A 会听到节点 B 有一条到节点 D 的长度为 2 的路径,所以它会认为可以通过节点 B,在 3 个节点内到达节点 D。同样地,节点 B 也会认为可以通过节点 A 到达节点 D,并将到达节点 D 的距离设置为 3。在随后的路由信息交换中,节点 A 和 B 会逐渐增加它们到达节点 D 的距离估计,直至达到无穷大。这表明,即使在应用了水平分裂算法后,仍然可能在某些网络配置下出现计数至无穷的问题。

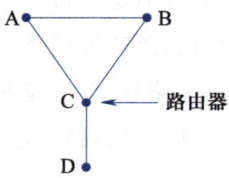

图 6-3-10　水平分裂算法不能正常工作举例

2. 链路状态路由算法

在 1979 年之前,ARPANET 采用的是距离矢量路由算法。然而,由于该算法在时延度量和收敛速度方面存在局限,例如,仅将队列长度作为时延度量,未考虑链路带宽的增长,且收敛速度相对较慢,即使采用类似水平分裂的技术,记录信息也需耗费大量时间。因此,链路状态路由算法应运而生,取代了距离矢量路由算法。

链路状态路由算法的核心思想相对直观,主要包含以下五个步骤。

（1）邻居节点发现与地址获取

路由器启动后,首要任务是确定其邻居节点。这通过在每个输出链路上广播特殊的 HELLO 分组实现,邻居节点会响应以告知其身份,确保所有路由器具有全球唯一的名字（地址）。

（2）链路时延或成本测量

该算法要求每个路由器准确了解或合理估计到达每个邻居节点的时延。这通常通过发送特殊的 ECHO 分组并等待回应来实现,将测量的往返时延除以 2 即可得到估计的时延。

为提高准确性,可多次测量取平均值。

（3）构造链路状态分组

每个节点构造自己的链路状态分组,包含发送节点信息、分组序号、寿命、邻居节点列表以及到这些邻居节点的链路时延。构造这些分组的时机可以是周期性的,也可以在链路状态改变时。链路状态分组如图 6-3-11 所示。例如,A 节点的链路状态分组中有两个邻居节点 B 和 E,A 到它们的时延分别是 4 和 5。图 6-3-11（b）给出了每个节点的链路状态分组。

链路状态分组

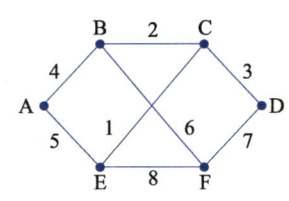

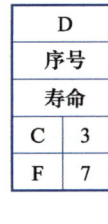

A		B		C		D		E		F	
序号		序号		序号		序号		序号		序号	
寿命		寿命		寿命		寿命		寿命		寿命	
B	4	A	4	B	2	C	3	A	5	B	6
E	5	C	2	D	3	F	7	C	1	D	7
		F	6	E	1			F	8	E	8

(a) 网络拓扑 　　　　　　　　　　(b) 每个节点的链路状态分组

图 6-3-11　链路状态分组

（4）分发链路状态分组

如何可靠地分发这些分组是该算法的关键,可采用泛洪方式分发,并引入序号和寿命来防止过时信息的传播。在网络中,每个节点均需构建一个分组存储结构,用于管理链路状态分组的收发。以节点 B 为例,如图 6-3-12 所示,它有三个邻居节点 A、C、F,当收到分组时,会根据分组的来源和转发情况更新数据结构的发送和应答标志。若分组从多个路径到达,只需转发给未收到的邻居节点,并应答所有转发路径的节点。若相同的分组从不同的邻居节点到达,会合并处理,确保正确转发并应答相关节点。此机制保障链路状态分组的高效、可靠传播。

源节点	序号	寿命	发送标志			ACK标志			数据
			A	C	F	A	C	F	
A	21	60	0	1	1	1	0	0	
F	21	60	1	1	0	0	0	1	
E	21	59	0	1	0	1	0	1	
C	20	60	1	0	1	0	1	0	
D	21	59	1	0	0	0	1	1	

图 6-3-12　链路状态分组的存储结构

（5）计算最优路由

当节点收集到所有链路状态分组后,便能构建完整的网络拓扑图。随后,每个节点可独立运行 D 算法来确定到达其他所有节点的最短路径。

链路状态路由算法已在多种实际网络中得到广泛应用,如 Internet 中的 OSPF 协议和

ISO 无连接网络层协议中使用的 IS-IS 协议均基于此算法。在 IS-IS 中,交换的信息不仅用于计算最短路由,还支持多种网络协议。

6.3.3　第 K 条最短路径选择问题

最短路径通常是信息传输的首选路由,如果该路由上有业务量溢出(拥塞)或发生故障,就要寻找迂回路由。迂回路由应依次选择次最短路径,第三条最短路径等,这就是研究第 K 条最短路径要解决的问题。

如图 6-3-13 所示,从源节点 S 到目的节点 D 有多条路径,比如:

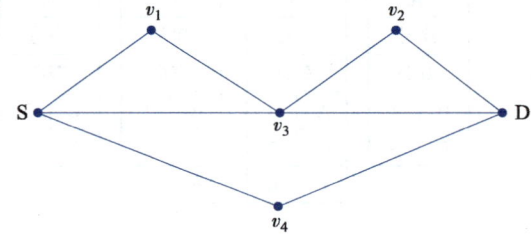

图 6-3-13　S 到 D 有多条路径

$P_1 : S \rightarrow v_1 \rightarrow v_3 \rightarrow v_2 \rightarrow D$

$P_2 : S \rightarrow v_3 \rightarrow D$

$P_3 : S \rightarrow v_4 \rightarrow D$

该问题可分为两类:一类是两点之间边分离的第 K 条最短路径;另一类是两点之间点分离的第 K 条最短路径。其中,边分离径是指无公共边但有公共点的径,如上例中的 P_1 和 P_2;点分离径是指除了起点和终点外无公共点的径,如上例中的 P_1 和 P_3,P_2 和 P_3。

(1)第一类(边分离)的求法是将最短路径中的所有边去掉,用 D 算法在剩下的图中求出次最短路径,再依照此方法求出第三条最短路径,以此类推;

(2)第二类(点分离)的求法是将最短路径中的所有节点去掉,在剩下的图中求出次最短路径,同样依照此方法求出其他最短路径。当剩下的图中两点间不存在路径时,结束。

6.4　Ad Hoc 网络的安全路由

6.4.1　典型的 Ad Hoc 网络路由协议

1. DSDV 路由算法

DSDV 协议是于 1994 年提出的,是最早的自组网路由协议之一。它的特点主要包括以下几个方面:①节点维护到所有目的地的路由信息;②简单,易于实现,而且需要的存储空间

小(因为每个节点只需和邻居节点交换路由信息);③采用最短路径优先的机制,并根据序列号区分路由的新旧程度,防止路由环路的产生;④路由表有显著变化时立即启动路由公告,能对拓扑变化作出快速反应;⑤由于路由信息必须周期性地更新,所以无休眠节点。

(1) DSDV 路由表。在 DSDV 中,每个节点保存一张路由表,路由表维护着本节点到网络内部所有可达目的节点的路由,其格式如表 6-4-1 所示。

表 6-4-1　DSDV 路由表格式

域	目的节点	下一跳节点	度量(跳数)	序列号	建立时间	稳定数据
示例	A	A	0	A-550	001000	Ptr_A

其中,序列号(sequence number)由目的端产生,其格式为 Dest_NNN,当节点的邻居节点有变化时,节点就将该邻居节点的序列号加 1,网络中的节点只保存去往目的节点序列号最大的路由,从而确保路由信息是最新的,同时它也可以防止出现路由回路;建立时间(install time)表明路由表项的创建时间,可以用来删除过期表项;稳定数据(stable data)主要用于缓解网络中的路由波动,它指向一个包含有路由稳定状态信息的表,该表格中包含目的节点地址、最近沉淀时间(last settling time)和平均沉淀时间(average settling time)信息。对于同一个目的地,节点可能接收到来自其他节点的多条路由信息,沉淀时间(settling time)定义为第一条路由和最佳路由之间的时间间隔。

(2) 路由公告与路由选择。网络中的节点周期性地广播路由更新分组,通常是每隔几秒一次,从而向每个邻居公告自己的路由信息,该信息包括目的节点地址、metric(到目的节点的开销,一般为到目的节点的跳数)、目的地序列号和其他信息(如硬件地址等)。其中,设置序列号信息的规则如下:

① 每次公告增加自己的目的地序列号(只使用偶数值);

② 如果一个节点不再可达(timeout),则将该节点的序列号加 1(奇数序列号),并且设置 metric 项为 ∞ 。

收到路由公告的节点将更新信息与自己的路由表比较,选择具有更大目的地序列号的路由,从而保证始终使用来自目的地的最新信息。当序列号相等时,选择具有更好 metric 的路由。

(3) 路由更新。每个节点将有关新路由、链路断开或 metric 变化的信息立即公告给邻居节点,从而启动路由更新过程。DSDV 使用两种更新路由分组的方式:完全更新和增量更新。当没有节点移动时使用完全更新方式,路由分组包括了路由表中所有路由项信息;而在节点移动时使用增量更新,路由分组只包含了变化的链路信息。

(4) 对路由波动的处理。我们用图 6-4-1 所示例子来说明路由波动问题。从 D 发出的路由公告经过两条不同的路径(分别为 12 跳和 11 跳)到达节点 A。由于不同路径的传递延时不同,网络中的节点 A 先收到来自 P 的路由更新消息<D,15,D-102>,这样 A 更新路由表中到 D 的表项并立即进行路由公告。但是,过了一段时间后,A 收到来自 Q 的路由更新消息<D,14,D-102>,并发现此路由好于路由表中记录的路由(路径跳数更短),因此 A 会更新路由表中到 D 的表项立即进行路由公告。这样,由于 D 或者任何一个节点

的路由更新消息到达节点 A 时存在着时间差,就会导致不必要的路由公告,这种现象称为路由波动。

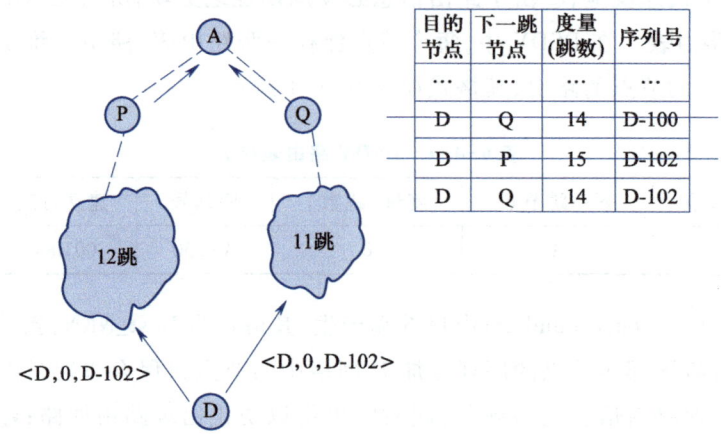

目的节点	下一跳节点	度量(跳数)	序列号
...	...	...	...
D	Q	14	D-100
D	P	15	D-102
D	Q	14	D-102

图 6-4-1　路由波动问题示例

为了缓解路由波动的问题,DSDV 协议中采用了 stable data 表项,即它在一个单独的表中记录每条路由的 last settling time 和 average settling time(settling time 根据经验值设置,它应该是收到的第一条路由和最佳路由之间的时间间隔)。这样,同样以上图为例,A 在包含新序列号的第一条路由到达时更新路由表,但是等待一段时间再广播该条路由,其等待时间为 2 * (average setting time)。通过这种简单的设置,可缓解大型网络的路由波动问题,从而避免不必要的公告,节约了带宽。

综上所述,DSDV 的主要优点是消除了路由环路,加快了收敛速度,同时有着较小的端到端时延;不足之处在于网络空闲时仍会消耗能量和网络带宽。另外,在节点移动速度较快的 Ad Hoc 网络中,DSDV 协议所维护的本地路由表信息经常是无效或不可用的,因此不适于拓扑变化快的移动自组网。

2. AODV 路由协议

AODV(Ad Hoc on-demand distance vector)路由协议是由诺基亚公司、加利福尼亚大学和美国辛辛那提大学的研究人员提出的自组网路由协议,它是在 DSDV 基础上结合按需路由的机制并改进后提出的。AODV 协议采用逐跳转发分组的方式,而不是源路由方式,因此,它在每个中间节点处隐式保存了路由请求和路由应答的结果,而 DSR 协议则是显式地将路由信息保存在分组报文中。此外,AODV 的另一个显著特点是加入了组播路由协议扩展,并支持 QoS。它的缺点是不支持单向信道,因为它的路由应答是直接沿着路由请求的反方向发回到源节点的。

(1) AODV 路由协议的基本思想

按需平面距离矢量路由协议 AODV 结合了 DSR 与 DSDV 路由算法,使用了 DSR 中基于广播的路由发现机制和路由维护机制,以及 DSDV 中的逐跳(hop-by-hop)路由、目的节点序列号和路由维护阶段的周期性更新机制。与 DSR 路由协议相比,数据分组不再需要携带完整的路由信息,只需要维护活跃的路由。与 DSDV 路由协议相比,采用按需路由思想,不再

需要维护整个网络的拓扑信息,只有在发送数据且没有到达目的节点的路由时才会发起路由发现过程。AODV 的路由表中的每一项都使用了目的节点序列号,该序列号由目的节点创建,使用目的序列号的目的是避免路由环路的发生。

AODV 路由协议包括路由发现与路由维护两个过程。在通信过程中,AODV 使用洪泛法(flooding)从源节点广播路由请求分组 RREQ 进行路由发现过程。目的或中间节点通过回复路由回复分组 RREP 的方式建立路由路径。另外,节点通过周期性地广播 HELLO 分组来检测链路的连通性,若检测到链路中断,则会发送路由错误分组 RERR 通知其他节点该处链路已经失效。针对失效的路由,首先会尝试本地修复,若修复未成功则会重新发起路由请求。

（2）AODV 路由协议的路由表

AODV 路由协议的主要工作就是管理路由表,即使是短期信息也保存在路由表中。表 6-4-2 是 AODV 路由表结构的简化表示,对其关键字段进行了具体描述。

表 6-4-2　AODV 路由表关键字段及其描述

字段	描述
目的节点地址（DestIPAddress）	标识路由条目的最终目的节点的地址
目的节点序列号（DestSeqNum）	表示目的节点路由信息的版本号,用于避免路由环路和确保路由的新鲜度。序列号越大,路由信息越新
路由状态标志（RoutingFlag）	指示路由的当前状态,如有效、无效、正在修复等
跳数（Hopcount）	到达目的节点所需经过的跳数
下一跳地址（NextHop）	数据包从当前节点转发到的下一个节点的地址
前驱节点列表（PreList）	使用这条路由的所有直接前驱节点的列表,用于路由错误时的通知
路由生命期（Lifetime）	路由条目的有效时间,超过此时间后,若无更新,则路由条目将被视为无效
网络接口（NetInterface）	用于访问信道的网络接口

这个表格提供了一个 AODV 路由表的基本结构。在实际实现中,可能还会有其他字段和信息,这取决于具体的网络环境和需求。这些字段共同构成了 AODV 路由协议中路由表的关键信息,用于确定数据包转发的路径和决策。

（3）AODV 路由协议的分组格式

AODV 路由协议中定义了三种数据分组,分别是路由请求 RREQ（route request）分组、路由应答 RREP（route reply）分组与路由出错 RERR（route error）分组。此外,RREP 分组还包括路由回复确认 RREP-ACK 分组和 HELLO 分组两种,其中,HELLO 分组是指生存时间 TTL＝1 的 RREP 分组。

① RREQ 分组格式

在无线传感器网络中,当一个节点无法找到一个到达目的节点的可用的路由时,它会采

用向其邻居节点广播 RREQ 数据分组的方式来寻找并建立有效的路由通路。RREQ 分组格式如表 6-4-3 所示。

表 6-4-3   RREQ 分组格式

类型（Type）	J	R	G	D	U	预留（Reserved）	跳数（Hopcount）
RREQID							
目的节点地址（DestIPAddress）							
目的节点序列号（DestSeqNum）							
源节点地址（SourceIPAddress）							
源节点序列号（SourceSeqNum）							

其中，Type 为分组的类型，一般设为 1。J 是加入标志，为多播保留。R 为修复标志，也是多播保留。G 为标记中间节点是否有到达目的节点的路由。D 为应答标记。U 用来对未知的序列号进行标记。Reserved 为预留位。Hopcount 记录从发起节点到处理该请求的节点的跳数。RREQID 为路由请求标识，用该字段与发起节点的 IP 地址可以唯一地标识一个 RREQ 消息。DestIPAddress 为目的节点的 IP 地址，该 RREQ 消息的目的就是建立发起节点和目的节点之间的有效路由。DestSeqNum 为目的节点序列号。SourceIPAddress 为发起本次路由请求的节点的 IP 地址。SourceSeqNum 为源节点的路由表项中正在使用的序列号。

② RREP 分组格式

当路由请求到达目的节点或者中间节点有一条足够新的路由可以到达目的节点时，目的或者中间节点会以单播的方式向源节点回复一个 RREP 分组，RREP 沿着之前建立的逆向路径返回到源节点，源节点收到该 RREP 分组后开始向目的节点发送数据。RREP 分组格式如表 6-4-4 所示。

表 6-4-4   RREP 分组格式

类型（Type）	R	A	预留（Reserved）	前缀长度（PreSize）	跳数（Hopcount）
目的节点地址（DestIPAddress）					
目的节点序列号（DestSeqNum）					
源节点地址（SourceIPAddress）					
生命期（Lifetime）					

其中，Type 为分组的类型，一般设为 2。R 为修复标志。A 为确认回复标志。Reserved 为预留位，发送 RREP 分组时填充 0，接收时忽略此字段。PreSize 为前缀长度。Hopcount 表示从发起节点到目的节点需要的跳数。DestIPAddress 为目的节点的 IP 地址。DestSeqNum 为目的节点序列号。SourceIPAddress 为发起 RREQ 消息的节点的 IP 地址。Lifetime 表示路由生存时间，在这段时间内，接收 RREP 的节点才会认为这条路由是有效的。

③ RERR 分组格式

在数据传输过程中,当中间节点检测到链路中断时,会向源节点单播路由出错分组 RERR,源节点收到 RERR 分组后就知道当前存在失效的路由,随后根据 RERR 中的不可达信息重建路由。RERR 分组格式如表 6-4-5 所示。

表 6-4-5　RERR 分组格式

类型(Type)	N	预留(Reserved)	不可到达目的节点的数目(DestCount)
不可达的目的节点的地址 1(UnreachedDestIPAddress1)			
不可达的目的节点的序列号 1(UnreachedDestSeqNum1)			
不可达的目的节点的地址 2(UnreachedDestIPAddress2)			
不可达的目的节点的序列号 2(UnreachedDestSeqNum2)			

其中,Type 为分组的类型,RERR 的此字段值设为 3。N 为路由修复时,通知上游节点保留该路由信息的标记。Reserved 为预留位,值为 0。DestCount 用来记录不可到达目的节点的数目,该值大于等于 1。UnreachedDestIPAddress 记录的是因连接断开而不可达的目的节点的 IP 地址。UnreachedDestSeqNum1 为不可达的目的节点的序列号。

④ RREP-ACK 分组

当网络中存在单向连接而导致路由发现的往返过程无法完成时,就需要 RREP-ACK 分组来协助完成这一过程。RREP-ACK 分组格式如表 6-4-6 所示。在表 6-4-6 中,Type 为分组类型,RREP-ACK 的标志为 4。Reserved 为预留位,接收时忽略。

表 6-4-6　RREP-ACK 分组格式

类型(Type)	预留(Reserved)

⑤ HELLO 分组

HELLO 分组是路由维护过程中的一个很重要的数据分组,其主要用来检测邻居链路的连通性。HELLO 分组格式如表 6-4-7 所示。

表 6-4-7　HELLO 分组格式

类型(Type)	预留(Reserved)
目的节点地址(DestIPAddress)	
目的节点序列号(DestSeqNum)	
跳数(Hopcount)	
生命期(Lifetime)	

HELLO 分组是 TTL=1 的 RREP,对于 HELLO 分组,只需要 RREP 中的目的节点地址、生存时间、目的节点序列号、跳数,其余都为无效。表 6-4-7 中,Type 指数据分组的类型。Reserved 为预留位。DestIPAddress 为目的节点的 IP 地址。DestSeqNum 为源节点收到的最

新的到达目的节点的序列号。Hopcount 记录从源节点到当前接收到 RREQ 的节点的跳数，这里为 1。Lifetime 为允许丢弃的 HELLO 分组的个数乘以 HELLO 分组的发送间隔。

（4）AODV 路由协议的工作过程

使用 AODV 路由协议最明显的特征是：只有当需要时，源节点才发起路由请求，即源节点向其邻居节点广播 RREQ 分组；紧接着，网络中收到该分组的节点再进行分组转发，直到查找到一个或多个到达目的节点的有效路由为止。中间节点在转发路由请求分组 RREQ 的过程中，会在其各自的路由表中记录上一跳节点的相关分组信息并且加入相应的路由表中。采用这种方式就可以建立起从目的节点到源节点的逆向路由。逆向路由一旦建立完成，目的节点就可以沿着该逆向路由回复 RREP 分组，当源节点收到该路由回复分组时，就成功建立了一条从源节点到达目的节点的正向路由。总之，AODV 路由协议主要有两个过程，即路由发现和路由维护过程。下文将详细的介绍这两个过程。

① 路由发现过程

路由发现过程一般包括源节点产生路由请求、建立逆向路由、中间节点对路由的转发及处理、目的节点产生路由应答以及对路由应答的转发几个过程。其中，AODV 路由请求的发起流程如图 6-4-2 所示。

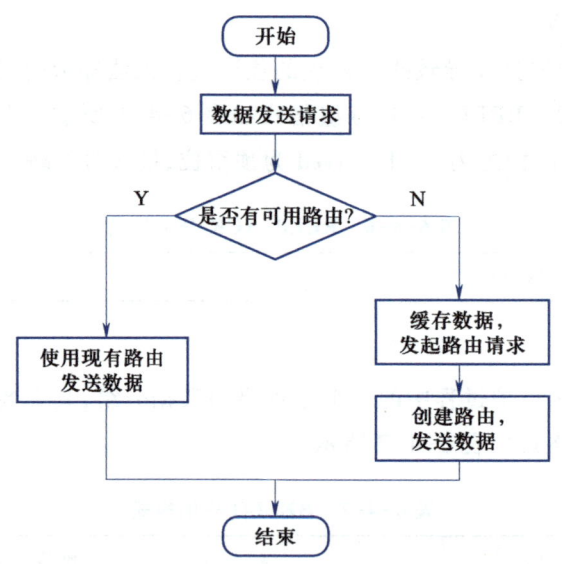

图 6-4-2　AODV 路由请求的发起流程

当源节点 S 要与目的节点 D 通信时，源节点 S 首先在本节点所维护的路由表中查找是否有到达该目的节点 D 的有效路由。若路由表中存在到达目的节点 D 的可用路由，则会使用此路由发送数据；否则，源节点 S 将向其所有邻居节点 A 与 F 广播 RREQ 分组，以启动一个路由发现过程来建立一条到达目的节点的路由。AODV 路由的请求与应答过程如图 6-4-3 所示。

图 6-4-3 中，邻居节点 A 与 F 收到源节点 S 广播的路由请求分组 RREQ 后，首先会查询各自的路由表，查找是否有到达目的节点 D 的有效路由，若存在，则向源节点 S 回复 RREP 分组；否则，节点 A 与 F 将继续向其邻居节点 B 与 G 转发路由请求分组 RREQ。另

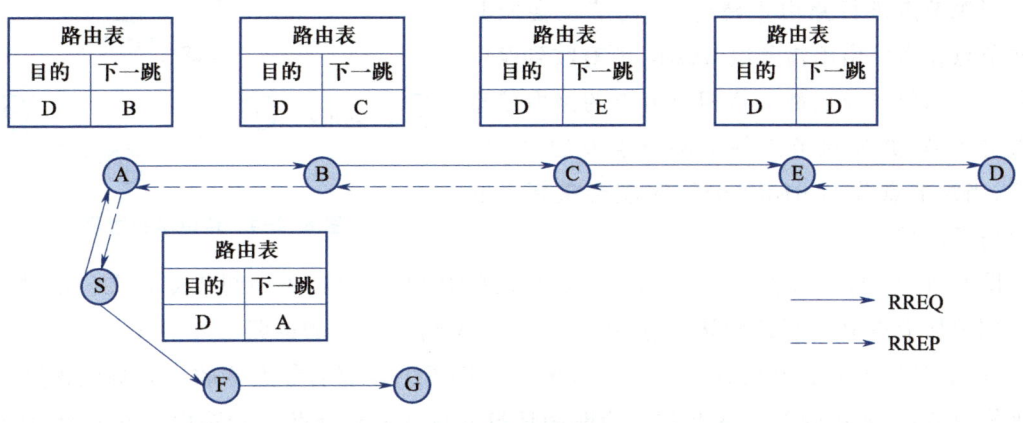

图 6-4-3　AODV 路由的请求与应答过程

外,节点 A 与节点 F 还会添加一条以 S 为目的节点、下一跳为 S 的逆向路由。AODV 路由协议采用这种逐跳转发的思想,节点 B 向节点 C 转发 RREQ 分组,节点 C 收到路由请求分组后会采用同样的方式进行相应的检查与更新操作,直到路由请求分组 RREQ 到达目的节点 D。此时,目的节点 D 维护一条目的节点为 S、下一跳节点为 E 的逆向路由信息。AODV 路由协议通过中间节点实现对路由表的建立和维护,通常包括建立正向路由和逆向路由两方面。当中间节点收到路由请求分组后,根据 RREQ 中的信息建立或者更新到上一跳的逆向路由。在 RREQ 分组到达目的节点的过程中,会自动建立一条到源节点的逆向路由。当 RREQ 分组到达目的节点或者存在到达目的节点的有效路由的中间节点时,该节点就会响应源节点一个 RREP 分组。路由应答分组 RREP 沿着刚刚建立的逆向路由回传到源节点。在这个过程中,每个中间节点都会建立到达目的节点的正向路由,并且维护一个最新的目的节点序列号,而那些 RREP 分组没有经过的节点所建立的逆向路由在一段时间以后会自动变为无效。当发现多条路由时,源节点将选择跳数最少的为最佳路由,图 6-4-3 中的实线箭头表示本次建立的最佳路由。

目的节点 D 沿着路由请求过程中建立好的逆向路径(D→E→C→B→A→S)返回路由回复分组 RREP。在这个过程中,中间节点会维护各自的路由表信息,具体信息如图 6-4-3 中的路由表所示。当源节点 S 收到 RREP 分组后,一条源节点 S 到达目的节点 D 的路由(S→A→B→C→E→D)即建立成功。

② 路由维护过程

AODV 路由维护分为本地路由维护和源节点路由维护两种。无线传感器网络中,节点每隔一段时间向其邻居节点广播 HELLO 分组,如果一定时间内没有收到邻居节点返回的确认连接的 HELLO 分组,则认定该链路已经断开,此时就需要发起路由维护。节点发起路由维护时,首先会将源节点的数据流缓存,同时向目的节点发送路由请求,若目的节点收到该请求并向该中间节点做出消息应答,则证明路由修复成功,若一定时间内没有收到目的节点的回应,则证明本地修复失败,此时,需要源节点进行路由重建。路由维护过程如图 6-4-4所示。

当源节点进行路由重建时,中间节点会向其邻居节点发送路由出错分组 RERR,所有收到路由出错分组的邻居节点都会将相应节点的路由信息设置为无效,并向该节点的上游节点发送 RERR 分组,当源节点收到 RERR 分组时就会重新发起路由请求过程。

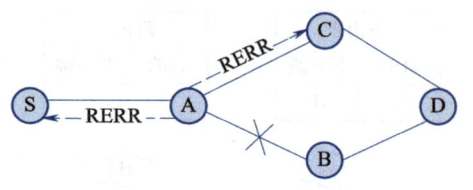

图 6-4-4   路由维护过程

图 6-4-4 中,中间节点 A 向邻居节点 B 发送 HELLO 分组,若中间节点 A 在一定时间内未收到邻居节点 B 回复的确认消息,则证明节点 A 到节点 B 的链路已经断开。首先节点 A 尝试本地修复,向邻居节点 B 发送路由请求分组 RREQ,若邻居节点 B 收到并响应该路由请求则修复成功,若中间节点 A 超过一定时间还没有收到邻居节点 B 的路由应答分组 RREP,就会向其邻居节点 C 和上游节点 S 发送路由出错分组 RERR,节点 C 收到 RERR 分组后,就会将包(C→A→B)路由设置为无效。当源节点 S 收到 RERR 分组时,就会重新发起对目的节点 D 的路由发现。

3. 分簇结构的路由协议

在 Ad Hoc 网络中,单一的先验式或反应式路由策略均不能达到最佳网络性能。先验式路由在高速动态网络中会产生大量无用的控制开销,而反应式路由在多个源-目的节点对通信时开销大且时延长。因此,混合式路由协议,结合了先验式和反应式的优点,成为一个有效的折中方案。这种协议常采用分簇结构,也被称为分簇路由协议,它在局部范围内使用先验式路由,而对远距离节点则采用反应式路由,从而减少了开销并降低了时延。

分簇路由协议将网络划分为多个簇,节点分为普通节点和簇头节点。簇内的所有节点共同维护路由信息,簇头节点则负责压缩和处理拓扑信息。分簇的主要目的是减少路由计算的复杂性和开销,同时通过选举产生稳定的子网络来减少拓扑变化的影响。这种路由协议适合大规模的 Ad Hoc 网络环境,可扩展性好,但簇头节点的稳定性和可靠性对网络性能影响较大。典型的分簇路由协议主要有 CGSR、CEDAR 协议等。

CGSR(clusterhead gateway switch routing)协议是在 DSDV 协议的基础上融入了分簇路由的理念而设计的,其核心特点是通过最小簇变化(least cluster change,LCC)算法来构建分簇结构。LCC 算法旨在保持簇头节点的稳定性,规定只有在两个簇头相互接近,或者某节点离开了所有簇头的通信范围时,才会发生簇头身份的更替。在 CGSR 中,除了簇头节点,还定义了内部节点和网关节点:内部节点指的是处于某个簇头无线通信范围内的节点,而网关节点则是能同时与多个簇头通信的节点。

当网络中的节点移动导致分簇结构发生变化时,CGSR 会启动分簇维护算法来重新构建分簇。这个过程中,可能会有节点从当前分簇转移到邻近的分簇。每个节点都维护着两种数据结构:簇成员表和路由表。簇成员表记录了每个目标节点所在的簇头,而路由表则用于查找路由。节点会定期使用 DSDV 协议与邻居节点交换簇成员表信息。当需要发送数据包时,节点会先查找簇成员表,找到离目标节点最近的簇头,然后再根据路由表找到通往该簇头的下一跳节点。

CEDAR(core extraction distributed ad hoc routing)旨在 Ad Hoc 网络环境中构建一个稳定的虚拟核心结构,以高效可靠地传播路由信息。为了实现这一目标,CEDAR 采用了图论中的最小覆盖算法(minimum connected dominating sets,MCDS)的近似算法将网络划分为不同的域。每个域中都有一个主节点,负责收集并扩散路由信息,从而计算出各节点间的最短路径。

MCDS 算法力求使用最少的节点构建一个稳定的网络核心,但由于它是一个 NP 完全问题,因此只能通过近似算法实现。尽管如此,MCDS 结构依然具有显著的优势:当非主域节点间的连接失效时,MCDS 可以迅速提供备份路由。此外,这种结构还非常适合支持广播和组播功能。然而,其缺点也很明显,即随着网络规模的扩大,路由更新的开销会急剧增加,这在一定程度上限制了其可扩展性。

4. 地理信息辅助的路由协议

除了前述的路由协议,利用其他信息如节点的地理位置,也能显著提升网络路由的效率。基于地理信息的路由协议有多种,包括 GeoCast、LAR、DREAM 和 GPSR 等。

在 GeoCast(geographic addressing and routing)协议中,节点的地址由其地理坐标(经纬度)表示。该协议根据地理位置信息,将消息发送给特定地理区域内的所有节点。GeoRouter 会计算其服务范围,并通过交换这些信息来构建路由表,形成层次化的结构。由于 GeoCast 设计为成组接收,网络节点会保留接收地理信息的组播组,这些信息会被周期性地组播出去,客户端根据收到的信息调整自己的地址,以便后续的数据接收。

LAR(location aided routing)协议是一个按需路由协议,它利用位置信息通过限制泛洪来执行路由发现。该协议假设节点通过 GPS 获取位置信息,并知道其他节点的平均运动速度。在路由请求时,源节点会根据目的节点的历史位置和移动速度指定一个请求区域,只有该区域内的节点才会转发路由请求分组,从而减少了影响范围。如果路由请求失败,源节点会扩大请求范围并重新进行请求。然而,LAR 协议的缺点是它依赖 GPS 系统,这限制了其应用范围。

DREAM(distance routing effect algorithm for mobility)协议是一个基于位置信息的表驱动路由协议,它提供分布式、无环路、多路径的路由,适用于移动环境。该协议采用距离因素和移动速率两个参数来最小化路由开销。每个节点都保持一个本地表来记录所有节点的位置信息,并周期性地广播控制分组以通知相应位置范围内的节点。数据分组会根据路由表的位置信息被部分泛洪给目的节点的方向。如果选定的邻居集合为空,则数据会被泛洪给整个网络。当目的节点接收到数据时,它会以相同的方式返回确认信息。如果数据是通过泛洪方式接收的,则目的节点不会返回确认信息。

GPSR(greedy perimeter stateless routing)协议是一个只在转发数据分组时才使用位置信息的路由机制。每个节点都会周期性地广播信标消息来通知邻居节点其位置信息,从而得到每个节点的最小单跳拓扑信息。为了进一步减少信标开销,位置信息会被封装在节点发送的所有数据分组中。GPSR 协议假设源节点可以通过各种方法获取目的节点的位置,并在数据分组头部包含这些信息。中间节点会根据目的节点及其邻居节点的相关位置做出转发决策。这种协议适用于密集的无线网络环境,并具有较低的路由消息复杂度和少量的节点路由状态需求。

6.4.2 针对 Ad Hoc 网络路由协议的攻击

1. 攻击类别

从对 Ad Hoc 网络路由协议的攻击方式来看,攻击可以分为主动攻击和被动攻击两类。

主动攻击是指攻击者恶意插入路由数据,更改路由信息,或者发送错误、无效的路由,从而达到攻击的目的,这些攻击危害非常大。主动攻击来源有两种:第一种是外部恶意攻击者,主要是通过插入错误的路由信息,或者修改路由以分隔网络,或者产生大量的重传信息和无效路由以加大网络负载;第二种是内部的不安全节点,内部不安全节点是指网络中具有合法身份的节点受恶意节点利用,向其他节点广播不正确的路由信息,从而影响其他用户的安全工作。

被动攻击是指恶意节点并不发起对路由协议的侵犯,只监听网络中的路由信息,从中获取有用内容。例如,攻击者通过分析所捕获的数据,得知通向某节点的路由请求较其他点更频繁,可能就会对该节点发起攻击,从而影响整个网络的安全和性能。这种攻击方式一般不易检测。另外,还可以进行隐藏部分路由信息的攻击:在 DSDV 协议中,广播路由表时,故意隐藏了某些重要节点的路由信息,或者在 AODV 协议中,故意放弃 RREP 回复报文等,这些攻击很难被检测到,因为它们非常类似于网络链路失败等现象。

2. 路由攻击方法

针对 Ad Hoc 网络路由的攻击方法主要有:

Rushing 攻击:在一些反应式路由协议中,攻击者在整个网络中快速散布路由请求,由此来抑制之后到达的合法节点的正常路由请求。

拒绝服务(DoS)攻击:拒绝服务是指破坏路由的建立,或侵占过多的网络资源,或丢弃、延迟、修改、选择性地转发数据分组的一类导致服务无法完成的行为。DoS 攻击通常会导致网络的大部分带宽被恶意节点所占用,从而使得其他节点无法正常使用网络资源。

路由黑洞(black hole):攻击者广播路由信息,宣称自己到达网络中所有节点的距离最短或开销最低,这样,收到此信息的节点都会将自己的数据报文发向该节点,从而形成一个吸收数据的"黑洞"。在反应式路由中,恶意节点通过修改 RREP 报文的跳数达到攻击的目的,它将路由回复中的跳数设置为 0,这样就形成了一种类似于黑洞的攻击方式。

Tunneling 攻击:又称为"虫洞"攻击,两个攻击节点伪造和篡改路由信息,并将信息插入其他路由包中,造成这两点间存在通信链路的路由假象。现有的大多数 Ad Hoc 路由协议都不能抵御这种攻击。

路由重播(replay):恶意节点发送过时的路由信息,使收到此信息的节点以陈旧的路由"更新"自己的路由表记录条目。

除此之外,还存在有路由表溢出、诽谤合法节点、信息泄漏以及伪造路由错误等多种攻击方式,应用最为广泛的是 Rushing 攻击、虚假路由表攻击、路由黑洞以及 DoS 攻击。

习　题

6-1　一个理想的路由算法应具有哪些特点？为什么实际的路由算法总是不如理想的路由算法？

6-2　请用破圈法求画出题图 6-2 的生成树(注意：需要画出步骤)。

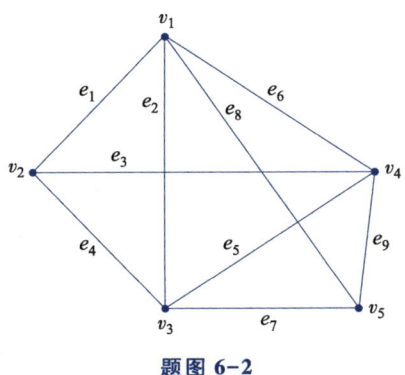

题图 6-2

6-3　有一个由 6 个节点组成的图,其有向距离矩阵为

$$
\begin{array}{c}
& \begin{array}{cccccc} v_1 & v_2 & v_3 & v_4 & v_5 & v_6 \end{array} \\
\begin{array}{c} v_1 \\ v_2 \\ v_3 \\ v_4 \\ v_5 \\ v_6 \end{array}
\left[
\begin{array}{cccccc}
0 & 9 & 1 & 3 & \infty & \infty \\
1 & 0 & 4 & \infty & 7 & \infty \\
2 & \infty & 0 & \infty & 1 & \infty \\
\infty & \infty & 5 & 0 & 2 & 7 \\
\infty & 6 & 2 & 8 & 0 & 5 \\
7 & \infty & 2 & \infty & 2 & 0
\end{array}
\right]
\end{array}
$$

用 D 算法求 v_1 到所有其他节点的最短径长及其路由,需写出中间计算过程表。

6-4　分别使用 Bellman-Ford 和 Dijkstra 算法求解题图 6-4 中从每一个节点到达节点 1 的最短路由。

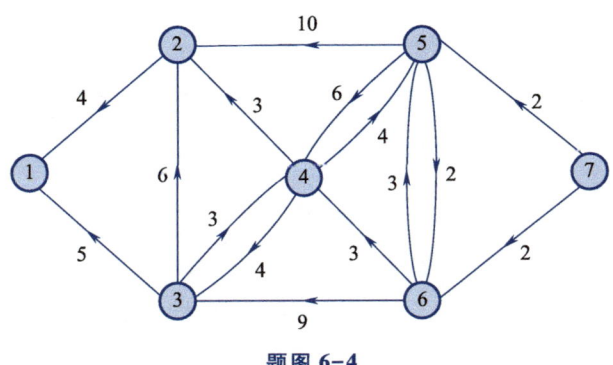

题图 6-4

6-5　在距离矢量法中为什么会出现"计数至无穷"的现象？如何解决？

6-6　链路状态法的基本步骤是什么？它与距离矢量法相比有何优点？

6-7　一个广域网有 50 个节点,每个节点和其他 3 个节点相连。若采用距离矢量算法,每秒钟交换路由信息 2 次,而节点间的时延用 8 bit 编码。试问:为了实现分布式路由算法,每条链路(全双工)需要多少带宽？

6-8　请简述拒绝服务(DoS)攻击的基本原理。

第7章

流量控制和拥塞控制

为了应对流量经济需求和提升流量爆发情况下的用户服务质量,需要解决好网络拥塞和数据冲突等问题。拥塞控制和流量控制正是解决这些问题的关键技术,二者既有关联也有显著的区别。其中,流量控制作用于发送者,它用于控制发送者的发送速度从而使接收者来得及接收,防止分组丢失;拥塞控制作用于网络,用于防止过多的数据注入网络中,避免出现网络负载过大的情况。

7.1 流 量 控 制

7.1.1 流量控制概述

流量在通信网络中是指通信量,在数据通信网中是指网中的数据流或分组流的大小。流量控制是对网络上的两个节点之间的数据流量施加限制,使通信网工作在吞吐量允许的范围内。它通常是通过限制发送的数据量,使发送速率适应接收端本身的承载能力,以免过载。流量控制的总目标是在交换网络中有效地动态分配网络资源,这些资源包括信道、节点中的缓冲区以及交换处理机等。流量控制包括路径两端的端到端流量控制与链路两端的点到点流量控制。在不断发展的互联网环境中,高速节点和低速节点并存,这就需要通过流量控制来减少或避免分组的丢失即存储器的溢出,从而避免拥塞。

视频:流量控制概述

1. 流量控制的作用

具体来说,流量控制的主要目的包括以下四点。

(1)防止网络因过载而引起通信信息吞吐量下降和传输延迟增加

拥塞将会导致网络吞吐量的迅速下降和分组时延的迅速增加,严重影响网络性能。如图 7-1-1 所示为吞吐量和分组时延与输入负载的关系。在理想情况下,网络吞吐量随着负载的增加而线性增加,直到达到网络的最大容量时,吞吐量才不再增大,成为一条直线。实际上,当网络负荷比较小时,各节点分组的队列都很短,节点有足够的缓冲器接收新到达的分组,使得邻居节点中的分组输出也较快,网络吞吐量和负荷之间基本保持了线性增长的关系。当网络负荷增大到一定程度时,节点中的分组队列加长,造成时延迅速增加,

并且有的缓存器已占满,节点将丢弃继续到达的分组,造成分组的重传增多,从而使吞吐量下降。因此,吞吐量曲线的增长速率随着输入负载的增大而逐渐减小。当负载增大到一定程度时,吞吐量下降为零,这种现象称为网络死锁(deadlock)。此时,分组的时延将无限增加。

如果有流量控制,吞吐量将始终随着输入负载的增加而增加,直至饱和,不再出现拥塞和死锁现象。从图7-1-1中可以看出,由于采用流量控制要增加一些系统开销,因此,其吞吐量将小于理想曲线的吞吐量,分组时延也将大于理想情况,这点在输入负载较小时表现得尤其明显。可见,实现流量控制需要付出一定代价。

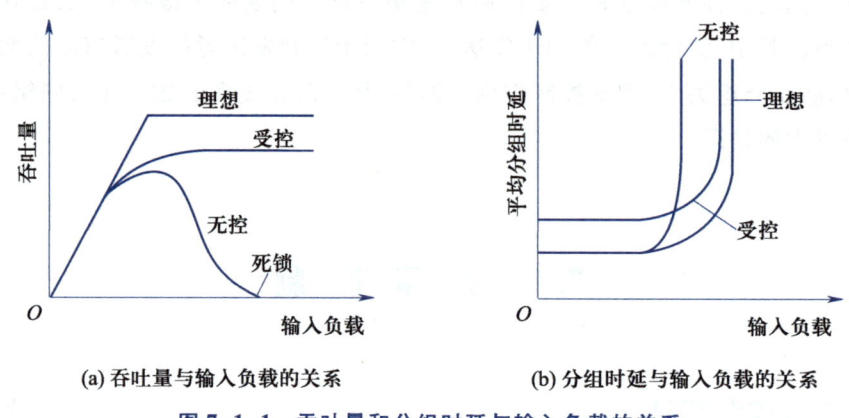

(a) 吞吐量与输入负载的关系　　　(b) 分组时延与输入负载的关系

图7-1-1　吞吐量和分组时延与输入负载的关系

（2）避免网络死锁

死锁也可能在负荷不重的情况下发生,这可能是由于一组节点没有可用的缓冲器而无法转发分组引起的。死锁包括直接死锁、间接死锁和装配死锁三种类型。

（3）在相互竞争的各用户之间公平地分配资源

由于网络用户竞争能力的不同(例如优先级的引入),竞争能力较强的用户可能长期占用网络资源,导致竞争能力较小的用户始终无法获得资源来保障分组转发,造成资源分配的不公平性,而流量控制可以解决上述问题。

（4）网络及用户之间的速率匹配

分组网络中,当两个要互传分组数据的终端速率不同时,低速终端来不及处理接收的数据,会导致数据的丢失,所以必须限制高速终端的分组流入速率。

2. 流量控制的层次

实现信息流量控制,可以在不同协议层次上进行分工控制,但主要在数据链路层、网络层和传输层进行。一般来说,流量控制可以分成以下几个层次来进行,如图7-1-2所示为按级进行流量控制的划分方法。

（1）网段级。网段级是对邻居节点之间的点到点的流量控制,其目的是防止出现局部的节点缓冲区拥塞和死锁。网段级还可划分为链路段级和虚电路段级:前者是对相邻两个节点之间总的流量进行控制,由数据链路层协议完成;后者是对其间每条虚电路的流量分别

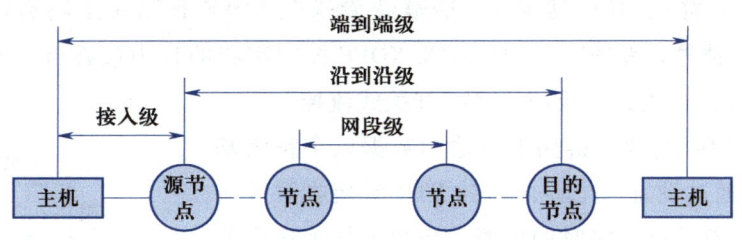

图 7-1-2 按级进行流量控制的划分方法

进行控制,由分组层协议完成。

(2)沿到沿级。沿到沿级是指网络的源节点和目的节点之间的流量控制,其作用是防止目的节点缓冲区出现拥塞,这类流量控制由分组层协议完成。

(3)接入级。接入级是指从主机到网络源节点之间的流量控制,其作用是控制从外部进入网络的通信量,防止网络内产生拥塞,这类流量控制由数据链路层协议完成。

(4)端到端级。端到端级是指主机和主机之间的流量控制,其目的是保护目的端,防止用户级进程的缓冲器溢出,这类流量控制由高层协议完成。

7.1.2 流量控制方法

流量控制不仅在数据链路层上实现,在网络体系结构的高层上,如网络层、传输层上也有相应的流量控制机制。不同功能层的流量控制所控制的对象是不同的。数据链路层控制网络中相邻的节点之间的数据传输过程,网络层控制网络源节点和目的节点之间的数据传输,传输层控制网络中不同节点内发送进程和接收进程之间的数据传输过程。目前,通信节点之间常用的流量控制技术有停止-等待方式和滑动窗口方式。

1. 停止-等待方式

停止-等待方式是一种最简单且最常用的流量控制方式,它又分为开关式流量控制和协议式流量控制。

(1)开关式流量控制

开关式流量控制方法十分简单。当接收方有足够的缓冲空间,并已做好接收准备时,可以发送"开"命令,通知发送方开始发送数据;当接收方来不及处理接收的信息,并且接收缓冲区也被耗尽或将要耗尽时,可以发送"关"命令,通知发送方停止发送数据。这种方式称为开关式流量控制,可以通过硬件或者软件控制方式实现。

硬件开关控制方式是利用通信接口的通信控制线来实现的。例如,在计算机的 RS-232 串行接口中,就包含了控制电路 RTS/CTS(请求发送/允许发送)、DTR/DSR(数据终端准备好/数据电路设备准备好)。终端的 RTS=ON,表示"请求发送"时,如果响应 CTS=ON,表示"允许发送",则终端可以发送数据;如果 CTS=OFF,则不能发送数据。控制电路 DTR/DSR 用于接收控制,其原理类似。

软件控制方式是在传输的数据流中加入控制字符 XON/XOFF 实现的。XON 是 ASCII

码表中的 DC1 字符（11H），转义为"请继续发送"；XOFF 是 ASCII 码表中的 DC3 字符（13H），转义为"请停止发送"。发送 XON/XOFF 控制字符的权力放在接收端，它对发送端的发送施行"闸门"开关式的控制，故称"开关式流控"。

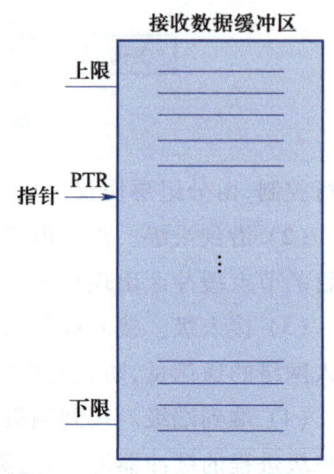

如图 7-1-3 所示，假设链路上传输的数据以字符为基本单元，接收端通过设置一个界面指针 PTR 对接收缓冲区中存放的数据字符量进行实时的监测。当数据处理速率低于接收速率，缓冲区使用量逐渐上升时，PTR 往上移动，达到预定的上限时立即向发送站发出"XOFF"字符，请求发送方暂停发送数据。随着接收缓冲区中的数据被处理，缓冲区使用量逐渐下降时，PTR 往下移动。达到预定的下限时，立即向发送站发出"XON"字符，允许发送方继续发送数据。

在发送站，发送数据的同时，应能够随时接收对方发来的控制信息。在收到"XOFF"字符后，立即停止发送数据，等待接收"XON"字符。一旦收到"XON"，即可继续发送数据。

图 7-1-3　开关式链路控制原理

据。这种流量控制方式，对所传送的数据编码格式，有一定的限制，不允许在数据流中出现与"XON/XOFF"代码相同的字符，以免造成错误判断。

在一条链路上，通过采用这种开关式的流量控制，有效地避免了接收缓冲区的溢出和处理能力的过载。具体应用时，应根据实际的数据速率、传播距离、接收处理速度、缓冲区大小等因素，确定合适的下限值和上限值，以确保流量控制的有效性和可靠性。

另外还应注意，开关式流量控制方式要求两点之间有一条反向数据链路，用于传输反馈信息"XON"和"XOFF"（硬件控制方式则需要额外的控制电路）。当然，反向链路的数据速率可以比正向链路的速率低得多。在多数情况下，采用全双工链路最为方便，以便配合等速率的双向数据传输。

（2）协议式流量控制

开关式流量简单，容易实现，但控制功能也少。在数据的传输过程中，还有许多其他的控制功能需要实现。设计合理的通信协议，能够有效、可靠地实现数据链路层的各项控制功能，包括流量控制和差错控制功能。

停止-等待协议是最简单的流量控制策略。它提供了对网络传输的数据帧的最简单的差错处理。从字面上理解，也即是说发送方发完一个数据帧后，需要等待接收方的应答信息。如果收到对方的肯定应答（ACK），则接着发送下一个帧；如果收到否定应答（NACK）或在规定的时间内没有收到任何应答，则重发该帧。它是简单而重要的数据链路层协议，在不可靠的物理链路上进行流量控制的同时也进行了差错控制，实现可靠的数据传输。

概括地说，停止-等待协议的基本流程如下所述，并可用图 7-1-4 表示出来。

① 发送方发送一个数据帧后，就停止发送动作，并启动超时计时器，等待接收方的反馈信息。

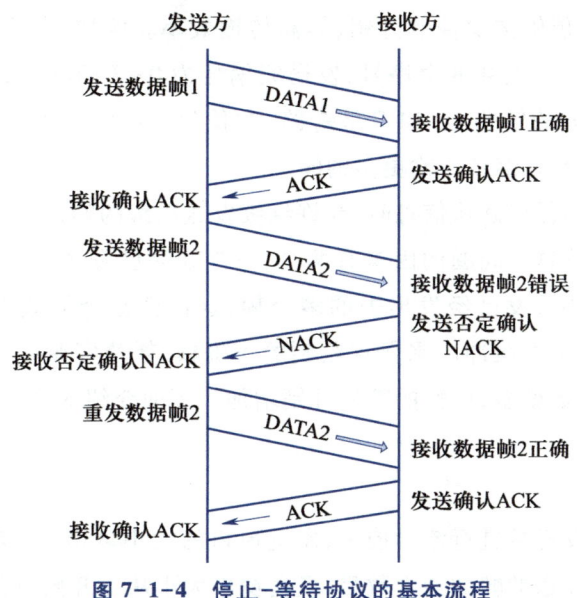

图 7-1-4 停止-等待协议的基本流程

② 发送方收到正确认信息 ACK,接收方接收正确,发送方可发送下一数据帧。

③ 如果发送方发送的数据帧出错,接收方反馈 NACK 信息。

④ 发送方收到负确认信息 NACK,重新发送出错的数据帧,并启动超时计时器,等待接收方的反馈信息。

若数据帧在传输过程中丢失,接收方未接收到任何数据,工作流程为:

① 发送方在发送数据帧后即启动超时计时器,并设置重传时间 t_{out};

② 在重传时间 t_{out} 内没有收到确认信息,则认为数据帧丢失,需重传该帧;

③ 重传次数达到一定的值,则说明数据帧传输失败。

总而言之,数据帧在链路上传输可能出现的情况有如下几种:① 无差错理想情况下的正确传输;② 传输出现差错,但数据帧可以被识别并且检测出存在差错;③ 传输出现差错,并导致数据帧不可识别而丢弃;④ 接收方正确接收了数据帧,但返回的确认帧丢失。

使用以上的停止-等待传输控制方法可以避免帧的重复和丢失,实现了一定的差错控制功能;接收方通过控制发送 ACK 确认帧的时间(不超过超时时限),还可以进行流量控制。

2. 滑动窗口方式

导致停止-等待协议信道利用率低的原因,是发送方每发送完一帧,都需要等待收到接收方的应答后,才可以继续发送下一帧,这期间传输信道都是空闲状态,信道的传输能力没有得到有效的利用。如果能允许发送方在等待应答的同时能够连续不断地继续发送数据帧,而不必每一帧都是接收到应答后才发送下一帧,则可以提高传输效率,允许发送方在收到接收方的应答之前可以连续发送多个帧的策略,就是滑动窗口协议。这种协议除了能提高效率以外,还能满足流量控制、差错控制等数据链路层的基本要求。

为了能够连续发送多帧,并能够区别它们,就像停止-等待协议一样,也需要对帧进行编号,这样才能进行差错控制和流量控制。帧的编号用若干比特来表示,既要能够正确地区分

所传输的不同帧,又要能够减少控制开销,提高传输效率。例如,在传播时延较小的链路上常设 $n=3$,序号空间为 $0\sim7$,共 8 个序号,发送完编号为 $0\sim7$ 的帧后,下一帧还从 0 开始编号。在传播时延比较大的链路上,如卫星链路,常使用 $n=7$ 的编码方案,序号空间为 $0\sim127$,共 128 个序号,以允许继续传输更多的帧。

发送方在没有得到任何确认信息时,允许继续发送后续的帧,但需要对允许连续发送帧的数目加以限制。影响这一问题的因素有两个:一是如果已发送而未得到确认的数据帧太多,一旦出现错帧,就要重发已经发出去的多个帧,这样就会降低效率;如果只发送出错的帧,那么接收端要设置大的缓冲区来保存收到的正确帧,耗费资源;二是连续发送的帧的数量大,编号占用的比特数就多,使帧的额外开销增加。下面介绍的窗口概念就是限制连续发送帧的数量的方法。

（1）发送窗口

发送窗口用来对发送端进行流量控制,发送窗口的大小可用 W_T 表示,它代表发送方未得到确认而允许连续发送的帧的最大数目,发送窗口大小从 1 开始,可以增大到某一个预设的最大值。显然,停止-等待协议的发送窗口大小是 1。发送方每发送一个新帧,都要先检查它的序号是否在发送窗口之内。如果发送窗口尺寸为 m,则初始时发送端可以连续发送 m 个数据帧,这些帧都有可能因出错或丢失而需要重发,所以要设置 m 个发送缓冲区来存放这 m 帧的副本（假设一个缓冲区可以存放一帧）。发送窗口的控制过程可用图形直观地来说明,如图 7-1-5 所示。

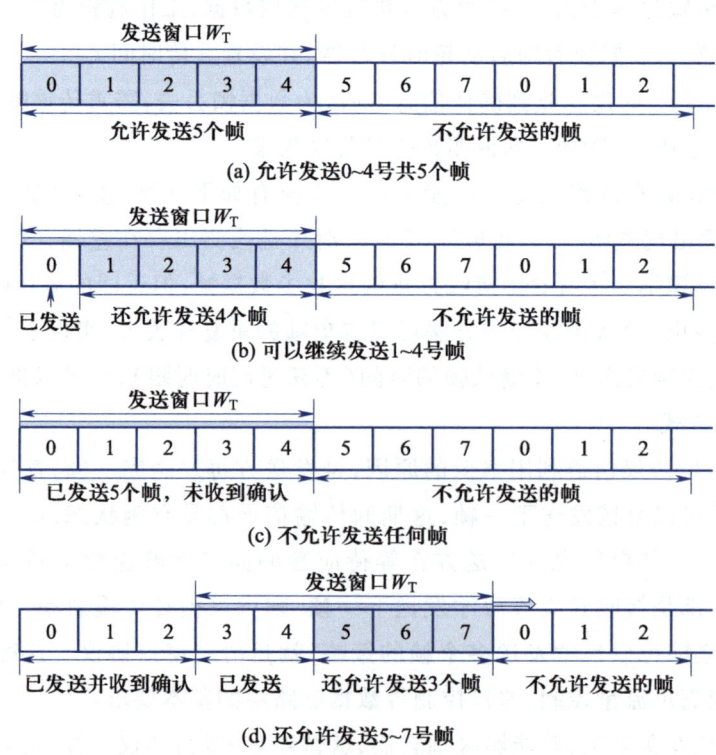

图 7-1-5　发送窗口的控制过程

现在假设发送序号用 3 个 bit 来编码,即发送序号可以有 8 个不同的序号,从 0~7,又假定发送窗口的大小 $W_T = 5$。发送窗口的规则归纳如下。

① 发送窗口内的帧是允许发送的帧,而不考虑有没有收到确认。发送窗口右侧所有的帧都是不允许发送的帧,如图 7-1-5(a)所示。

② 每发送完一个帧,允许发送的帧数就减 1,但发送窗口的位置不改变。图 7-1-5(b)有 3 种不同的帧:已经发送的 0 号帧;允许发送的 1~4 号帧;不允许发送的 5 号帧(和以后的帧)。

③ 如果所允许发送的 5 个帧都发送完了,但还没有收到任何确认,那么就不能再发送任何帧了。图 7-1-5(c)表示这种情况。这时,发送端就进入等待状态。

④ 每收到对一个帧的确认,发送窗口就向前(即向右方)滑动一个帧的位置。图 7-1-5(d)表示收到了对前 3 个帧的确认,因此发送窗口可向右方滑动 3 个帧的位置。在图 7-1-5(d)中共有 4 种不同的帧:已发送且已收到确认的帧;已发送但未收到确认,还可以继续发送的帧;不允许发送的帧(右边的 0 号帧和以后的帧)。注意:7 号帧之后的编号 0 表示下一个 0 号帧,滑动窗口协议必须能够区分前后两个不同的 0 号帧。

(2)接收窗口

接收窗口的设置是为了控制接收端可以接收哪些数据帧,而不可以接收哪些帧。接收窗口的大小可用 W_R 表示,它表示接收方最多允许接收的帧数目,接收窗口的大小总是固定的,如图 7-1-6 所示。在接收端只有当收到的数据帧的发送序号落入接收窗口内,才允许将该数据帧收下;若接收到的数据帧的发送序号落在接收窗口之外,则一律将其丢弃。接收窗口的规则很简单,归纳如下。

① 只有当收到的数据帧的发送序号与落在接收窗口里的发送序号一致时,才能接收该帧;对于落在接收窗口之外的帧,简单丢弃即可,不需做任何处理。

② 每收到一个序号正确的帧,接收端向发送端返回一个确认帧,同时使接收窗口向前滑动一个帧的位置。

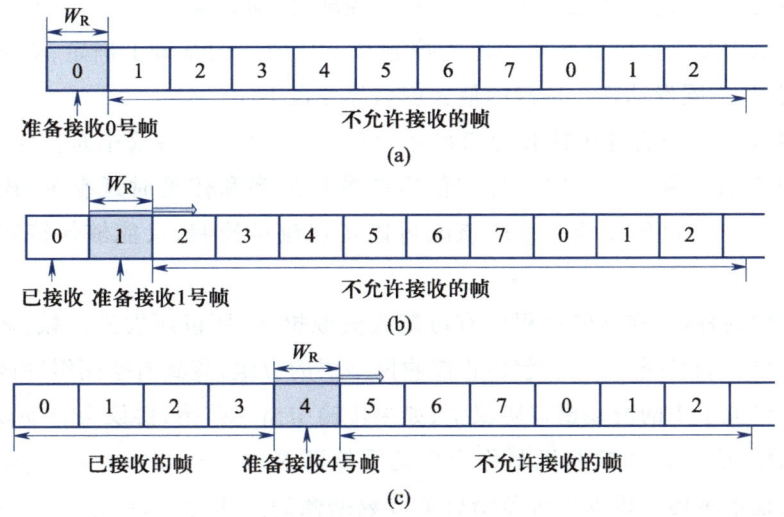

图 7-1-6　接收窗口的控制过程

图 7-1-6 所示为接收窗口的控制过程,假设这种协议的接收窗口大小 $W_R = 1$。图 7-1-6(a)表示初始时接收窗口处于 0 号,只准备接收 0 号帧;图 7-1-6(b)表示正确收到了 0 号帧,并发出对 0 号帧的确认帧,然后将接收窗口向右滑动至 1 号,准备接收 1 号帧。若接下来收到了 0 号帧,说明是重复帧,要丢弃;若接下来收到了 2 号帧,也丢弃,说明此时 1 号帧已经丢失。当陆续收到 1~3 号帧后,接收窗口的位置应如图 7-1-6(c)所示。

不难看出,只有在接收窗口向前滑动时(与此同时也发送了确认),发送窗口才有可能向前滑动。发送端若没有收到该确认,发送窗口就不能滑动。当发送窗口和接收窗口的大小都等于 1 时,就是我们最初讨论的停止-等待协议。

(3)最大窗口尺寸

在滑动窗口流量控制过程中,窗口的大小必须进行合理的设置,既要能够发挥流量控制的作用,又要尽可能提高传输信道的利用率。发送方在没有得到任何确认信息时,允许继续发送后续的帧,但如果发送窗口太小,仍然会出现传输信道的浪费;如果发送窗口太大,又失去了流量控制的作用。理想情况是,当刚刚发完发送窗口中允许发送的最后一帧时,就收到窗口中最先发送帧的确认。这样发送窗口向前滑动,又可以继续发送,同时信道也几乎没有空闲浪费,利用率比较高。在实际通信应用中,往往情况比较复杂,只能尽量接近这种理想情况。

在实现流量控制和提高信道利用率的同时,帧的编号既要能够正确地区分所传输的不同帧,又要能够减少控制开销。在传输时延较小的地面链路上,帧传输的往返时延也比较小,即等待正常应答确认的时间也比较短,能够发送的帧数也少一些,可以使用较少的序号。因此,在传输时延较小的地面链路上常采用 $n = 3$ 的"模 8"编码。在传输时延比较大的链路上,如卫星链路,对应的往返时延比较大。为了能够提高效率,在等待时间内发送比较多的帧,而又不至于出现混淆,常使用 $n = 7$ 的"模 128"编码。

当帧序号的编码长度确定后,序号空间就已经确定,那么最大窗口尺寸如何确定呢?最大发送窗口和最大接收窗口要在实现流量控制和提高效率的基础上确定,必须要能够保证协议的正确实现,不同滑动窗口机制的最大窗口尺寸也不同。

发送窗口尺寸不一定等于接收窗口尺寸,窗口大小在一些协议中是固定的,但在另一些协议中是可变的。窗口尺寸的选择与信道的数据速率和传输时延有关,还与所使用的编号比特数有关。窗口尺寸的大小应该既可以实现流量控制,又能够保持较高的链路利用率。

发送窗口内的各帧,在传输过程中有可能丢失或损坏,所以所发送的帧,需要在缓冲区中保存以备重传。如果缓冲区满,就停止接收网络层的分组,直到有空闲缓冲区。

在发送窗口大于 1 的滑动窗口协议中,如果传输中出现差错,协议会自动要求发送端重传出错的数据帧,所以这种控制机制称为自动重传请求(automatic repeat request,ARQ),通常又称为自动请求重传。根据出现差错后重传数据帧的方法,分为后退 N 步 ARQ 协议(又称连续 ARQ 协议)和选择重发 ARQ 协议。

7.2 网络最大流算法

最大流是指从源点到经过所有路径最终到达的汇点的所有流量和。网络最大流问题在科学和工程等领域应用广泛,许多线性规划的实际问题都可转化为网络最大流的模型来求解,密切结合了图论与线性规划问题。随着交通、电力、物流等大规模发展以及计算机技术的广泛应用,人们对最大流问题的研究越来越深入,逐渐建立了较为完善的理论,提出了一系列的算法。

视频:网络最大流算法(1)

网络最大流问题是 1955 年提出的。该问题的出现,以及之后很多相关的理论和算法的出现,密切结合了运筹学与图论,开辟了最大流应用的新篇章。网络最大流求解算法主要分为两大类:一是通过路径推进流量的增广路算法,其中应用比较广泛的算法有 Ford-Fulkerson 算法和最短增广路算法;另一类是预留推进算法,该算法通过边的推流实现并且能够返回多余流量,其普遍应用的算法有网络阻塞流算法和推进重标号算法等。本节将给出几种典型的求解网络最大流的算法:Ford-Fulkerson 算法、最短增广路算法和预留推进算法。

视频:网络最大流算法(2)

7.2.1 最大流问题的基本概念和定理

在第 6 章图论的基础上,求解最大流问题前,必须对以下概念和定理有所了解。

1. 容量网络

设有向图 $G(V,E)$ 是一个网络,G 中指定两个顶点,一个点称为源点,记为 v_s,一个称为汇点,记为 v_t,对于每一条弧 $(v_i,v_j) \in E$,都有一个对应的权值 $c(v_i,v_j)>0$,称为弧 (v_i,v_j) 的容量。一般把这样的有向网络 G 称为容量网络,有时简称为网络。

把通过容量网络 G 中每一条弧 (v_i,v_j) 上的流量记作 $f(v_i,v_j)$。所有的弧上的流量的集合 $f=\{f(v_i,v_j)\}$ 称为该网络 G 中的一个网络流。

2. 可行流

对于给定的网络 $G=(V,E)$ 和给定的流 $f_{ij}=f(v_i,v_j)$,若满足下列条件:

(1)容量限制条件,对每一条弧 (v_i,v_j),有 $0 \leqslant f_{ij} \leqslant c_{ij}$,其中 $c_{ij}=c(v_i,v_j)$;

(2)平衡条件,即对于中间点,流出量=流入量,即对于每一个 $j(j \neq s,t)$,有 $\sum f_{ij}=\sum f_{ji}$;对于源点 v_s,有 $\sum_{v_j \in N^+(v_s)} f_{sj} \sum_{v_j \in N^-(v_s)} f_{js}=v(f)$,对于汇点 v_t,有 $\sum_{v_i \in N^+(v_t)} f_{ij} - \sum_{v_i \in N^-(v_t)} f_{ji}=-v(f)$,则称 $f=\{f_{ij}\}$ 为一个可行流。其中,式 $\sum f_{ij}=\sum f_{ji}$ 表示中间点的储流量为 0,即每个中间点的流入量必须等于其流出量,二者必须平衡。

设 f 表示可行流 f 从 v_s 到 v_t 的流量,则有

$$\sum_j f_{ij} - \sum_j f_{ji} = \begin{cases} f, i=s \\ -f, i=t \end{cases} \tag{7-2-1}$$

如果 $f = \{f_{ij} = 0 \mid (v_i, v_j) \in E\}$ 也是一个可行流,称 f 为零流,其流量 $f = 0$。

3. 网络最大流

网络最大流就是在给定的网络 $G = (V, E)$ 中,既满足弧流量的平衡条件和限制条件,又具有最大流量的可行流,简称最大流,也就是求一个满足下面式子的最大可行流,使总的流量 f 达到最大值

$$\max(f) = \begin{cases} \sum_j f_{ji} - \sum_j f_{ij} = \begin{cases} f, i=s \\ 0, i \neq s,t \\ -f, i=t \end{cases} \\ 0 \leqslant f_{ij} \leqslant c_{ij}, (v_i, v_j) \in E \end{cases} \tag{7-2-2}$$

4. 增广路径

在容量网络 $G = (V, E)$ 中,设 $f = \{f_{ij}\}$ 是一可行流,u 是从 v_s 到 v_t 的一条链,若链 u 上各弧流量满足以下条件

$$\begin{cases} f_{ij} < c_{ij}, (v_i, v_j) \in u^+ \\ f_{ij} > 0, (v_i, v_j) \in u^- \end{cases} \tag{7-2-3}$$

那么 u 就是 G 中关于可行流 f 的一条增广链,或者称为增广路。u^+ 指所有与 u 方向一致的弧,即正向弧;u^- 指所有与 u 方向相悖的弧,即反向弧。之所以称作"可增广",是因为可改进路上弧的流量通过一定的规则修改,可以令整个流量放大。

5. 剩余容量和剩余网络

剩余网络是指给定网络和一个流,其对应还可以容纳的流组成的网络。具体说来,给定一个网络 $G = (V, E)$,其源点为 v_s,汇点为 v_t,f 为 G 中的一个可行流,对应顶点 v_i 到顶点 v_j 的流。在不超过 $c(v_i, v_j)$ 的条件下,从 v_i 到 v_j 之间可以压入的额外网络流量,就是边 (v_i, v_j) 的剩余容量,定义如下:

$$r(v_i, v_j) = c(v_i, v_j) - f(v_i, v_j) \tag{7-2-4}$$

在网络中,从顶点 v_i 到顶点 v_j 流量的减少等价于顶点 v_j 到顶点 v_i 流量的增加,所以在边 (v_i, v_j) 上还存在一个反方向的剩余容量 $r(v_j, v_i) = f(v_i, v_j)$。

设 G 关于 f 的剩余网络记为 $G' = (V', E')$,其中 V' 和 V 相同,对于 G 中的任意边 (v_i, v_j),如果 $f(v_j, v_i) < c(v_i, v_j)$,则在 G' 中存在一条边 $(v_i, v_j) \in E'$,并且容量为 $c'(v_i, v_j) = c(v_i, v_j) - f(v_i, v_j)$,若 $f(v_i, v_j) > 0$,则在 G' 中存在一条边 $(v_j, v_i) \in E'$,并且容量为 $c'(v_j, v_i) = f(v_i, v_j)$。从剩余网络的定义来看,原容量网络中的每条弧在剩余网络中都化为一条或者两条弧。在剩余网络中,从源点到汇点的任意一条简单路径都对应一条增广路,路径上每条弧容量的最小值即为能够一次增广的最大流量。

举个例子,图 7-2-1 所示为一个容量网络及其对应的剩余网络。

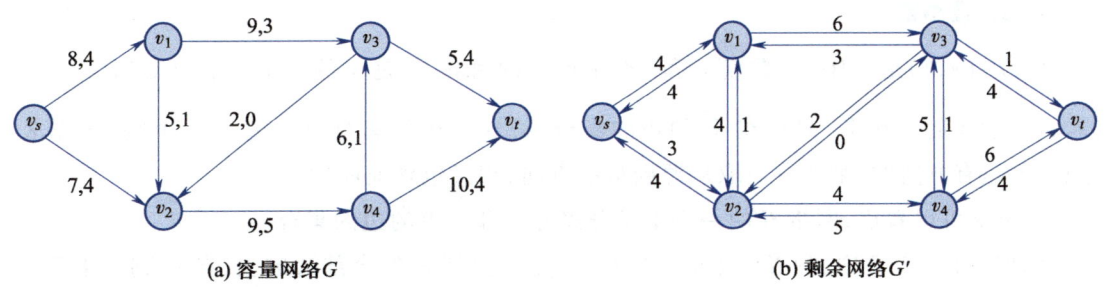

(a) 容量网络 G (b) 剩余网络 G'

图 7-2-1　容量网络剩余网络

6. 层次、分层剩余网络

在剩余网络 $G(f)$ 中,把从源点 v_s 到顶点 v_i 的最短路径长度[该长度仅仅是指路径上边的数目,与容量无关,可应用广度优先搜索(BFS)获得],称为顶点 v_i 的层次,记为 $h(v_i)$。源点 s 的层次为 0。将剩余网络中所有的顶点的层次标注出来的过程称为分层。图 7-2-2 就是一个分层的过程。

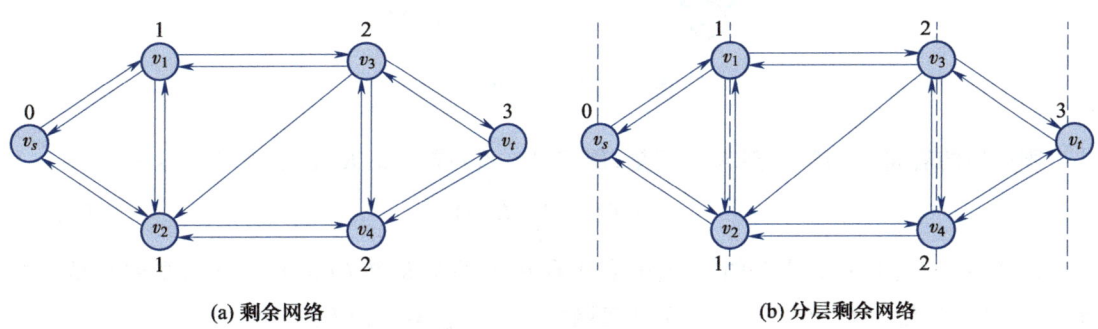

(a) 剩余网络   (b) 分层剩余网络

图 7-2-2　分层的过程

对剩余网络 $G(f)$ 进行分层后,弧有三类可能的情况:

(1) 从第 i 层顶点指向第 $i+1$ 层顶点的弧;

(2) 从第 i 层顶点指向第 i 层顶点的弧;

(3) 从第 i 层顶点指向第 j 层顶点的弧($j < i$)。

注意:① 在这里不存在从第 i 层顶点指向第 $i+j$ 层顶点的弧($j \geqslant 2$);② 并不是所有的网络都能进行分层。

对剩余网络进行分层后,删去比汇点 v_t 层次更高的顶点和与汇点 v_t 同层的顶点(保留 v_t),并删去这些顶点相关联的弧,再删去从某层顶点指向同层顶点和低层顶点的弧,所剩余的各条弧的容量与剩余网络中的容量相同,这样得到的网络就是剩余网络的子网络,称为分层剩余网络,又称层次网络。

根据层次网络定义,层次网络中任意的一条弧 (v_i, v_j) 满足 $h(v_i) + 1 = h(v_j)$,这条弧也叫允许弧。直观地说,层次网络是建立在剩余网络基础之上的一张"最短路径图"。从源点开始,在层次网络中沿着边不管怎么走,到达一个终点之后,经过的路径一定是终点在剩余网络中的最短路径。

7. 割、最小割

设 $G=(V,E)$ 是只有一个源点 v_s 和一个汇点 v_t 的网络，V_1 是 V 的一个子集，$v_s \in V_1$，$v_t \in \overline{V}_1$。$(V_1, \overline{V}_1)$ 表示起点在 V_1，终点在 $\overline{V}_1$ 的边的集合，把这些边的集合称为 G 的一个割，记作 K。注意，割是有方向的，割的方向取从源到宿的方向，割只包含前向边。

由定义可以看出，网络 G 的一个割是分离源点和汇点的边的集合。

例如，图 7-2-3 中，割 $K=\{(v_1,v_3),(v_2,v_4)\}$，把割 K 的全部边删去，自 v_s 到 v_t 将不存在任何有向链。

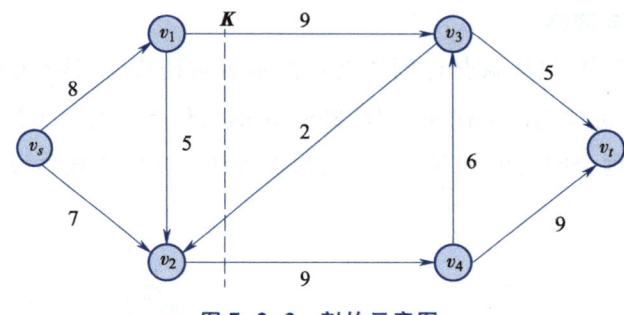

图 7-2-3　割的示意图

割中边的容量之和叫作割 K 的容量，用 $C(V_1, \overline{V}_1)$ 或用 $C(K)$ 表示割 K 的容量，即有

$$C(K)= \sum_{e \in K} C(e) \tag{7-2-5}$$

设 N 为一个网络，K 是 N 的一个割，若不存在 N 的割 K' 使 $C(K')<C(K)$，则称 K 是 N 的最小割，其容量记为 $C_{\min}(K)$。即对于任何网络 N，有 $f_{\max} \leqslant C_{\min}(K)$。

8. 增广路定理

设 f 是 G 中的可行流，则 f 是 G 的最大流的充要条件是 G 中不存在关于 f 的增广路。

定理 1: 如果 G 中所有弧的容量都是正整数，那么 G 中存在一个最大可行整数流是最大流。

定理 2: G 中 f 增广路和 $G(f)$ 中 (v_s, v_t) 路径一一对应，且容量网络 G 中 f 增广路可进行增广的流量值 δ 等于剩余网络 $G(f)$ 中相对应的 (v_s, v_t) 路径的容量。

定理 3: 设 f 是 G 的可行流，P 是容量网络 G 中的最短 f 增广路，f' 是沿 P 增广之后得到的可行流，那么容量网络 G 中最短 f' 增广路的长不会小于 P 的长度。

定理 4: 对于 G，它的最大流的流量等于最小割的容量。

以下 4 个命题是等价的［设容量网络 $G=(V,E)$ 的一个可行流为 f］：

（1）容量网络中不存在增广路；

（2）f 是容量网络 G 的最大流；

（3）剩余网络 G' 中不存在从起点到终点的路；

（4）$|f|$ 等于容量网络最小割的容量。

7.2.2　Ford-Fulkerson 算法

1. 算法思想和步骤

Ford-Fulkerson 算法依赖于三种重要思想:剩余网络、增广路径和割。Ford-Fulkerson 算法是一种迭代的算法。传统的求最大流 f 的方法是:从含有 v_s 和 v_t 的网络 G 中选取任一 f_0 开始(f_0 是一个可行整数流),在容量网络 G 中寻找增广路,然后针对这条增广路对 f_0 进行增广,得到流值更大的可行流,反复进行这一过程,直到 G 中不存在增广路为止,根据最大流最小割定理,当不包含增广路径时,f 是 G 中的一个最大流。

根据以上思想求最大流的步骤可分为两个过程:①求增广路的过程;②增广的过程。根据上述思想可提出一个算法,具体步骤如下。

第一步:取一个可行整数流(可取 $f=0$)作为初始的可行流。

第二步:求 f 的增广路。

首先在 v_s 旁标记 $\delta_s = \infty$ 和 $l_s = 0$,并把除 v_s 以外其余顶点均标记为未检查。若所有已经标记的顶点都已经检查,则执行第四步;否则任取一个未检查且已标记的顶点 v_i,并且检查所有 v_i 的出弧和入弧。$\forall (v_i, v_j) \in A$,若 (v_i, v_j) 为 f 的非饱和弧且 v_j 没有标记,则将 v_j 标记为 $l_j = +i$ 和 $\delta_j = \min\{\delta_i, c_{ij} - f_{ij}\}$;$\forall (v_j, v_i) \in A$,若 (v_j, v_i) 为 f 的非饱和弧且 v_j 没有标号,则将 v_j 标记为 $l_j = -i$ 和 $\delta_j = \min\{\delta_i, f_{ji}\}$。当 v_i 所有的出弧和入弧都已经检查完后,标记 v_i 为已检查,此时如果 v_t 得到标号,那么已经找到一条 f 增广路,执行第三步;否则重复执行此步骤。

第三步:对 f 进行增广。

(1) 首先取 $v_j = v_t$。此时,若 v_j 的前一点标记为 $l_j = 0$,则增广结束,即 v_j 为 v_s,取消容量网络 G 中所有顶点的标记,并且转第二步。

(2) 如果 $l_j = +i$,则令 $f_{ij} := f_{ij} + \delta_t$,用 v_i 代替 v_j,转(1);如果 $l_j = -i$,则令 $f_{ji} := f_{ji} - \delta_t$,用 v_i 代替 v_j,转(1)。

第四步:此时得到的 f 是容量网络 G 中的最大流。

2. 算法实例

以图 7-2-4 为例,使用 Ford-Fulkerson 算法求解最大流。

任取一可行流作为初始可行流,不妨取 f 为零流,

(1) 用 Ford-Fulkerson 算法对图 7-2-4 的顶点进行标号,如图 7-2-5(a)所示,顶点旁的括弧中的数为 (l_i, δ_i),此时找到一条增广路 $v_s \to v_1 \to v_3 \to v_t$,对增广路进行增广,得到一个新的流,如图 7-2-5(b)所示。

(2) 对图 7-2-5(b)重复标号,得到图 7-2-5(c),此时找到一条增广路 $v_s \to v_2 \to v_4 \to v_t$,对增广路进行增广,得到一个新

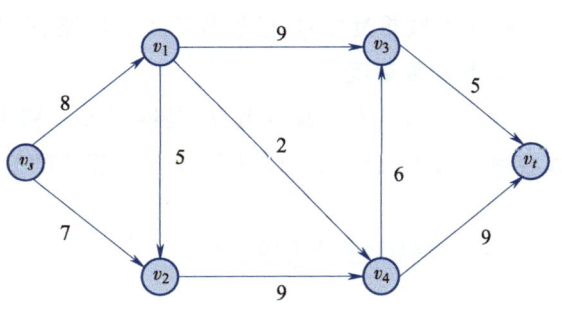

图 7-2-4　原始容量网络图

的流,如图 7-2-5(d)所示。

（3）对图 7-2-5(d)重复标号,得到图 7-2-5(e),此时找到一条增广路 $v_s \to v_1 \to v_2 \to$ $v_4 \to v_t$,对增广路进行增广,得到一个新的流,如图 7-2-5(f)所示。

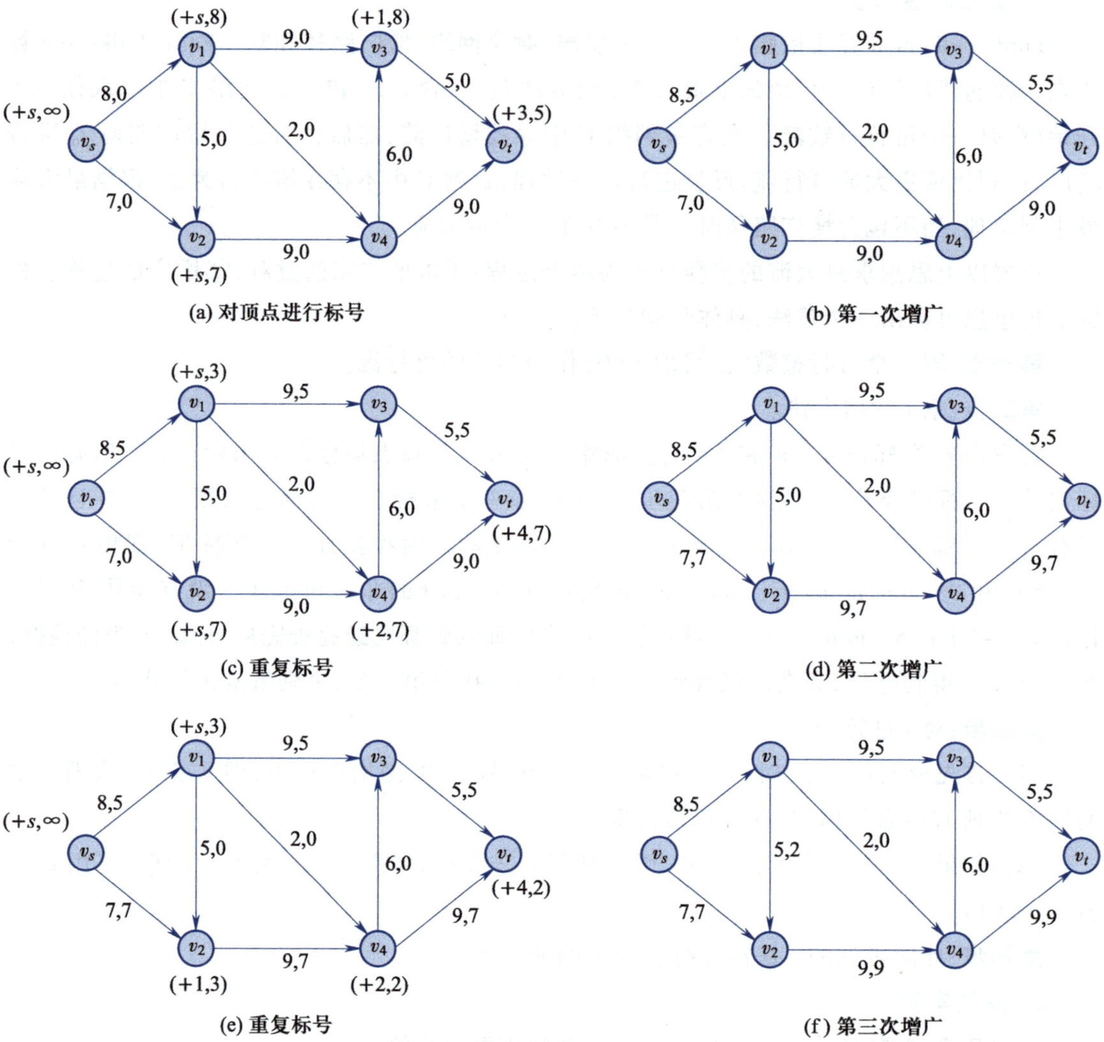

(a) 对顶点进行标号

(b) 第一次增广

(c) 重复标号

(d) 第二次增广

(e) 重复标号

(f) 第三次增广

图 7-2-5　Ford-Fulkerson 算法实例

（4）继续重复标号,已经找不到增广路,所以此时的流 f 为最大流,$\max(f) = 14$。

3. 算法复杂度

设 n 是网络 G 的顶点数,m 是网络 G 的弧数,且容量网络 G 中所有弧的容量均为整数,弧容量的最大值为 $c_{\max}$,Ford-Fulkerson 算法的复杂度为 $O(mnc_{\max})$。

7.2.3　最短增广路算法

最短增广路算法的基本思路是:每次在其层次网络中找一条含弧数最少的增广路进行

增广,具体如下。

1. 算法思想和步骤

从容量网络 G 中任意一个可行整数流 f_1(可以是零流)开始,寻找增广路,其中引入剩余网络,使可行流每次都沿最短(即弧数最少的)增广路进行增广。我们知道,找 G 中最短增广路等价于求剩余网络 $G(f)$ 中最短 (v_s, v_t) 路(即弧数最少的),这样就把寻找增广路的过程转化为找剩余网络中最短路的过程,然后再对容量网络 G 进行增广。此时,增广路的选择是唯一的。算法步骤如下。

第一步:初始化容量网络 G 和网络流,设定一个可行流 f_1,此时 $k=1$。

第二步:构造 G 关于 f_k 的剩余网络记为 $G(f_k)$ 和分层剩余网络记为 $EG(f_k)$,如果 v_t 不在分层剩余网络 $EG(f_k)$ 中,则算法结束,G 的最大流就是 f_k,否则进行第三步。

第三步:在分层剩余网络中不断用 BFS 方法进行增广,直到分层剩余网络中没有增广路为止。每一次增广完毕后在分层剩余网络中去掉因改进流量而导致的饱和的弧,具体方法如下。

(1) 首先,给顶点 v_s 标记为 $l_s = -1$ 和 $\delta_s = \infty$,令 $i = s$;

(2) 如果 v_i 在分层剩余网络 $EG(f_k)$ 中没有出弧,则转(4);否则,在 $EG(f_k)$ 中任取一条弧 (v_i, v_j),并且转(3);

(3) 设 v_i 的标记为 (l_i, δ_i),令 $\delta_j = \min\{\delta_i, c_{ij}(f_k)\}$,$l_j = i$;此时,如果 $j = t$,则转(4),否则令 $i = j$,且转(2);

(4) 如果 $l_i \neq -1$,在分层剩余网络 $EG(f_k)$ 中删去顶点 v_i 的所有入弧,此时得到的网络仍表示为 $EG(f_k)$,并且令 $i = l_i$,转(2);否则令 $f_{k+1} = f_k$,$k = k+1$,转(2);

第四步:从 v_t 的前点标号 l_t 出发,开始反向追踪,求出分层剩余网络 $EG(f_k)$ 中 (v_s, v_t) 路 P,沿 P 对 f_k 进行增广,增广后得到的新可行流仍表示为 f_k,并且在分层剩余网络 $EG(f_k)$ 中,把 P 上每一条弧的容量 $c_{ij}(f_k)$ 都改成 $c_{ij}(f_k) - \delta_t$,删去容量等于 0 的弧,此时得到新的网络仍表示为 $EG(f_k)$。把分层剩余网络 $EG(f_k)$ 中所有顶点的标号都去除,重复进行第二步。

2. 算法实例

以图 7-2-4 为例,使用最短增广路法求解 v_s 到 v_t 的最大流 f。

(1) 取初始可行流 $f_0 = 0$,此时的 $G(f_0)$(关于 f_0 的剩余网络)如图 7-2-6(a)所示。构造分层剩余网络 $EG(f_0)$,利用 BFS 方法进行增广,如图 7-2-6(b)所示。

(2) 在图 7-2-6(b)中找到 v_s 到 v_t 的可增广路:$P_1 = v_s v_1 v_3 v_t$,其中,$\delta_1 = 5$。沿 P_1 对 f_0 进行增广得到可行流记为 f_1,如图 7-2-6(c)所示。

(3) 修改图 7-2-6(b)中的网络,得到图 7-2-6(d),在图 7-2-6(d)中找到 v_s 到 v_t 的可增广路:$P_2 = v_s v_1 v_4 v_t$,其中,$\delta_2 = 2$。沿 P_2 对 f_1 进行增广得到可行流记为 f_2,如图 7-2-6(e)所示。

(4) 修改图 7-2-6(d)中的网络,得到图 7-2-6(f),在图 7-2-6(f)中找到 v_s 到 v_t 的可增广路:$P_3 = v_s v_2 v_4 v_t$,其中,$\delta_3 = 7$。沿 P_3 对 f_2 进行增广得到可行流仍记为 f_3,如图 7-2-6(g)所示。

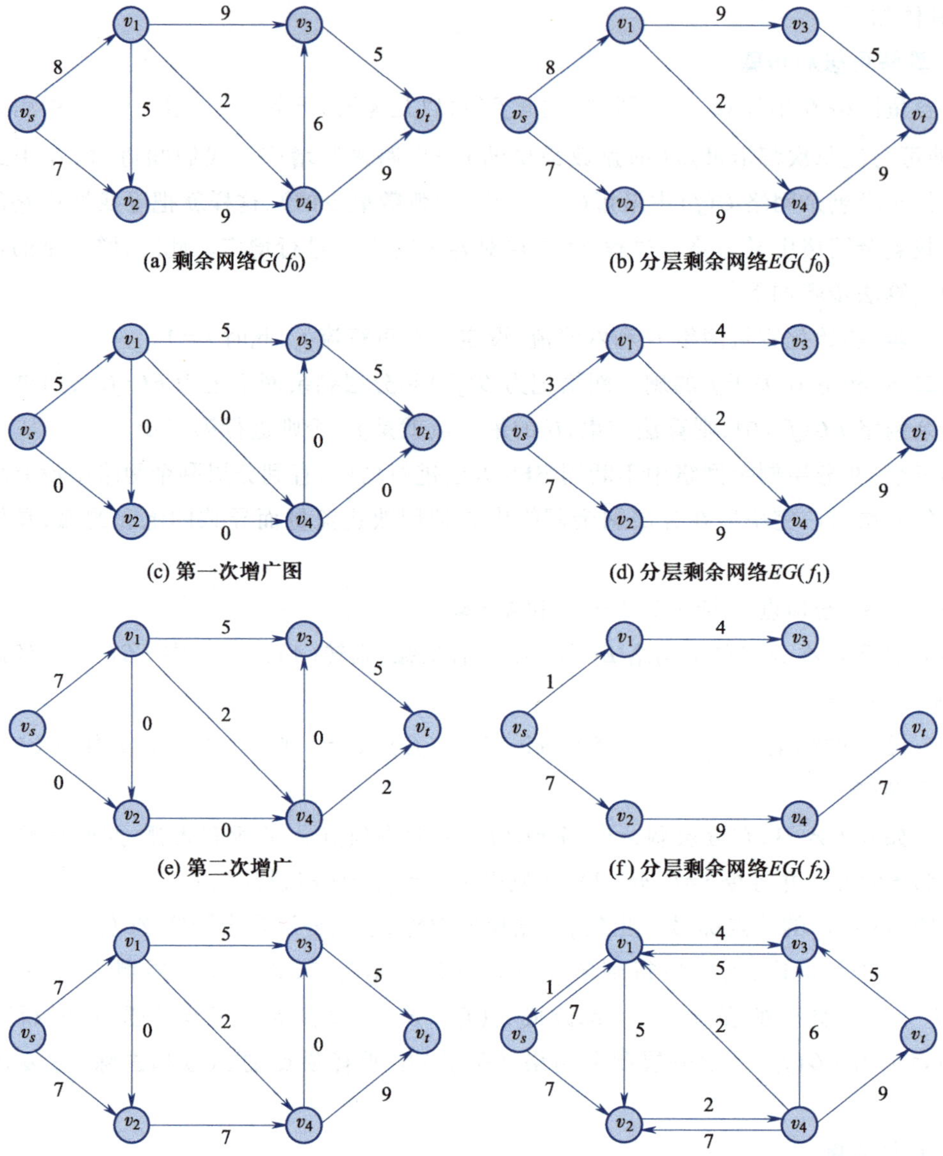

(a) 剩余网络$G(f_0)$ 　　　　　　　　　　　　(b) 分层剩余网络$EG(f_0)$

(c) 第一次增广图 　　　　　　　　　　　　(d) 分层剩余网络$EG(f_1)$

(e) 第二次增广 　　　　　　　　　　　　(f) 分层剩余网络$EG(f_2)$

(g) 第三次增广 　　　　　　　　　　　　(h) 最后的网络图

图 7-2-6　最短增广路算法

（5）修改图 7-2-6(g) 中的网络，得到图 7-2-6(h)，由图 7-2-6(h) 可以看出，不存在 v_s 到 v_t 的路，此时 f_3 为最大流，流值为 14，因此 $\max(f) = 14$。

3. 算法复杂度分析

最短增广路的复杂度包括建立层次网络和寻找增广路两部分。在最短增广路中，最多建立 n 个层次网络，每个层次网络用 BFS 一次遍历即可得到。一次 BFS 的复杂度为 $O(m)$，所以建立层次网络的总复杂度为 $O(nm)$。每增广一次，层次网络中必定有一条边会被删除。层次网络中最多有 m 条边，所以认为最多可以增广 m 次。在最短增广路算法中，用 BFS 来增广，一次增广的复杂度为 $O(n+m)$，其中 $O(m)$ 为 BFS 的花费，$O(n)$ 为修改流量的花费。

所以在每一阶段寻找增广路的复杂度为 $O[m(m+n)]=O(m^2)$。因此，n 个阶段寻找增广路的算法总复杂度为 $O(nm^2)$，两者之和为 $O(nm^2)$。

7.2.4　预流推进算法

1. 基本基础和思想

预流推进算法（preflow push algorithm）关注对每一条弧的操作和处理，而不必一次一定处理一条增广路。

定义　流网络 $G=(V,E)$ 上的一个预流 x 是指从 G 的弧集 E 到实数集合 $\mathbf{R}$ 的一个函数，使得对每个顶点 v_i 都满足如下条件：

$$0 \leqslant f_{ij} \leqslant c_{ij},(v_i,v_j) \in E,e(i) \geqslant 0,i \neq s,t \qquad (7\text{-}2\text{-}6)$$

其中，

$$e(i)=\sum_{j:(v_j,v_i) \in E} f_{ji} - \sum_{j:(v_i,v_j) \in E} f_{ij}, \quad \forall i \in V \qquad (7\text{-}2\text{-}7)$$

称为 x 在 i 上的盈余。$e(i)>0$ 的节点 $i(i \neq s,t)$ 是活跃的。按此定义，源 v_s 和汇 v_t 不可能成为活跃顶点。对预流 x，如果存在活跃节点，则说明该预流是不可行的。

预流推进算法的基本思想是：选择活跃顶点，并通过把一定的流量推进到它的邻点，尽可能地将当前活跃顶点处正的存流减少为 0，直至网络中不再有活跃顶点，从而使预流成为可行流。

通常将沿一条边增流的运算称为一次推进。在算法的推进过程中，网络流满足容量约束，但一般不满足流量平衡约束。从每个顶点（除 v_s 和 v_t 外）流出的流量之和总是小于等于流入该顶点的流量之和。这种流称为预流，这也是这类算法被称为预流推进算法的原因。

如果当前活跃顶点有多个邻点，那么首先推进到哪个邻点呢？由于算法最后的目的是尽可能将流推进到汇点 v_t，因此算法应寻求把流量推进到它的邻点中距顶点 v_t 最近的顶点。

预流推进算法中用到一个高度函数 h 来确定可推流边。对于给定网络 $G=(V,E)$ 的一个流，其高度函数 h 是定义在 G 的顶点集 V 上的一个非负函数。该函数满足：

（1）对于 G 的剩余网络中的每一条边 (v_i,v_j)，有 $h(v_i) \leqslant h(v_j)+1$；

（2）$h(v_t)=0$。

G 的剩余网络中满足 $h(v_i)=h(v_j)+1$ 的边 (v_i,v_j) 称为 G 的可推流边。

2. 算法步骤

第一步： 构造初始预流：对源顶点 v_s 的每条出边 (v_s,v_i)，令 $f(v_s,v_i)=c(v_s,v_i)$；对其余边 (v_i,v_j)，令 $f(v_i,v_j)=0$，构造有效的高度函数 h。

第二步： 如果剩余网络中不存在活跃顶点，则计算结束，已经得到最大流，否则转下一步。

第三步： 在网络中选取活跃顶点 v。如果存在顶点的出边为可推流边，则选取一条这样的可推流边，并沿此边推流；否则，令 $h(v)=\min\{h(w)+1\}$，(v,w) 是当前剩余网络中的

边,并转上一步。

　　一般的预流推进算法的每次迭代是一次推进运算或者一次高度重新标号运算。如果推进的流量等于可推流边上的残留容量,则称为饱和推进,否则称为非饱和推进。算法终止时,网络中不含有活跃顶点。此时,只有顶点 v_s 和 v_t 的存流非零。此时的预流实际上已经是一个可行流。算法预处理阶段已经令 $h(v_s) = n$,而高度函数在计算过程中不会减少,因此,算法在计算过程中可以保证网络中不存在增广路。根据增广路定理,算法终止时的可行流是一个最大流。一般的预流推进算法并未给出如何选择活跃顶点和可推流边,不同的选择策略导致不同的预流推进算法。在基于顶点的预流推进算法中,选定一个活跃顶点后,算法沿该活跃顶点的所有可推流边进行推流运算,直至无可推流边或该顶点的存流变成 0 时为止。

3. 算法的复杂度

　　基于顶点的预流推进算法用一个广义队列 GQ 存储当前活跃顶点集合。广义队列可以是通常的队列、栈、随机化队列、随机化栈或按各种优先级定义的优先队列。算法的效率与广义优先队列的选择密切相关。如果选用通常的队列,则在最坏情况下,预流推进算法求最大流所需的计算时间复杂度为 $O(mn^2)$,其中,m 和 n 分别为图 G 的边数和顶点数。如果以顶点高度值为优先级,选用优先队列实现预流推进算法,则这个算法就是最高顶点标号预流推进算法。近年来,已提出许多其他预流推进算法的实现策略,在最坏情况下算法所需的计算时间已接近 $O(mn)$。

7.3　最佳流问题

　　流最重要的应用是尽可能多地分流物资,这也就是我们已经研究过的最大流问题。然而在实际生活中,最大配置方案肯定不止一种,一旦有了选择的余地,费用的因素就自然参与到决策中来。

　　图 7-3-1 是一个最简单的例子:弧上标的两个数字中,第一个是容量,第二个是费用。这里的费用是单位流量的花费,譬如 $f(v_s,v_1) = 4$,所需花费是 $3×4 = 12$。

　　容易看出,此图的最大流(流量是 8)为:$f(v_s,v_1) = f(v_1,v_t) = 5$,$f(v_s,v_2) = f(v_2,v_t) = 3$,所以它的费用是:$3×5+4×5+7×3+2×3 = 62$。

　　最佳流问题是指在实际的通信网中,不仅有每条链路的最大容量规定,还有费用的要求。所谓的最佳流问题即调整每条链路上的流量,不仅要求获得最大流量,同时还要求代价最低,以获得总费用最小。设有带费用的网络 $G = (V,E,C,W)$,每条弧 (v_i,v_j) 对应两个非负整数 c_{ij}、a_{ij} 表示该弧的容量和费用。若流 f 满足:

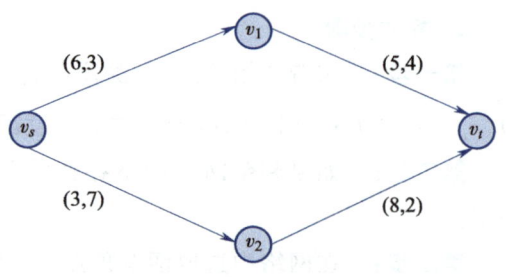

图 7-3-1　费用流问题

（1）流量 f 最大；

（2）满足（1）的前提下，流的费用 $cost(f) = \sum\limits_{(v_i,v_j)\in E} f_{ij} \cdot a_{ij}$ 最小。

就称 f 是网络流图 G 的最小费用最大流，即最佳流。下面介绍一种负价换算法，简称 N 算法。

某网络中的一组可行流在保持总流量不变的情况下，只要源和汇节点之间有两条以上的径，总有改变流量分配的可能性。这种改变常使总费用发生变化，问题是如何使总费用降低。图 7-3-2(a) 中 v_s 到 v_t 之间有两条径，即 $v_s \to v_1 \to v_2 \to v_3 \to v_t$ 和 $v_s \to v_1 \to v_3 \to v_t$。每条边上的数字代表各边的容量 c_{ij} 和费用 a_{ij}。图 7-3-2(b) 是一组可行流，总流量 $F(v_s,v_t)=6$，总费用是 69。图 7-3-2(c) 给出了各边上流量改变的可能性及改变单位流量所需的费用。此图称为对于图 7-3-2(b) 中可行流而得的补图。以边 e_{12} 为例，它是非饱和边，流量尚可增加 $c_{12}-f_{12}=2$，所需单位费用为 $+2$。另一方面，流量也可减少 $f_{12}=1$，不致破坏非负性，所需单位费用就是 -2，因流量减少从而费用减少。这两种可能改变的流量用补图中两条附有两个数字的有向边来表示，前面的数字代表可增流值，后面的数字代表单位流量所需的费用。

补图上若存在一个有向环，环上各边的 a_{ij} 之和是负数，则称此环为负价环，沿负价环方向增流，并不破坏环上诸节点的流量连续性，也不破坏各边的非负性和有限性，结果得到一个 F_{xy} 不变的可行流，其总费用将有所降低。图 7-3-2(c) 中的 (v_1,v_2,v_3,v_1) 环是一个负价环，取环中的容量最小值作为可增流的值，此时为 2。该负价环的单位流量费用是 $2+1-6=-3$。因为可增流值为 2，所以可节省费用为 $-3 \times 2 = -6$。把 F_{xy} 的费用从 69 降到 63。新的可行流如图 7-3-2(d) 所示。

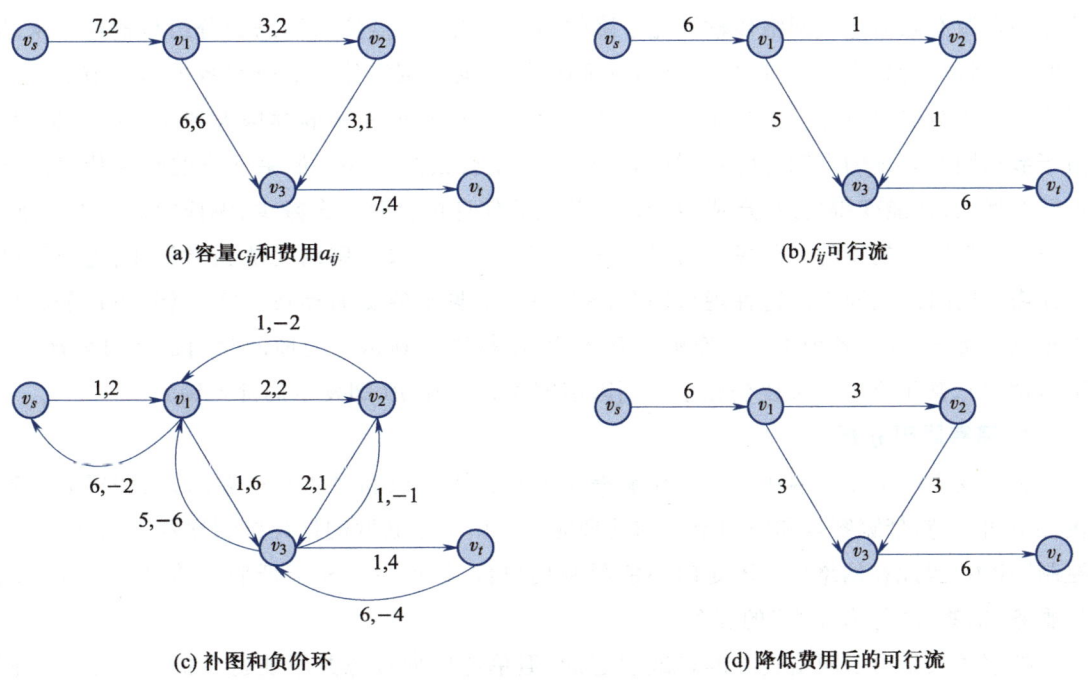

(a) 容量 c_{ij} 和费用 a_{ij}　　　　　　　　　　(b) f_{ij} 可行流

(c) 补图和负价环　　　　　　　　　　(d) 降低费用后的可行流

图 7-3-2　负价环求最佳流过程

由上述可见,降低任意一个可行流的总费用可归结为在该流的补图上寻找负价环。当一个可行流的补图上不存在负价环时,此流就是最佳流或最小费用流。若在补图上存在零价环,则在这环上增流可得到总费用相同的另一组可行流,也就是最佳流可以有几种,但总费用是一样的。

负价环法的步骤可归纳如下。

(1) 在图上找任一满足总流量 $F(v_s, v_t)$ 的可行流。

(2) 做补图。对所有边 e_{ij},若 $c_{ij} > f_{ij}$,则做边 e'_{ij},其容量为 $c'_{ij} = c_{ij} - f_{ij}$,费用为 a_{ij};若 $f_{ij} > 0$,则再做 e'_{ji},其容量为 $c'_{ij} = f_{ij}$,费用为 $-a_{ij}$。

(3) 在补图上找负价环。若无负价环,则算法终止。若有负价环,则沿着这个负价环方向使各边增流,增流量为 $\delta = \min c'_{ij}$。

(4) 修改原图的边流量,得新的可行流,返回步骤(2)。

7.4　拥塞控制原理

7.4.1　拥塞和拥塞原因分析

1. 拥塞基本概念

网络拥塞(congestion)指的是在分组交换网络中传送分组的数目太多时,由于存储转发节点的资源有限而造成网络传输性能下降的情况。当源节点注入网络的分组传输速率未超过网络正常运行允许的容量时,所有信息都能传送,而且网络传送的分组数据与源节点注入网络的分组数据成正比。但当源节点注入网络的分组传输速率继续增大到某一限定值时,由于数据网吞吐量的限制,到达目标节点的分组就会丢掉一些。如果网络的分组传输速率再继续增大,性能变得更差,造成传给目标节点的信息量反而大大减少,响应时间急剧增加,网络反应迟钝。拥塞的一种极端情况是死锁(deadlock),致使网络无法正常工作,退出死锁往往需要网络复位操作。这种现象跟公路网中经常见到的交通拥挤一样,当节假日公路网中车辆大量增加时,各种走向的车流相互干扰,使每辆车到达目的地的时间都相对增加(即延迟增加),甚至有时在某段公路上车辆因堵塞而无法开动(即发生局部死锁)。

2. 拥塞原因分析

拥塞发生的主要原因在于网络能够提供的资源不足以满足用户的要求,这些资源包括缓存空间、链路带宽容量和中间节点的处理能力。由于互联网的设计机制导致其缺乏“接入控制”能力,因此在网络资源不足时不能限制用户数量,而只能靠降低服务质量来继续为用户服务,也就是“尽力而为”的服务。

拥塞虽然是由于网络资源的稀缺引起的,但单纯增加资源并不能避免拥塞的发生。例如增加缓存空间到一定程度时,只会加重拥塞,而不是减轻拥塞,这是因为当数据包经过长

时间排队完成转发时,它们很可能早已超时,从而引起源节点超时重发,而这些数据包还会继续传输到下一路由器,从而浪费网络资源,加重网络拥塞。事实上,缓存空间不足导致的丢包更多的是拥塞的"症状"而非原因。单纯地增加网络资源之所以不能解决拥塞问题,还因为拥塞本身是一个动态问题,它不可能只靠静态的方案来解决,而需要协议能够在网络出现拥塞时保护网络的正常运行。

产生拥塞的主要原因包含以下 4 个方面。

(1) 存储空间不足。当一个输出端口收到几个输入端口的报文时,接收的报文就会在这个端口的缓冲区中排队。如果输出端口没有足够的存储空间存储,在缓冲区占满时,报文就会被丢弃,对突发的数据流更是如此。适当增加存储空间在某种程度上可以缓解拥塞,但是,如果过于增加存储空间,报文会因在缓冲区中排队时间过长而超时,源端会认为它们已经被丢弃而选择重发,从而浪费了网络的资源,并且进一步加重了网络拥塞。

(2) 带宽容量不足。高速的数据流通过低速链路时也会产生拥塞。根据香农信息理论,任何信道都存在最大容量,所以节点接收数据流的速率必须小于或等于信道容量,才有可能避免拥塞;否则,接收的报文在节点的缓冲区中排队,在缓冲区占满时,报文被丢弃,导致网络拥塞。因此,网络中的低速链路将成为带宽的瓶颈和拥塞产生的重要原因之一。

(3) CPU 处理速度慢。如果节点在执行缓冲区中排队、选择路由时,CPU 处理速度跟不上链路速度,也会导致拥塞。

(4) 不合理的网络拓扑结构及路由选择。

7.4.2 拥塞控制的基本原理

显然,拥塞现象的发生和通信网内传送信息的总量有关,控制通信网中信息总量是防拥塞的基础。拥塞控制是通过限制全网的总信息均衡的传送,使信息的流通不超过网络所能处理的速度,网络不致过载而采用的控制方法。

1. 拥塞控制的一般原理

拥塞控制的基本原理是寻找输入业务对网络资源的要求小于网络可用资源的成立条件。例如,增加网络的某些可用资源(如输入业务繁忙时增加一些链路,增大链路的带宽重构路由,使超载的业务量从其他路径分流),减少一些用户对某些资源的需求(如拒绝接受新的连接建立请求,要求用户减轻其负荷,这属于降低服务质量)。

拥塞控制是一个动态控制的问题。从控制论的角度分类,可以分为两类:一类是开环控制,另一类是闭环控制。开环控制方法就是预先评估网络可能的拥塞因素,设计相关的控制算法,避免网络拥塞。当网络进入运行状态后,不再更新控制算法与参数。例如,当前多数路口的红绿灯间隔时间是依据各条道路的流量统计设定的,如果各条道路的流量不变,红绿灯可以发挥很好的交通流量控制功能。但实际情况是,不同时段的道路流量不同,并且某个方向上因红灯排队的车辆要比另一个方向多。因此,开环控制无法适应动态变化的网络业务需求。闭环控制建立在反馈控制的概念之上,其控制过程有以下几个部分:

（1）监测网络，收集网络信息，发现拥塞的发生时刻、发生地及缘由；

（2）将拥塞信息传送到拥塞控制的决策点；

（3）决策点依据拥塞控制方案及拥塞信息，确定拥塞控制的参数，并将拥塞控制参数传送至执行拥塞控制的节点；

（4）执行节点依据拥塞控制参数调整相关的操作，避免拥塞或纠正拥塞。有时拥塞监测点和决策点为同一节点，有时决策点和执行节点为同一节点。

有多种度量可用来监视子网的拥塞状态，例如因缺少缓冲区空间而丢失分组的比例、平均队列长度、超时和重发分组的数量、平均分组时延、分组时延的标准差等。这些因素数值上的增加意味着拥塞可能性的增加。

一般在监测到拥塞发生时，要将拥塞发生的信息（控制分组）传送到产生分组的信源。当然，这些额外的控制分组会在子网中传输，即恰好在子网拥塞时又增加了子网的负荷。一种方法是在路由器转发的分组中保留一位或一个字段，用该比特或字段的值表示网络的状态（拥塞或没有拥塞），也可以由一些主机或路由器周期性地发送控制分组，以询问网络是否发生拥塞。

此外，过于频繁地采取行动以缓和网络的拥塞也会使系统产生不稳定的振荡，但过于迟缓地采取行动又不具有任何实用的价值，因此，应采用某种折中的方法。

2. 拥塞控制与流量控制的区别与联系

流量控制与拥塞控制经常被混淆，实际上二者有差别。流量控制只与发送者和接收者之间的点到点的业务量有关，是对一条通信路由上的通信量进行控制，属于"局部"问题；而拥塞控制使通信子网能够传送所有待发送的数据，解决网络的"全局"问题，涉及所有主机、路由器中的存储转发处理行为以及所有将导致削弱通信子网的其他因素。即使每条路由的流量控制有效，也并不能完全避免拥塞现象的发生，如当网络因各路由信息量分布不均匀或由于某些故障而使通信网出现瓶颈时，仍会引起拥塞。图 7-4-1 说明了两者的不同。

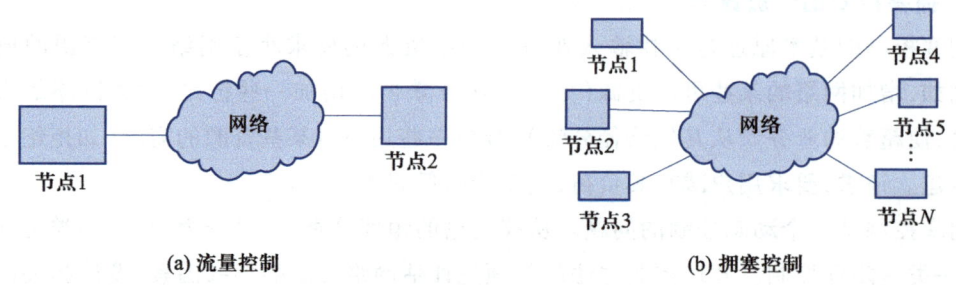

图 7-4-1　流量控制和拥塞控制的不同

两者之间也有联系，流量控制是防止网络拥塞的一种机制。各条路由上信息总流量小，则发生拥塞的概率低；反之，信息的总流量大，发生拥塞的概率就高。流量控制限制了进入网络的信息总量，可以在一定程度上起到减缓拥塞的作用。因此，为了保证网络高效运行，除进行流量控制外，也要有防止拥塞的有效措施。

7.4.3　防拥塞策略

　　流量控制和拥塞控制可以出现在所有的协议层次上,但主要还是在数据链路层、网络层和传输层。分段(逐流)流量控制是数据链路层的功能,称为节点到节点之间的流控;端到端流量控制主要在传输层,称为全局流控;拥塞控制则主要集中在网络层和传输层。影响拥塞控制的主要策略如表 7-4-1 所示。

表 7-4-1　影响拥塞控制的主要策略

协议层	策略
传输层	重传策略 乱序缓存策略 应答策略 流量控制策略 确定超时策略
网络层	子网内部的虚电路或数据报策略 分组排队和服务策略 分组丢弃策略 路由算法 分组生存管理
数据链路层	重传策略 乱序缓存策略 应答策略 流量控制策略

7.5　拥塞控制算法

7.5.1　拥塞控制的一般方法

　　流量控制是对一条通信路由上的通信量进行控制,但它并不能完全避免拥塞的发生。也就是说,流量控制并不能替代拥塞控制。因此,在这里特别把拥塞控制方法提出来。常用的拥塞控制方法有:缓冲区预分配法、分组丢弃法和定额控制法(许可证法)。

1. 缓冲区预分配法

　　该法用于虚电路分组交换网中。在建立虚电路时,呼叫请求分组途经的节点为虚电路

预先分配一个或多个数据缓冲区。若某个节点缓冲区已被占满,则呼叫请求分组另外选择路由,或者返回一个"忙"信号给呼叫者。这样,通过途经的各节点为每条虚电路开设的永久性缓冲区(直到虚电路拆除)就总能有空间来接纳并转送经过的分组。此时的分组交换跟电路交换很相似。当节点收到一个分组并将它转发出去之后,该节点向发送节点返回一个确认信息。该确认一方面表示接收节点已正确收到分组,另一方面告诉发送节点,该节点已空出缓冲区以备接收下一个分组。上面是"停-等"协议下的情况,若节点之间的协议允许多个未处理的分组存在,则为了完全消除拥塞的可能性,每个节点要为每条虚电路保留等价于窗口大小数量的缓冲区。这种方法不管有没有通信量,都有可观的资源(线路容量或存储空间)被某个连接占有,因此网络资源的有效利用率不高。这种控制方法主要用于要求高带宽和低延迟的场合,例如传送数字化语音信息的虚电路。

2. 分组丢弃法

该法不必预先保留缓冲区,当缓冲区占满时,将到来的分组丢弃。若通信子网提供的是数据报服务,则用分组丢弃法来防止拥塞发生。但若通信子网提供的是虚电路服务,则必须在某处保存被丢弃分组的备份,以便拥塞解决后能重新传送。有两种用于被丢弃分组重发的方法:一种是让发送被丢弃分组的节点超时,并重新发送分组直至分组被收到;另一种是让发送被丢弃分组的节点在尝试一定次数后放弃发送,并迫使数据源节点超时而重新开始发送。但是不加分辨地随意丢弃分组也不妥,因为一个包含确认信息的分组可以释放节点的缓冲区,若因节点无空余缓冲区来接收含确认信息的分组,这便使节点缓冲区失去了一次释放的机会。解决这个问题的方法是:为每条输入链路永久地保留一块缓冲区,以用于接纳并检测所有进入的分组,对于捎带确认信息的分组,在利用了所捎带的确认释放缓冲区后,再将该分组丢弃或将该捎带好信息的分组保存在刚空出的缓冲区中。

3. 定额控制法(许可证法)

许可证法是种全局性的流量控制方法,其工作原理是:依据通信网能力,保持网络内传送分组的总数不超过某个固定值,从而避免拥塞,因而在通信网中形成固定数目的"许可证"(permit)分组,在网络中随机地巡航流动。任何一个主机发送到通信子网上的分组要求在通信子网中传输,必须先获得一个许可证。当传送到目标节点时,这个分组又释放它用过的许可证给通信网。这样,网内传送的分组总数不会超过许可证的总数,许可证数动态变化而不会减少。如果主机把分组送入与它相邻的节点,该节点有许可证,分组就可拾取许可证而传送;如果没有许可证,则必须等待许可证的到来。由于等待许可证,传送的分组产生了新的延迟,这种延迟称为网络进场延迟。为了减少进场延迟,每一个节点支持一个小容量的许可证池,一方面在许可证法范围内的分组可以立即传送,另一方面送还许可证分组在网上传送的数量,以提高通信网带宽的利用率。

7.5.2　典型的拥塞控制算法

当网络中存在过多的分组时,网络的性能就会下降,这种现象称为拥塞。在最初的 TCP

协议中,只有流控机制(flow control),接收端使用 TCP 报头的窗口值将自己的接收能力通知发送端,这样的机制只考虑接收端的接收能力,而不考虑网络的承受能力,不可避免地导致了早期一些网络崩溃的现象。随着 Internet 技术的发展,越来越多不同系统、不同速率的网络正在接入,Internet 网络拥塞现象也越来越严重。拥塞控制理论和算法研究因此成为 Internet 研究中的一个热点。

目前,拥塞控制机制以基于窗口的端对端拥塞控制为主,因此,从拥塞控制使用的层次来看,可以分为链路算法和源算法。随着 Internet 规模和复杂性的不断增加,网络参与资源控制的源端拥塞控制、多播方式的拥塞控制机制也在不断引入。

1. 点对点拥塞控制

(1) TCP Tahoe 和 Reno

Tahoe 是早期 Internet 广泛采用的拥塞控制算法,包括慢启动、拥塞避免和快速重传三个部分。此算法的基本思想是:源端通过线性增加速率来探测网络中的空闲容量,而当检测到拥塞时,则以指数级递减速率,在源端检测到丢包时即可确认。当一个连接开始建立,窗口的大小确认为包的大小,源端每收到一个确认帧,就将窗口加 1,窗口的大小在每个 RFT(排队时延)内加倍,此过程称为慢启动。当拥塞发生时,即检测到一个丢包,则将窗口减半,重传丢失的包,将窗口重置为 1,重新进入慢启动。避免拥塞阶段中不断调整窗口的大小,并保持在设置的门限上。Reno 算法的基本思想和 Tahoe 相同,但是有了两个改进:一是允许源在 fr/fr 阶段收到确认帧时暂时将窗口加 1,二是在 fr/fr 结束时将窗口值设为初始阶段窗口值的一半,直接进入拥塞避免阶段,这使得 Reno 在单个报文从数据窗口丢失的情况下性能很好,但是由于它在连续丢包时,源端会出现快速反应,因此引起窗口大小扰动,性能会大大下降。

Reno 算法还有一些改进版本,但都是对参数进行相应的调整,基本思想还是用丢包作为衡量实际窗口与期望值差异的指标。相应调整算法是加法增,乘法减,丢包时二元信号智能指示实际值大于还是小于期望值无法精确量化,因此不能按照距离目标的远近调整自己的逼近速率,在高速网络中收敛慢,带宽利用率低,而且丢包本身也是拥塞的信号,会引起网络性能振荡。

(2) TCP Vegas

Vegas 算法以提高源节点的数据传输能力为目的,以源端数据包排队的时延为拥塞度量,使用了新的重传、避免拥塞和慢启动机制来增加 TCP 的吞吐量,并降低丢包率。

传输开始时,Vegas 在慢启动算法中加入了一个拥塞检测机制,允许窗口在 RTF 内指数增长,而在 RTF 之间保持固定,可以有效地比较预期速率和实际速率。当实际速率低于一个包的大小时,系统进入拥塞避免阶段,减少了慢启动在初始阶段的丢包;在重传机制上,当收到第一个重复的确认帧时,检测到超时并重发丢失的包,不必等待第三个重复的确认帧的到达,使丢包检测更加及时;在拥塞避免机制上,引入了窗口估计,即窗口的大小以源端路径上缓存的包的数量作为参考值,设定一个上限和一个下限,窗口的大小是否变化,要根据比较的结果来确定,并设置发送速率是往返传播时延和排队时延的比率的常数倍。这样,路径上

的拥塞越严重,各个源端上包的排队时间就越长,由此来控制网络拥塞现象的发生。这种算法的优点在于对带宽的分配更为公平,而且传输时延相对较小,不过,这种基于窗口大小严格控制的算法,在传输速率和缓冲存储上要付出更大的代价。

（3）FastTCP

FastTCP 可分为估计部分、窗口控制、数据控制和脉冲控制四个部分。估计部分对每个发送的包计算一个多比特队列时延和一个 1 bit 的丢失或未丢失指示,可作为其他三个部分的计算参数。窗口控制可决定发送数据包的数量,数据控制可决定哪些数据包将要被发送,脉冲控制可决定何时发送这些包。窗口控制使用队列时延作为主要的拥塞测量,提供的拥塞信息更为详细,能够对链路容量的变化及时作出反应,有助于网络容量增加时保持其稳定,当网络是静态的时候,时延信息允许数据源保持一个稳定状态。FastTCP 算法具有相对较高的收敛速度、平稳性和公平性。然而,该算法主要基于端系统,无从得知网络的整体情况,使得其控制参数不易设定。

2. 链路算法

基于窗口的端对端拥塞控制对于 Internet 的稳定性起到了关键性的作用,由于 Internet 的规模不断扩大,仅在源端进行控制是不够的,因此网络必须参与资源控制,即由窗口算法形成的源算法调整发送速率,用窗口大小来缓解该路径上出现的拥塞。而链路算法则是隐式或显式地更新拥塞信息度量信息,并将这些信息反馈给该链路的源端。在互联网中,源算法由 TCP 执行,在活动队列管理中增加了链路算法,不同协议用不同方法来处理拥塞,应用得较成熟的方法有 FIFO、DropTail、RED 三种队列管理算法。FIFO 是传统的先进先出的队列管理方式,采用传统的先进先出规则来控制路由器内存中的分组,以此来决定包的传输,避免拥塞的出现;DropTail 指当一个数据包到达已满的缓冲区时,路由器丢掉该数据包,使用 ON/OFF 来生成反馈,反馈值只有 1 和 0,其最大的问题就是反馈的变化很大,容易造成系统振荡;RED(随机早期检测)是主动队列管理算法中最有名的一个,其基本思想是通过对网络拥塞情况的早期检测,按照一定的规则、一定的比例有选择地丢弃某些业务的分组,避免网络拥塞。

3. 组播拥塞控制算法

（1）基于窗口的控制算法

在接收端或发送端通过调整拥塞窗口的大小来控制未应答的分量,基本思想和单播时所采用的相同,即没有拥塞时增加拥塞窗口,拥塞发生时,减小拥塞窗口。随着组规模的增大,为每个接收端维护拥塞窗导致拥塞控制任务变得非常复杂,从而影响协议的扩展性。由于 TCP 在 Internet 单播中占了主要地位,所以组播拥塞控制还要考虑与 TCP 单播的带宽竞争问题。

（2）基于速率的算法

该算法根据网络的拥塞动态调整发送速率,可以分为简单的加法增加乘法减少(AIMD)拥塞控制和基于模型的拥塞控制两种。前者较简单,但容易导致速率变化图形在短期内出现与 TCP 类似的锯齿形;基于模型的拥塞控制的主要目的是在对拥塞有反映的前提下,保持平滑的速率变化。

习　题

7-1　流量控制的目的是什么？分为哪几个层次？

7-2　试简述流量控制和拥塞控制的区别和联系。

7-3　拥塞控制的策略和评价标准有哪些？各有何特点？

7-4　常用的流量控制和拥塞控制方法有哪些？

7-5　什么是滑动窗口？简要说明其工作原理。

7-6　在停止-等待协议中，确认帧是否需要序号？为什么？

7-7　解释为什么要从停止-等待协议发展到连续 ARQ 协议。

7-8　对于使用 3 bit 的停止-等待协议、连续 ARQ 协议和选择重发 ARQ 协议，发送窗口和接收窗口的最大尺寸分别是多少？

7-9　考察如题图 7-9 所示的网络 $G(V,E,c,f)$，试用 Ford-Fulkerson 算法求出节点 v_s 到 v_t 的最大流。图中，各网络顶点间的边为有向边，箭头表示其方向。[注：每条边附近的标注 (m,n) 中，m 表示该边的容量，n 表示该边目前正承担的流量]

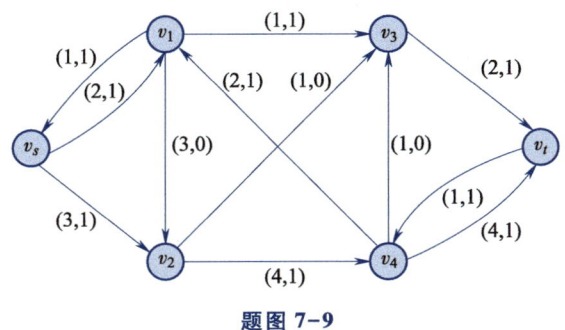

题图 7-9

7-10　题图 7-10 中网络的 v_s 和 v_t 间总流量 $f_{st} = 6$，试对此网络进行最佳流量分配。图中每条边旁边的两个数字，前者为容量，后者为费用。

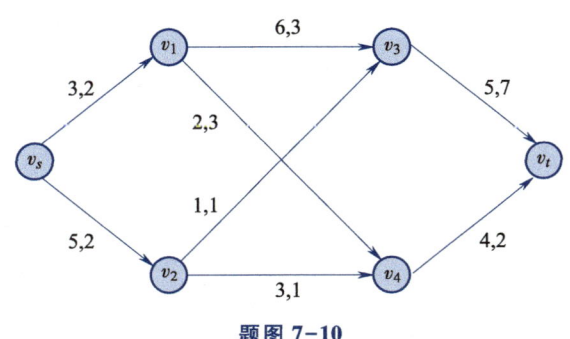

题图 7-10

7-11　对于多源多宿网络,即一个网络有多个源和多个宿,如何求网络的最大流? 当网络中部分节点的转接能力(或者节点容量)受限时,如何求网络的最大流?

扩展阅读:范·雅各布森与其热爱的事业

第8章

网络结构设计

如果把网络中的交换机、路由器、主机或终端看成"节点",通信线路看成"链路",则网络的拓扑结构是指一个网络的通信链路和节点的几何排列或物理布局图形。网络拓扑是通过网络中的各个节点与通信线路之间的几何关系来表示的网络结构,并反映出网络中各实体之间的结构关系。拓扑设计是设计网络的第一步,也是实现各种协议的基础,网络拓扑结构的设计直接关系到网络的性能、系统可靠性与成本等因素。拓扑是一个数学概念,它把通信节点抽象成与大小和形状无关的点,把连接实体的线路抽象成线,进而研究点、线、面之间的关系。

8.1 网络拓扑概述

8.1.1 网络拓扑基本概念

1. 网络拓扑基本概念

拓扑是一种不考虑物体的大小、形状等物理属性,而仅仅使用点或者线描述多个物体实际位置与关系的抽象表示方法。拓扑不关心事物的细节,也不在乎相互的比例关系,而只是以图的形式表示一定范围内多个物体之间的相互关系。在实际生活中,计算机与网络设备要实现互联,就必须使用一定的组织结构进行连接,这种组织结构就称作"拓扑结构"。网络拓扑结构形象地描述了网络的安排和配置方式,以及各节点之间的相互关系,通俗地说,"拓扑结构"就是指这些计算机与通信设备是如何连接在一起的。

在设计网络拓扑结构时,经常会遇到如"节点""结点""链路"和"通路"这四个术语。它们到底各自代表什么,它们之间又有什么关系呢?

(1)节点

"节点"其实就是网络端口。节点又分为"转节点"和"访问节点"两类。"转节点"的作用是支持网络的连接,它通过通信线路转接和传递信息,如交换机、网关、路由器、防火墙设备的各个网络端口等;而"访问节点"是信息交换的源点和目标点,通常是用户计算机上的网卡接口。如在设计一个网络系统时,通常所说的共有多少个节点,其实就是在网络中有多少个要配置 IP 地址的网络端口。

（2）结点

一个"结点"是指一台网络设备，因为它们通常连接了多个"节点"，所以称之为"结点"。网络中的结点又分为链路结点和路由结点，它们分别对应网络中的交换机和路由器。从网络中的结点数多少可以大概知道网络的规模和基本结构。

（3）链路

"链路"是两个节点间的线路。链路分物理链路和逻辑链路（或称数据链路）两种，前者是指实际存在的通信线路，由设备网络端口和传输介质连接实现；后者是指在逻辑上起作用的网络通路，由计算机网络体系结构中的数据链路层标准和协议来实现。如果链路层协议没有起作用，数据链路也就无法建立起来。

（4）通路

"通路"是从发出信息的节点到接收信息的节点之间的一串节点和链路的组合。也就是说，它是一系列穿越通信网络而建立起来的节点到节点的链路串联。它与"链路"的区别主要在于一条"通路"中可能包括多条"链路"。

2. 网络拓扑设计

当面对一个新的城市、一个新的办公场所，或者是对一个老的电信网络进行重新规划时，就需要确定干线节点的位置和数量、节点之间传输的手段和容量大小，即进行网络的拓扑设计。

具体地讲，网络拓扑设计是在给定的条件下，针对给定的内容达到一定的设计目标。拓扑设计给定的条件包括相互通信的终端的地理位置、终端的数量、各终端的业务需求。拓扑设计的主要内容包括：① 骨干网的拓扑设计，包括网络节点的位置、节点间的分层关系、链路的选择和链路容量的确定；② 本地接入网的设计，即如何将用户终端连接到骨干网的网络节点上。拓扑设计的目标包括：① 使得分组或消息的平均时延低于给定的值；② 满足可靠性的要求，即在有链路和节点故障的情况下，保证网络服务的完整性；③ 在满足前两个目标的条件下，使投资和运行的成本最小。

一个固定用户终端的网络拓扑设计举例如图 8-1-1 所示。

图 8-1-1 包括两部分：骨干网部分和本地接入网部分。骨干网由骨干网节点（N）和节点间的链路组成，骨干网节点相当于核心网路由器或交换机。本地接入网由终端（T）和集中器（C）组成，集中器相当于局域网中的 hub 或边缘路由器或交换机等设备。

服务于移动用户终端的接入网设计还要解决一个覆盖问题，即在一个网络覆盖的区域内，用户无论身处何处，都能够接入到网络中，这时网络中的集中器（或者基站）应足够多。

一般情况下，很难用公式来严格地描述上述拓扑设计问题，然而在实际环境中，问题可以得到简化。在某些情况下，拓扑设计的部分问题已经得以解决。例如，部分接入网或骨干网已经存在。因此，可以将拓扑设计问题分为接入网拓扑设计和骨干网拓扑设计。

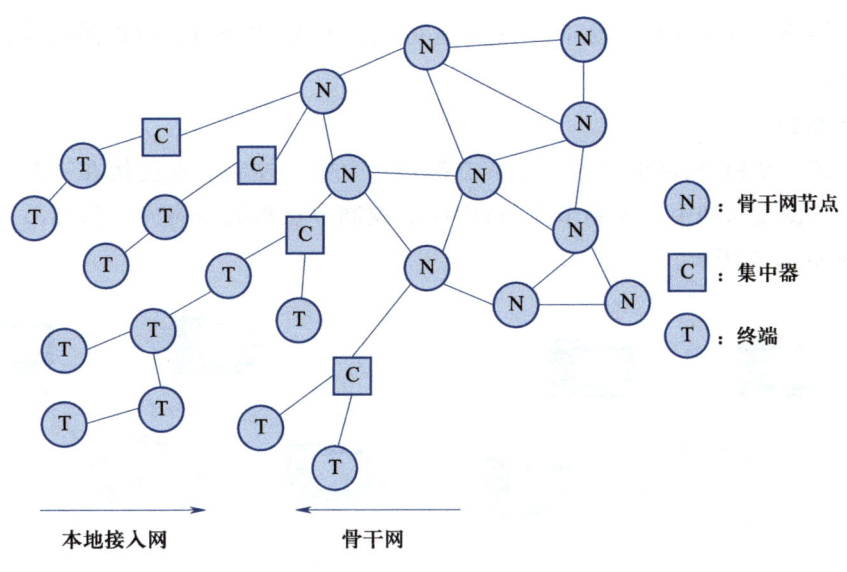

图 8-1-1　网络拓扑设计举例

8.1.2　常见的网络拓扑结构

网络拓扑结构按照几何图形的形状可分为五种类型：总线拓扑、环形拓扑、星形拓扑、树形拓扑和网状拓扑。这些形状也可混合构成混合拓扑结构。网络拓扑结构的选择与网络规模、链路性能、可靠性要求、服务质量需求、投资回报等因素有关。例如，局域网应用的是总线、星形或环形拓扑结构，而广域网则采用网状拓扑结构。

1. 总线拓扑

总线拓扑结构由单根电缆组成，该电缆连接网络中所有节点。单根电缆称为总线，它只能支持一个信道，因此，所有节点共享总线的全部带宽。总线拓扑结构如图 8-1-2 所示。

在总线网络中，当一个节点向另一个节点发送数据时，所有节点都将被动地侦听该数据，只有目的节点接收并处理发送给它的数据，其他节点将忽略该数据。基于总线拓扑结构的网络很容易实现且组建成本很低，但其扩展性较差，当网络中的节点数量增加时，网络的性能将下降。此外，总线网络的容错能力较差，总线上的某点中断或故障将会影响整个网络的数据传输。因此，很少有网络采用单纯的总线拓扑结构。

2. 环形拓扑

在环形拓扑结构中，每个节点与两个最近的节点相连接以使整个网络形成一个环形，数据沿着环向一个方向发送。环中的每个节点接收到传输的数据后，再将其转发到下一个节点。环形拓扑结构如图 8-1-3 所示。

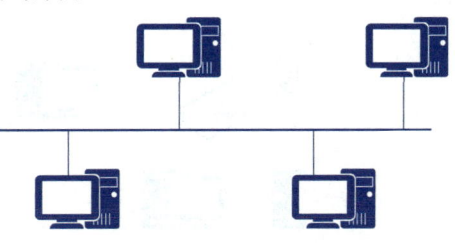

图 8-1-2　总线拓扑结构

与总线拓扑结构相同,当环中的节点不断增加时,响应时间会变得更长。因此,单纯的环形拓扑结构非常不灵活且不易于扩展,并且可靠性较低,单个节点或链路故障会导致整个网络的瘫痪。

3. 星形拓扑

在星形拓扑结构中,网络中的每个节点都和一个中心控制节点连接在一起。网络中的每个节点将数据发送到中心控制节点,再由中心控制节点将数据转发到目标节点。星形拓扑结构如图 8-1-4 所示。

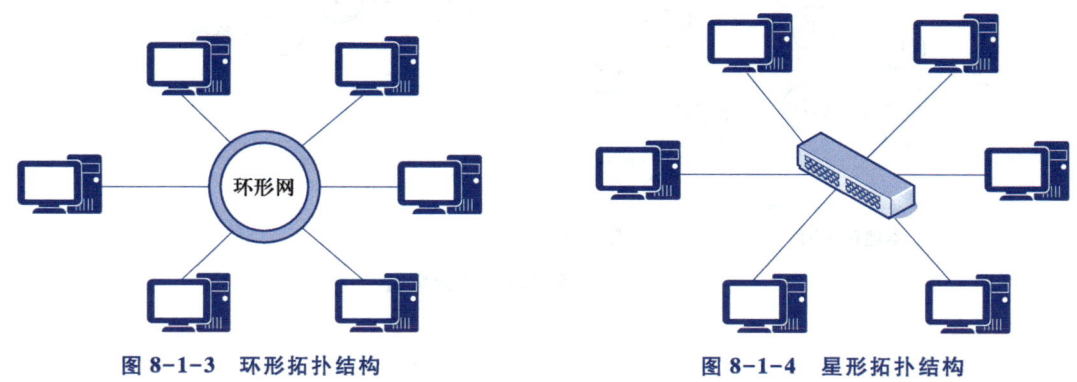

图 8-1-3 环形拓扑结构   图 8-1-4 星形拓扑结构

由于在星形网络中任何通信链路只连接两个设备(如一个工作站和一个集线器),因此链路故障通常只影响两个节点。星形网络具有如下优势:由于使用中心控制节点作为连接点,星形拓扑结构可以很容易地移动、隔离或与其他网络连接,这使得星形拓扑更易于扩展、点到点的时延较低、节点故障易于隔离、网络易于监控。星形网络的缺陷在于中心控制节点的失效将会造成一个星形网络的瘫痪。星形拓扑是目前局域网中最常用的一种网络拓扑结构,例如,以太网一般都采用星形拓扑结构。

4. 树形拓扑

如图 8-1-5 所示,树形拓扑是星形拓扑与总线拓扑的扩展,是分层结构,具有根节点和

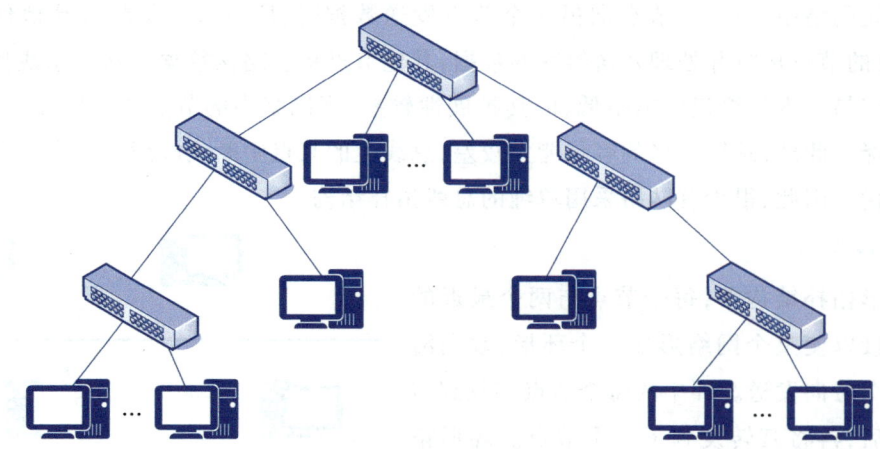

图 8-1-5 树形拓扑结构

各分支节点。除了叶节点之外,所有根节点和子节点都具有转发功能,其结构比星形拓扑复杂,数据在传输的过程中需要经过多条链路,时延较大,适用于分级管理和控制系统。树形拓扑的优势在于易于扩展,但同样具有星形拓扑的缺陷。

5. 网状拓扑

在网状拓扑结构中,每两个节点之间都直接互联,如图 8-1-6 所示。网状拓扑常用于广域网,在这种情况下,处于不同地理场所的节点都是互连的,数据能够从发送端直接传输到目的端。网状拓扑的优势是为网络中两个节点之间的数据传输提供了冗余的多条路径。如果一个连接出了问题,网络能够轻易并迅速地更改数据的传输路径。因此,网状拓扑是最具容错性的网络拓扑结构。

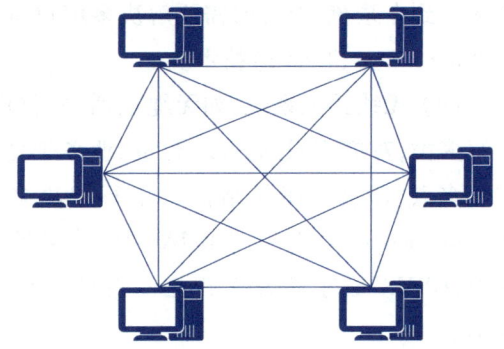

6. 混合拓扑

混合拓扑是由星形拓扑或环形拓扑和总线拓扑结合在一起的网络结构,这样的拓扑结构更能满足较大网络的拓展,解决星形网络在传输距离上的局限,而同时又解决了总线型网络在连接用户数量上的限制。

图 8-1-6　网状拓扑结构

8.2　接入网的拓扑设计

接入网主要负责将非交换设备接入骨干网络,同时接入网设备还肩负着不同技术间转换的任务。而接入网拓扑设计要解决的主要问题则是如何将分散的通信终端汇聚起来,接入到高一层的通信子网中去。接入网拓扑设计是最复杂和多样化的。接入网的设计与其服务的对象、承载的业务、网络的功能、组网的费用、骨干网的类型等因素密切相关。

8.2.1　接入网的分类

接入网的分类方法有很多种,例如可以根据传输媒介、拓扑结构、使用技术、接口标准、业务带宽、业务种类等来进行分类。如果将这些因素都考虑进去,接入网的种类自然会很多,但常用的主要有下面几大类,它们可单独使用或混合使用。

(1)铜质电话线上的数字用户环路(digital subscriber line,DSL):它又可分为综合数字业务用户环路(intergrated services digital network DSL,IDSL)、高速数字用户环路(high-speed digital subscriber line,HDSL)、甚高速数字用户环路(very high speed digital subscriber line,VDSL)、不对称数字用户环路(asymmetric digital subscriber line,ADSL)等。上述系统的拓扑结构是点到点。

　　（2）混合光纤同轴电缆（hybrid fiber coax，HFC）接入传输系统：拓扑结构为树形或总线型，下行物理上通常为广播方式。

　　（3）光纤接入系统：可分为有源与无源系统。有源系统有基于准同步数字体系（plesiochronous digital hierarchy，PDH）和同步数字体系（synchronous digital hierarchy，SDH）之分，拓扑结构可以是环形、总线型、星形或它们的混合型，也有点对点的应用。无源光网络（passive optical network，PON）有窄带与宽带之分，目前宽带 PON 已经标准化的是基于异步传输模式（asynchronous transfer mode，ATM）的 PON，即 APON。PON 本身下行为点到多点系统，上行为多点到点系统，上行时需要解决多用户争用问题，目前上行大多用时分多址（time division multiple access，TDMA）技术。

　　（4）无线接入系统：如无绳电话、集群电话、蜂窝移动通信、微波通信或卫星通信，可分为很多类，对应不同的频段，容量、业务带宽和覆盖范围各异。无线接入主要的工作方式是点到多点（即星形拓扑结构），上行解决多用户争用的技术有频分多址（frequency division multiple access，FDMA）、TDMA 和码分多址（code division multiple access，CDMA），从频谱效率看，CDMA 最好，TDMA 次之。总的来说，接入网可以分为有线接入网和无线接入网两大类。

8.2.2　有线接入网的拓扑设计

　　有线接入网的拓扑设计主要是考虑如何将用户通过有线（铜线或光纤等）接入骨干网络。首先考虑如何将图 8-2-1（a）所示网络中的终端用户通过骨干节点（集中器）接入到骨干网中。

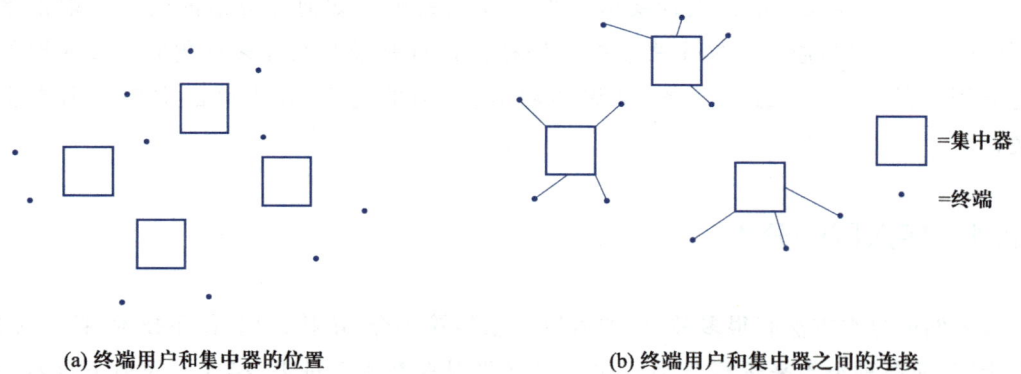

(a) 终端用户和集中器的位置　　　　　　　　　　　　(b) 终端用户和集中器之间的连接

图 8-2-1　有线接入网设计

　　设用户 i 连接到集中器 j 的成本为 a_{ij}，用户 i 与集中器 j 是否相连用变量 x_{ij} 表示，$x_{ij}=1$ 表示用户与集中器相连，否则 $x_{ij}=0$。总的成本函数可以表示为

$$cost = \sum_{i=1}^{n} \sum_{j=1}^{m} a_{ij} x_{ij} \qquad (8-2-1)$$

　　因此，将 n 个终端连接到 m 个集中器上可以表示为

$$目标函数: \min_{i,j} cost = \min_{i,j} \left(\sum_{i=1}^{n} \sum_{j=1}^{m} a_{ij}x_{ij} \right) \qquad (8\text{-}2\text{-}2)$$

约束条件

$$\sum_{j=1}^{m} x_{ij} = 1, \forall i \qquad (8\text{-}2\text{-}3)$$

$$\sum_{i=1}^{m} a_{ij}x_{ij} \leqslant k_j, \forall j \qquad (8\text{-}2\text{-}4)$$

式(8-2-3)表示每个用户仅会连接到一个集中器上,式(8-2-4)表示每个集中器最大能接入 k_j 个用户。如果将 x_{ij} 取值为 0 或 1,用 $0 \leqslant x_{ij} \leqslant 1$ 来代替,则式(8-2-2)~式(8-2-4)是线性规划中的运输问题,有很多方法可以解决。

下面讨论集中器的位置优化问题。

如果集中器在每一个位置 j 的成本为 b_j,则式(8-2-1)的成本函数变为

$$cost = \sum_{i=1}^{n} \sum_{j=1}^{m} a_{ij}x_{ij} + \sum_{j=1}^{m} b_j y_j \qquad (8\text{-}2\text{-}5)$$

式中,y_j 取值为 1 或 0,分别表示集中器是否放置在位置 j,$y_j = 1$ 表示集中器放在位置 j。此时,式(8-2-4)对应的约束条件应变为

$$\sum_{i=1}^{n} x_{ij} \leqslant k_j y_j, \forall j \qquad (8\text{-}2\text{-}6)$$

在式(8-2-3)和式(8-2-6)的约束条件下,对式(8-2-5)最小化的问题是非线性规划中一个典型的仓库选址问题。有很多成熟的方法可以解决该问题,如线性规划、遗传算法等。

8.2.3 无线接入网的拓扑设计

无线接入可分为移动接入与固定接入两种。其中,移动接入又可分为高速和低速两种。高速移动接入一般可用蜂窝系统、卫星移动通信系统、集群系统等。低速接入系统可用微小区和微微小区。固定接入是从交换节点到固定用户终端采用无线接入,它实际上是公共交换电话网络(public switched telephone network, PSTN)和 ISDN 网的无线延伸,其目标是为用户提供透明的 PSTN/ISDN 业务。固定无线接入系统的终端不含或仅含有限的移动性,接入方式有微波点到多点、蜂窝区移动接入的固定应用、无线用户环路及甚小口径卫星终端(very small aperture terminal, VSAT)通信系统等。

无线接入的基本方式如图 8-2-2 所示。在用户侧和网络侧都必须有对应的无线传输设备,网络侧的设备常称为基站。

无线接入网与有线接入网设计的主要差别是无线链路的长度受到工作频率、发射功率、天线高度、地形地物等因素的限制,存在一个最大覆盖范围(通信距离)。当无线用户的位置固定时,基站位置的选择类似于有线网中集中器的选择,但这时要附加一个通信距离的限制。当用户可以任意移动时,要保证用户在给定的区域(如一个城市)内的任何一个地方都

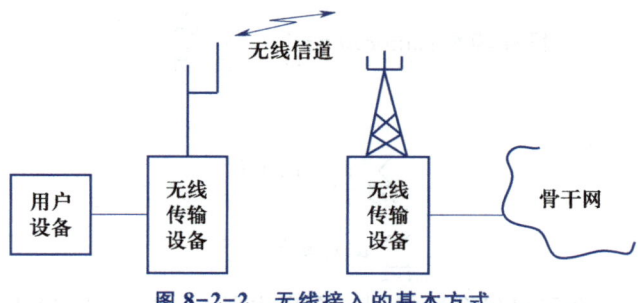

图 8-2-2　无线接入的基本方式

可以接入网络,就要求在任一地点的终端通信半径内至少有一个基站,或者说要求无线接入网络无缝地覆盖给定的区域。

在无线移动通信系统中,传输损耗是随着距离的增加而增加的,并且与地形环境有着密切的关系。因此,移动台和基站之间的通信距离是有限的。例如,若基站天线高度为 70 m,工作频率为 450 MHz,天线增益为 8.7 dB,发射机功率为 25 W,移动台天线为 3 m,接收灵敏度为 −113 dBm,接收天线增益为 1.5 dB,则通信可靠性达 90% 的通信距离为 25 km。

为了使得服务区达到无缝覆盖,并保障系统的容量,需要采用多个基站来覆盖给定的服务区域(每个基站的覆盖区域称为一个小区)。从理论上讲,可以给每个小区分配不同的频率,但这样需要大量的频率资源,且频谱利用率很低。为了减少对频率资源的要求和提高频谱利用率,需在相隔一定距离的小区中重复使用相同的频率,只要使用相同频率的小区(同频小区)之间的干扰足够小即可。这就给无线接入网络的设计提出了一个新的附加条件。下面针对目前最常用的蜂窝网来讨论接入网设计时应该注意的问题。

在将平面区域划分成小区时,需要考虑以下几个因素。

(1) 小区的形状

全向天线辐射的覆盖区域是一个圆形。为了不留空隙地覆盖整个平面的服务区,各个圆形辐射区之间一定含有很多的交叠。在考虑了交叠之后,实际上每个辐射区的有效覆盖区是一个多边形。根据交叠情况的不同,若每个小区相间 120°,设置三个邻区,则有效覆盖区为正三角形;若每个小区相间 90°,设置四个邻区,则有效覆盖区为正方形;若每个小区相间 60°,设置六个邻区,则有效覆盖区为正六边形,小区的形状如图 8-2-3 所示。可以证明,要用正多边形无空隙、无重叠地覆盖一个平面的区域,可取的形状只有正三角形、正方形和正六边形这三种。那么这三种形状哪一种最好呢?在辐射半径 r 相同的条件下,可计算出三种形状小区的邻区距离、小区面积、交叠区宽度和交叠区面积,如表 8-2-1 所示。

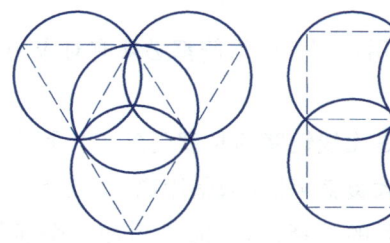
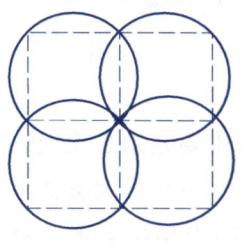
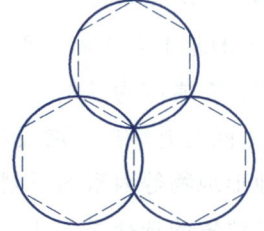

图 8-2-3　小区的形状

表 8-2-1　三种形状小区的比较

小区形状	正三角形	正方形	正六边形
邻区距离	r	$\sqrt{2}\,r$	$\sqrt{3}\,r$
小区面积	$1.3r^2$	$2r^2$	$2.6r^2$
交叠区宽度	r	$0.59r$	$0.27r$
交叠区面积	$1.2\pi r^2$	$0.73\pi r^2$	$0.35\pi r^2$

由表 8-2-1 可见,在服务区面积一定的情况下,正六边形小区的形状最接近理想的圆形,用它覆盖整个服务区所需的基站数最少,也最节省成本。正六边形构成的网络形同蜂窝,因此将小区形状为六边形的小区制移动通信网称为蜂窝移动通信网。

（2）区群的组成

相邻小区显然不能用相同的信道。为了保证同信道小区之间有足够的距离,附近的若干小区都不能用相同的信道。这些不同信道的小区组成一个区群,只有不同区群的小区才能进行信道再用。区群的组成应满足两个条件:一是区群之间可以邻接,且无空隙无重叠地进行覆盖;二是邻接之后的区群应保证各个相邻同信道小区之间的距离相等。满足上述条件的区群形状和区群内的小区数不是任意的。可以证明,区群内的小区数应满足

$$N = i^2 + ij + j^2 \tag{8-2-7}$$

式中,i、j 为正整数。由此可算出 N 的可能取值,如表 8-2-2 所示。相应的区群的组成如图 8-2-4 所示。

表 8-2-2　区群小区数 N 的取值

j	i				
	0	1	2	3	4
1	1	3	7	13	21
2	4	7	12	19	28
3	9	13	19	27	37
4	16	21	28	37	48

（3）同频（信道）小区的距离

区群内小区数不同的情况下,可用下面的方法来确定同频（信道）小区的位置和距离。如图 8-2-5 所示,自某一小区 A 出发,先沿边的垂线方向跨 j 个小区,再向左（或向右）转 $60°$,再跨 i 个小区,这样就到达相同小区 A。在正六边形的六个方向上,可以找到六个相邻同信道小区,所有小区 A 之间的距离都相等。

设小区的辐射半径（即正六边形外接圆的半径）为 r,则从图 8-2-5 可以算出同信道小区中心之间的距离为

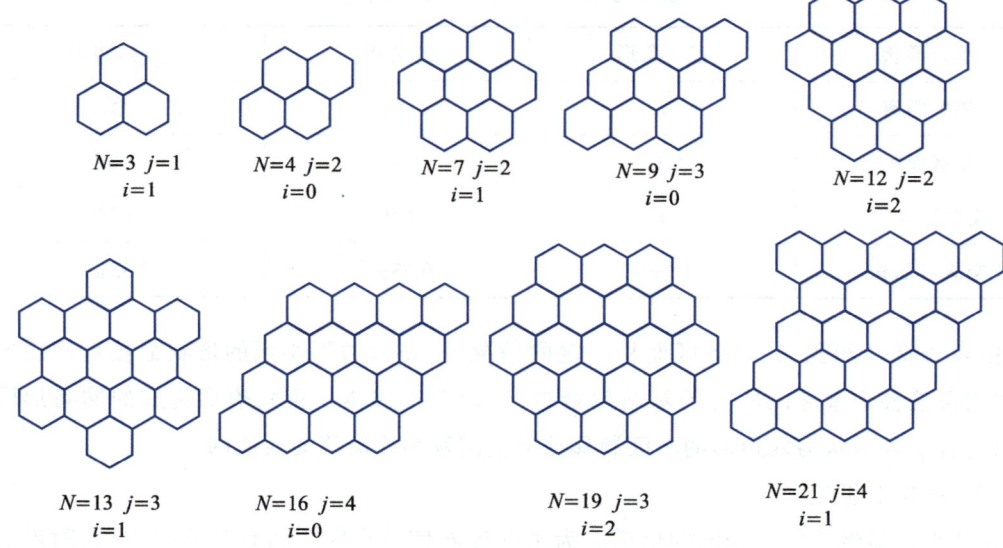

图 8-2-4 区群的组成

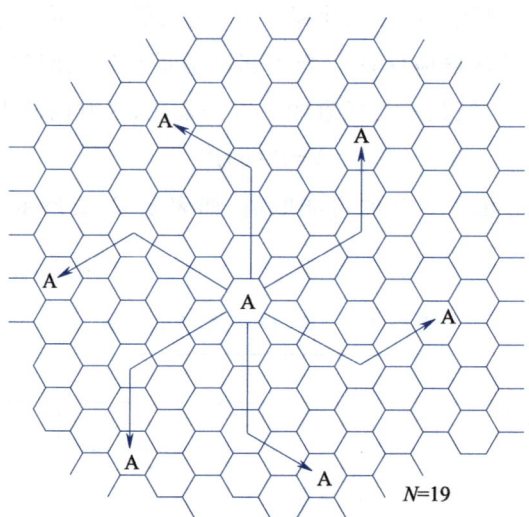

图 8-2-5 同信道小区的确定

$$D = \sqrt{3}\,r \cdot \sqrt{\left(j+\frac{i}{2}\right)^2 + \left(\frac{\sqrt{3}\,i}{2}\right)^2}$$

$$= \sqrt{3(i^2+ij+j^2)} \cdot r$$

$$= \sqrt{3N} \cdot r \qquad\qquad (8-2-8)$$

可见,区群内小区数 N 越大,同信道小区的距离就越远,抗同频干扰的性能就越好。例如 $N=3,D/r=3;N=7,D/r=4.6;N=19,D/r=7.55$。

（4）中心激励和顶点激励

在每个小区中,基站可以设在小区的中央,用全向形成圆形覆盖区,这就是所谓的"中心激励"方式,如图 8-2-6(a)所示。也可以将基站设计在每个小区六边形的三个顶点上,每个

基站采用三副 120°扇形辐射的定向天线,分别覆盖三个相邻小区各 1/3 的区域,每个小区由三副 120°扇形天线共同覆盖,这就是所谓的"顶点激励"方式,如图 8-2-6(b)所示。采用 120°的定向天线后,所接收的同频干扰功率仅为采用全向天线系统的 1/3,因而可以减少系统的同频干扰。另外,在不同地点采用多副定向天线可消除小区内障碍物的阴影区。

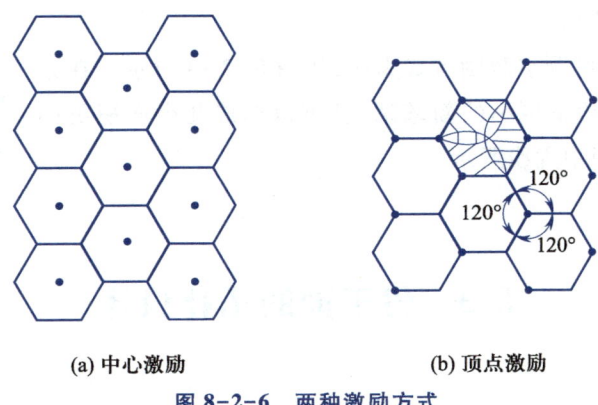

(a) 中心激励   (b) 顶点激励

图 8-2-6　两种激励方式

（5）小区的分裂

在整个服务区中每个小区的大小可以是相同的,这样可以较好地适应用户密度均匀的情况。事实上,服务区内的用户密度是不均匀的,例如城市中心商业区的用户密度高,居民区和市郊区的用户密度低。为了适应这种情况,在用户密度高的市中心可以使小区的面积小一些,以提升小区容量;在用户密度低的市郊区可以使小区的面积大一些,以降低网络投资,如图 8-2-7 所示。

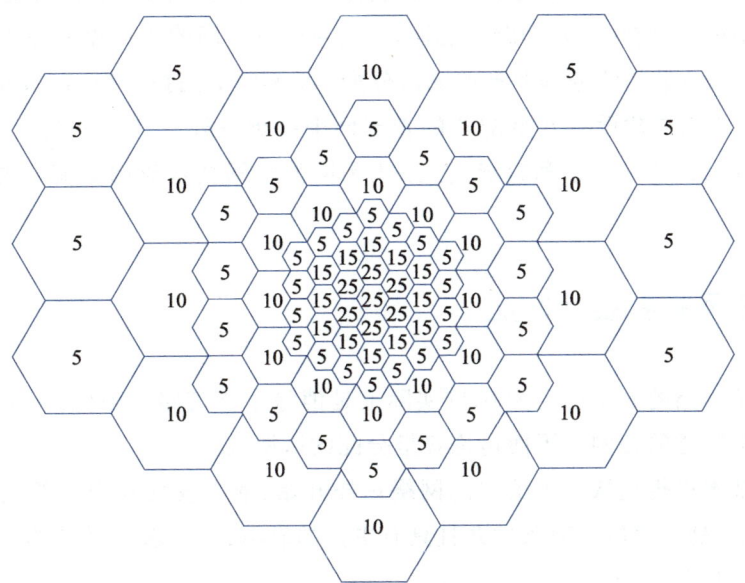

图 8-2-7　用户密度不等时的小区结构

图 8-2-7 中,每个小区中的数字表明的是在该小区内可使用的信道数。从图中可以看出,市中心用户密度最高,所以小区的面积划分的最小,但分配给这些小区的可用信道数却

最多。

　　另外,对于已设置好的蜂窝通信网,随着城市建设的发展,原来的低用户密度区可能变成了高用户密度区。这时应在该地区设置新的基站,减小小区的覆盖范围,提升单位面积吞吐量。采用小区分裂的方法可以解决该问题。

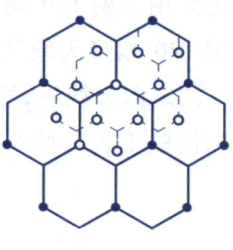

　　以 120°扇形辐射的顶点激励方式为例,如图 8-2-8 所示。在原小区内分设三个发射功率更小的新基站,就可以形成几个面积更小的正六边形小区,如图中虚线所示。

● 原基站　　○ 新基站

图 8-2-8　小区分裂

8.3　骨干网的拓扑设计

8.3.1　骨干网拓扑设计准则

　　虽然在不同的应用场合会有不同类型的骨干网,但在其设计过程中都会面临同样的问题。总的来说,骨干网的设计问题可以表述为:给定骨干网节点的位置和节点之间的流量,在使网络成本最小的原则下,来选择每条链路的容量和流量,以满足时延和可靠性的要求。除非是非常简单的应用环境,骨干网络的设计问题是一个非常难解的组合问题,而且即使该问题有解,所得到的解也可能不切实际。在实际系统中,节点间的链路可能仅有有限种选择,通常采用试探法来解决实际问题。总而言之,对于骨干网的建设需要考虑以下几个方面的问题:① 骨干网承载的业务和业务的流量分配;② 不同的拓扑结构,它的数据交换能力会有所不同;③ 是否需要建设有冗余配置的骨干网来抵御意外事件。链路冗余度、节点冗余度和数据交换能力的相互关系和影响;④ 采用不同的组网技术对网络流量的影响;⑤ 骨干节点的分布。

8.3.2　骨干网拓扑设计方法

　　假定将一条链路的容量指定为 0,则实际上是消除了该链路。因此,可把拓扑设计问题看作是容量分配问题的特例。下面讨论容量分配的试探法。

　　试探法的基本思想是从一个给定的网络拓扑开始,依次改变其中一条或多条链路的容量,检查新的拓扑是否满足约束条件并且具有更低的成本,直到求得最佳的结果。试探法的假定条件有以下几个。

　　(1)已知网络的节点以及节点之间的业务到达模型。

　　(2)给定所有的链路容量 C_{ij},并已选定一种路由算法来确定所有的链路 (i,j) 的流量 F_{ij}。最常用的可能方法是该流量可以使系统的成本函数最小。

（3）时延必须满足要求。例如，由 M/M/1 队列给出的时延

$$D = \frac{1}{\gamma} \sum_{(i,j)} \left(\frac{F_{ij}}{C_{ij} - F_{ij}} + d_{ij} F_{ij} \right) \tag{8-3-1}$$

应小于给定的时延门限 T，即 $D \leqslant T$。式中，d_{ij} 为链路 (i,j) 的处理和传播时延，γ 是输入到网络的总的业务流。

（4）可靠性必须满足要求。例如，通常要求网络具有 2 连通性（即单个节点故障后，网络仍是连通的），或 k 连通性（即在 $k-1$ 个节点故障后，剩余节点仍是连通的）。

（5）确定一个成本函数，并利用该函数对不同的网络拓扑进行排序。

本节的目标就是寻找一个拓扑，满足条件（3）和（4）的时延和可靠性要求，并使条件（5）中的成本尽可能地小。为了求得满足上述条件的拓扑，这里给出一个原型迭代试探法。在每次迭代开始时，有两个拓扑：一个是"当前最好的拓扑"，它满足时延和可靠性约束条件，并且是到目前为止发现的成本最低的拓扑；另一个是"试验拓扑"，它是在当前的迭代步骤中需要评估的拓扑，以确定它是否具有更好的性能。迭代步骤如下：

步骤 1：（分配流量）利用假定条件（2）的路由算法来计算试验拓扑的链路流量 F_{ij}；

步骤 2：（检查时延）求解试验拓扑中每个分组的平均时延 D［例如，可采用式（8-3-1）］；检查 $D \leqslant T$ 是否成立，T 为时延门限。如果 $D \leqslant T$，执行步骤 3，否则执行步骤 5；

步骤 3：（检查可靠性）测试试验拓扑是否满足可靠性的要求，如果满足，执行步骤 4；如果不满足，执行步骤 5；

步骤 4：（检查成本的改进程度）如果试验拓扑的成本低于当前最好的拓扑，则用试验拓扑代替当前最好的拓扑；

步骤 5：（产生一个新的试验拓扑）利用某种试探的方法，生成一个新的试验拓扑，返回步骤 1。

在没有新的试验拓扑可以产生或不可能有实质性改善的情况下，算法结束。利用这种求解方法得到的解不一定保证是最佳的，算法有可能收敛到局部最优解。一个可能的改进方法是采用不同的拓扑作为初始化的拓扑，重复上述迭代，直至找到一个最满意的解。

在上述迭代过程中，一个重要的问题是如何产生试验拓扑。有很多试探的规则可以用来产生新的拓扑。例如降低或删除使用率很低的链路 $\left(\frac{F_{ij}}{C_{ij}} \text{ 和 } \frac{C_{ij}}{F_{ij}} \text{ 很低} \right)$；当时延不满足要求时，可以增加高负荷链路的容量。这些可能性的组合叫作支路交换试探法。该方法的基本思路是在原来的拓扑中删去一条链路，并重新增加一条链路。选择删除链路和增加链路的一个常用方法称为饱和割集法。

所谓割集是指网络拓扑中的这样一些链路的集合：删除该集合中的所有链路，将使网络拓扑分为两个不相连（不连通）的部分，如图 8-3-1 所示。如果将虚线上的两条链路删除，网络将分为两个不相连的部分 N_1 和 N_2。所谓饱和割集是指链路利用率（负荷）非常高的割集。例如，图 8-3-1 中与虚线对应的割集为饱和割集。

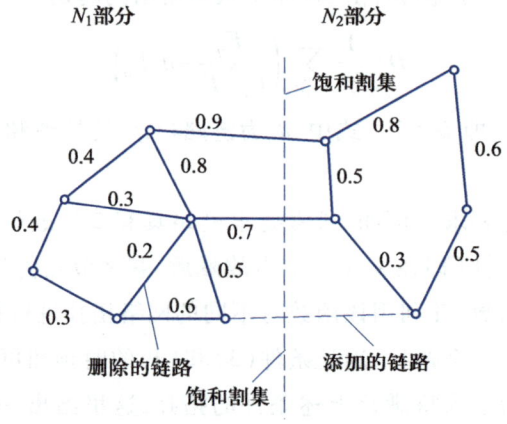

图 8-3-1　割集和饱和割集示意图

由于饱和割集中链路利用率很高,会影响网络中的时延性能。因此,在 N_1 和 N_2 之间增加一条链路,将会有助于降低割集链路的利用率。同时,可以删除一条利用率最低的链路,如图 8-3-1 中,增加一条链路(虚线),删除利用率为 0.2 的链路。

8.4　动态网络拓扑设计

在接入网和骨干网中,每一种网络拓扑结构都有其优缺点和特定的应用场景,因此根据确定的通信场景设计最优且固定的网络拓扑是目前普遍的做法。然而,在军事通信这种未知、动态、对抗的场景中,固定的网络拓扑结构无法满足变化的通信需求和网络状态,因此急需设计一种能够自适应切换网络拓扑的方法。本节以认知无线网络(cognitive radio network,CRN)为例,设计一种网络结构自适应切换方案,增强网络顽存性。

8.4.1　动态网络拓扑设计需求

认知无线网络从网络结构上可以分为集中控制式和分布式,对于分布式网络结构来说,单跳 Ad Hoc 结构和协同中继结构是典型的两种结构,图 8-4-1 给出了三种网络结构的示意图。当 CRN 中存在一个中心控制节点(access point,AP)时,AP 可以集中控制和管理每个用户的传输,因此高效率的集中控制式网络结构成为首选。然而,由于整个网络高度依赖 AP,因此,一旦 AP 被恶意干扰或毁坏,整个网络就会陷入瘫痪状态。另一方面,单跳自组织 CRN 中的用户可以互相直接进行通信,而无须 AP 的参与,因此更具灵活性,但由于节点功率的限制,通信距离有限。协同中继网络结构可以解决距离过远无法直传以及频谱不均匀性导致的节点间无公共数据信道的问题,但由于协议复杂,开销更大。

三种网络结构能分别满足不同网络场景下的特定通信需求,但单一固定的网络结构却

无法适应复杂多变的网络环境,例如,若 AP 损毁,则整个集中控制式 CRN 都会陷入瘫痪,而在单跳 Ad Hoc 网络结构下,若通信节点之间没有公共数据信道,或者通信距离过远,则也无法建立稳定的数据链路。因此,针对复杂的网络环境,如果能充分发挥三种网络结构的优势,实现三者灵活切换,将在增强网络抗毁性、提高吞吐量和服务质量等方面发挥重要作用。

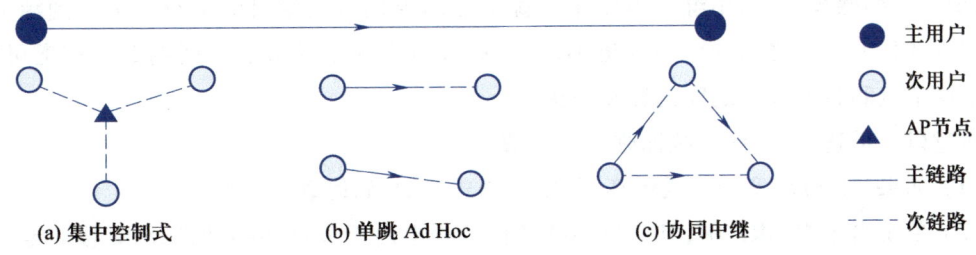

图 8-4-1　认知无线网络三种典型网络结构

8.4.2　三种拓扑结构网络工作模式

考虑如图 8-4-2 所示的认知无线网络场景,次用户和主用户共存且次用户可以机会接入空闲频谱。值得注意的是,由于次用户的地理位置不同、机会接入本性差异和主用户的业务流量随机性,次用户间可能具有不同的频谱可用性。每个认知传输过程包括两个重要阶段,即频谱感知阶段和使用检测到的空闲频谱进行数据交换的数据传输阶段。本系统基于以下三个常用假设:① 整个频段被划分成 N 个子信道,它们相互正交且非重叠;② 总存在一个公共控制信道(common control channel,CCC)对于网络中的次用户和 AP 是可用的;③ 每个次用户配备一个半双工的收发器,其能切换至不同的信道进行频谱感知和数据的收发操作。

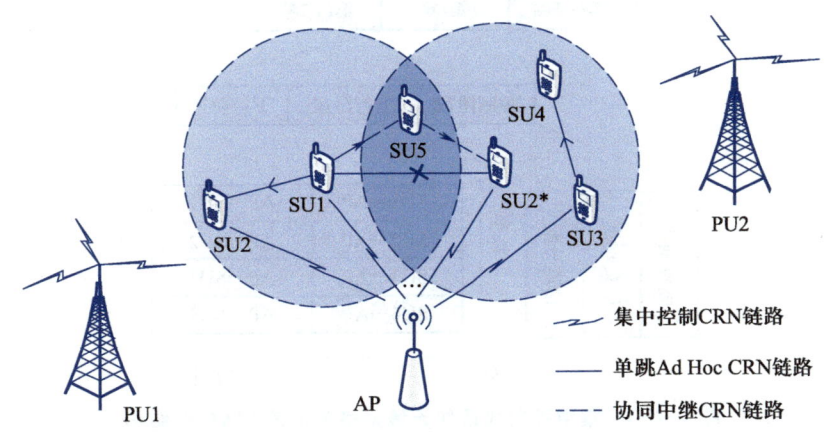

图 8-4-2　基于网络结构自适应的认知无线网络场景

如图 8-4-2 所示,在集中控制式 CRN 中,所有次用户(secondary user,SU)受 AP 的控制,与 AP 进行直接通信,而无法互相通信。AP 掌握所有次用户的信息,例如通过公共控制信道收集到的信道可用性信息,因此,AP 可以统一地进行网络资源分配,从而最大化频谱资

源效率和最小化对主用户的干扰。单跳自组织 CRN 则更加灵活,次用户可以通过多信道互相之间进行直接通信,例如 SU1 与 SU2,SU3 与 SU4。在协同中继 CRN 中,考虑了一个三节点的模型,当两个次用户之间的直传链路由于距离过远、阴影效应或者频谱差异性导致不可用时,次用户发送端(SU1)需要寻找第三个节点(SU5)作为中继节点来帮助自身完成到目的节点(SU2*)的数据传输,中继节点将来自源节点的数据转发给目的节点。考虑到源节点、中继节点和目的节点之间的可用信道不同,因此源节点和中继节点之间的数据信道可能不同于中继节点和目的节点之间的数据信道。

通过以上描述可知,该系统面临如下挑战:

(1)如果 AP 被恶意干扰或毁坏,集中控制式 CRN 如何继续工作?

(2)单跳自组织 CRN 中,SU1 与 SU2 通信过程中由于节点的移动性,SU2 移动至 SU2*导致 SU2 超出 SU1 的通信范围,SU1 如何寻找节点来帮助完成剩余的数据传输?

(3)由于 SU1 与 SU2 的可用频谱资源差异性,两者之间不存在公共数据信道,SU1 如何与 SU2 进行通信?

1. 集中控制式多信道 MAC 协议设计

集中控制式认知无线网络由于其易于管理和实现简单,得到了广泛的研究。考虑到集中控制式 CRN 中存在一个 AP,因此全局的时间同步较易实现,将时间划分成一个个等长的时间帧,在每个帧的开始,SU 在公共控制信道上与 AP 进行控制信息的交换和协商信道资源的分配,在剩余的帧时间中,SU 切换到分配的数据信道上执行数据传输操作。

图 8-4-3 详细描述了时间帧结构的组成,每个 MAC 帧长固定且被合理的选择,通过周期性的频谱感知使对 PU 的保护达到要求以及防止出现较高的传输延时。每个 MAC 帧包含三个部分。

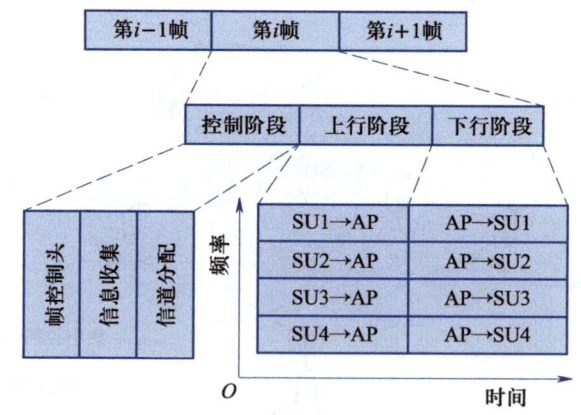

图 8-4-3 集中控制式认知无线网络多信道 MAC 帧结构

(1)控制信息交换:AP 首先在公共控制信道上广播一个帧控制头,周围的 SU 收到该帧控制头并与 AP 保持同步。然后,在接下来的一小段时间里 AP 收集每个 SU 的数据发送需求和频谱可用性,这个过程采用随机接入方式。接着,AP 执行集中算法统一给所有的 SU 分配信道资源。最后,AP 将分配决策通过公共控制信道广播出去。

（2）上行传输阶段：在接收到资源分配消息后，每个 SU 严格按照 AP 的分配决定执行上行传输和下行传输。在每个 MAC 帧的上行传输阶段时间里，SU 通过分配的数据信道将数据发送给 AP，该数据的最终目的是 AP 或者其他 SU。

（3）下行传输阶段：该阶段与上行传输阶段类似，是一个相反的过程。上行阶段和下行阶段的持续时间可由 SU 和 AP 的数据需求来自适应决定。

为了实现对主用户的硬性保护，这里设置一个最大容忍干扰时间 T，即 SU 在一个数据信道上的连续传输时间不超过 T。这里将 SU 进行数据传输的时间，包括上行传输和下行传输阶段，设置为 T，则每个帧长度可以表示为 $T_{ap\_frame} = T + T_{control}$，其中 $T_{control}$ 表示控制阶段的时间长度，并且对于给定的网络，长度是固定的。

2. 单跳 Ad Hoc 认知无线网络 MAC 协议设计

在单跳 Ad Hoc CRN 中，SU 可以互相之间通过检测到的空闲信道进行直接通信，不需要时间同步，一旦次发送用户（secondary transmitter，ST）检测到当前信道受到干扰（例如，主用户重现），则立即选择其他空闲信道继续数据传输。

单跳 Ad Hoc 认知无线网络中，每个 MAC 帧包含三个阶段：① 竞争阶段：有数据发送需求的 ST 按照 IEEE 802.11 DCF 机制来进行公共控制信道的竞争；② 感知和协商阶段：争用到公共控制信道的 ST 使用能量检测算法来进行频谱感知（全面频谱感知或者部分频谱感知），并且在公共控制信道上与次目的节点（secondary destination，SD）通过交换请求协商帧（request-to-negotiate，RTN）和清除协商帧（clear-to-negotiate，CTN）来协商数据信道的使用；③ 数据发送阶段：ST 与 SD 在协商好的数据信道上进行数据传输。如图 8-4-4 中，以 ST 和 SD 之间的通信为例来阐述该 MAC 协议的过程。

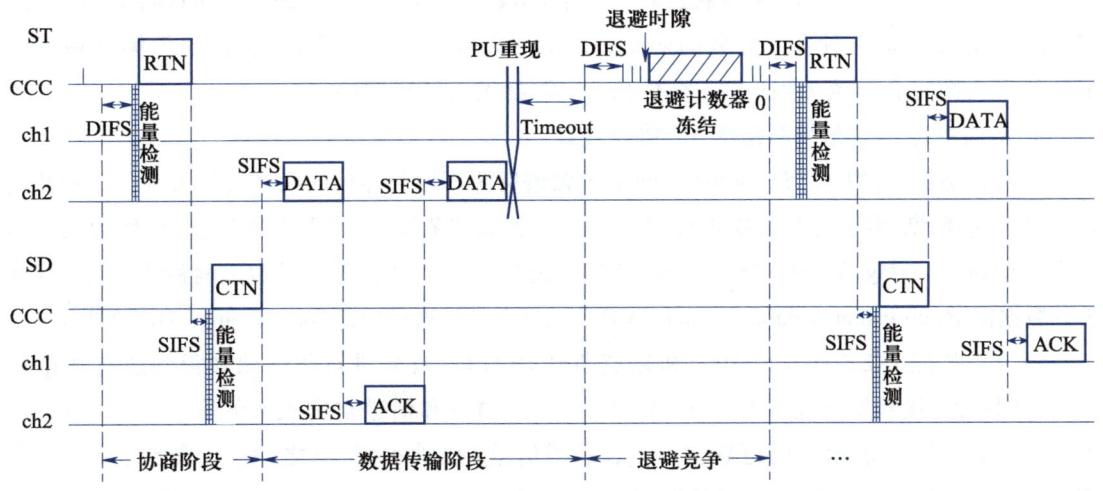

图 8-4-4　单跳 Ad Hoc 认知无线网络中的认知用户通信过程

（1）当 ST 检测到公共控制信道的空闲时间超过一个分布式帧间间隔（distributed inter-frame spacing，DIFS）后，就进行频谱感知，并将自身的信道忙闲状态矢量（channel state vector，CSV）和信道空闲概率矢量（channel availability vector，CAV）打包至 RTN，然后发送给

SD,接着在公共控制信道上等待。如果 ST 在等待超时结束之前都没有收到 CTN,则 ST 启动退避计时器继续竞争公共控制信道,准备下一轮的协商。

（2）SD 在接收到来自 ST 的 RTN 后,先等待一个短帧间间隔(short inter-frame spacing, SIFS),然后开始进行频谱感知,并将自身 CSV 和 CAV 两个扩展域、选择的数据信道和最大传输速率共同打包至 CTN,接着将 CTN 回复给 ST。

（3）ST 和 SD 跳至选择的数据信道上进行数据传输。

（4）当发现当前使用的数据信道受到干扰,ST 开始启动退避计数器重新竞争公共控制信道,进行重传。

值得注意的是,系统中存在的空闲信道数量可能小于有数据传输需求的节点对,即协商结果为当前网络中不存在可用的数据信道,这时,ST 就以最大竞争窗口进行退避竞争,直到检测出现空闲信道后重置竞争窗口,进行退避争用公共控制信道。没有数据发送需求的 SU 或者处于数据信道上但在一段时间内没有收到任何数据的 SU 都会跳至公共控制信道上继续侦听。除此之外,为了减轻公共控制信道上的协商负载以及降低控制阶段的开销,允许 ST 在一次协商成功选择数据信道后连续发送多个数据包,称为数据包集(data packets set, DPS),其包含的数据包数量 N_{SAH} 满足下式:

$$N_{SAH} \leq \left[T \bigg/ \left(\frac{L_{DATA}}{R_{s\text{-}d}^{max}} + SIFS + \frac{L_{ACK}}{R_{s\text{-}d}^{max}} + SIFS \right) \right] \qquad (8\text{-}4\text{-}1)$$

其中,$L_{DATA}=H+L_{payload}$ 和 L_{ACK} 分别是数据帧长度和确认帧长度。$H=PHY_{hdr}+MAC_{hdr}$ 定义了数据包头长度,$L_{payload}$ 是数据有效载荷长度。$R_{s\text{-}d}^{max}$ 是 ST 与 SD 间的最大直传传输速率,$[\cdot]$ 是取整函数。

在这里,三种情况会导致协商过程失败:①RTN/CTN 帧碰撞;②"聋"问题;③SD 超出 ST 的通信范围。前两种情况导致的协商失败都可以通过时域退避得到缓解,但第三种情况下的协商失败将会导致无限退避,若不引入中继就无法得到解决。

3. 协同中继认知无线网络 MAC 协议设计

在两种情况下,即:① ST 与 SD 之间由于频谱资源不均匀导致的两者之间没有公共的数据信道可供选择;② 由于功率限制导致 SD 超出 ST 的通信范围,必须引入第三个 SU 作为次中继节点(secondary relay,SR)来实现 ST 与 SD 间的通信。为了便于描述,将以上两种情况定义为无公共数据信道(no common data channel,NCDC)情况和超出通信距离(out of range,OOR)情况。

源节点按照 IEEE 802.11 DCF 机制竞争到 CCC 后,首先进行频谱感知得到所有数据信道的忙闲状态,接着发送包含有 CSV$\{A_1,A_2,\cdots A_j\cdots,A_N\}$ 和信道空闲概率矢量 CAV$\{P_1,P_2,\cdots P_j\cdots,P_N\}$(其中,$N$ 表示子信道数,$A_j=1$ 表示子信道 j 已被占用,反之,$A_j=0$ 表示子信道 j 空闲,P_j 表示信道 j 的空闲概率)以及期望传输速率(supposed transmission rate,STR)这三个扩展域的 RTN,目的节点接收到 RTN 后,也进行频谱感知得到自身的数据信道可用性。接下来分别针对 NCDC 和 OOR 两种无法直接通信的情况,说明其协议基本原理。

在 NCDC 情况下,目的节点主动广播一个因无公共数据信道的请求协同帧(request-to-help for no common data channel,RTH_NCDC),该控制帧中同时包含有源节点和目的节点的

CSV 和 CAV 共四个扩展域。侦听到该请求帧的空闲邻居节点先进行全面频谱感知,同样地,将与源节点和目的节点同时具有公共数据信道的邻居节点称为候选中继节点。被最终选择成为协同中继节点的邻居节点将广播一个包含有分配给源节点和中继节点间数据信道以及中继节点和目的节点间数据信道的确认协同帧(confirm-to-help,CTH)。成功建立起协同中继链路后,在数据传输阶段,协同中继节点将来自源节点的数据通过放大转发模式转发至目的节点。若源节点和目的节点在 CTH 超时时间内都没有收到 CTH 帧,则源节点会重新退避竞争公共控制信道,然后进行下一轮协商。图 8-4-5 给出了该情况下的控制帧与数据帧的交换过程。

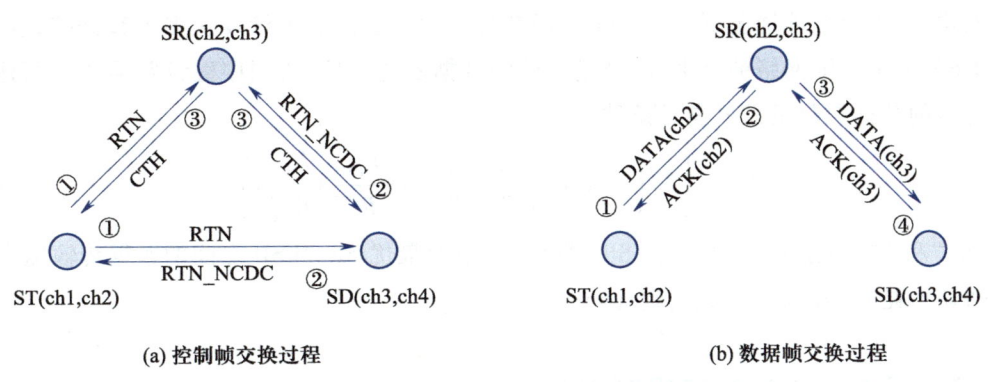

(a) 控制帧交换过程   (b) 数据帧交换过程

图 8-4-5   NCDC 情况下控制帧与数据帧的交换过程

在 OOR 情况下,ST 需要主动广播包含有自身 CSV 和 CAV 以及目的节点地址的因超出范围的请求协同帧(request-to-help for out of range,RTH_OOR),接收到该请求协同帧且与 ST 有共同数据信道的 SU 通过 RTN*/CTN* 帧交换(与 RTN/CTN 类似)来确定与 SD 的可达性以及公共的数据信道。具体地,邻居节点在接收到 RTH_OOR 后,首先进行自身的频谱感知,若发现与源节点有公共数据信道,然后发送 RTN*,这里可能会存在多个邻居节点与源节点都具有公共的数据信道的情况,但由于各个邻居节点进行频谱感知的耗时不同,因此不会同时发送 RTN*,故碰撞的概率也较小。目的节点接收到来自多个邻居节点的 RTN* 后,开始频谱感知,然后统一广播一个包含自身 CSV 和 CAV 的 CTN*。与 ST 和 SD 之间同时具有公共数据信道的 SU 称为候选中继节点,OOR 情况下的最优中继节点选择算法以及数据信道分配策略都在候选中继节点中完成,也与无公共数据信道下的最优中继选择和信道分配算法相同。值得注意的是,在 OOR 情况下,候选中继节点 SU_i 计算等效中继传输速率 R_{s-d}^i 时的 C_s 和 C_d 可通过 RTH_OOR 和 CTN* 得到。被最终选择成为中继节点的 SU 将会广播一个包含分配给 ST 和 SD 信道信息的 CTH 帧。数据传输阶段与 NCDC 情况下相同。OOR 情况下控制帧与数据帧的交换过程如图 8-4-6 所示。

若 NCDC 与 OOR 两种情况同时出现时,最终分配的 ST 与 SR 之间的数据信道可能不同于 SR 与 SD 之间的数据信道。两种情况下的控制帧交换过程的不同之处在于,NCDC 情况下,由 SD 主动广播一个 RTH_NCDC 帧,等待其他 SU 来进行协同;而在 OOR 情况下,由 ST 广播 RTH_OOR 帧来寻求其他 SU 的协同。NCDC 和 OOR 情况下的 CTH 帧格式和长度都相同。

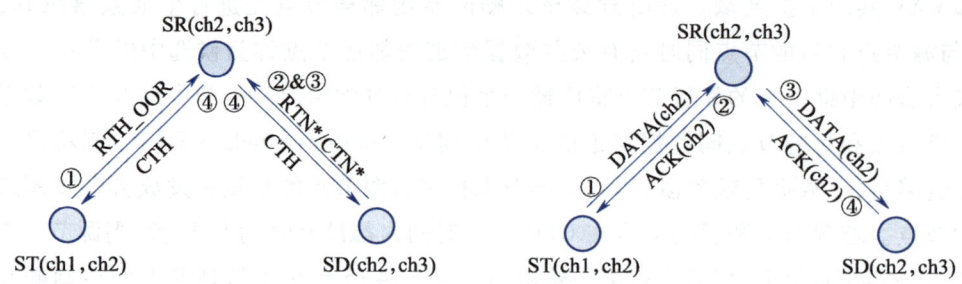

图 8-4-6　OOR 情况下控制帧与数据帧的交换过程

同样,在以上两种情况下,允许 ST 在成功建立协同链路后连续发送多个数据帧,也就是一个 DPS,为了保证网络的公平性,经过一轮的数据发送之后,协同中继链路需要重新建立。DPS 包含的数据包数量需要满足条件

$$N_{\mathrm{CR}} \leqslant \left[T \Big/ \left(4SIFS + \frac{L_{\mathrm{DATA}}}{R_{\mathrm{s-i}}^{\max}} + \frac{L_{\mathrm{ACK}}}{R_{\mathrm{s-i}}^{\max}} + \lambda + \frac{L_{\mathrm{DATA}}}{R_{\mathrm{i-d}}^{\max}} + \frac{L_{\mathrm{ACK}}}{R_{\mathrm{i-d}}^{\max}} \right) \right] \tag{8-4-2}$$

其中,$R_{\mathrm{s-i}}^{\max}$ 和 $R_{\mathrm{i-d}}^{\max}$ 分别是 ST 和最优 SR(即 SU_{r}^{*})以及最优 SR 和 SD 之间的数据传输速率。λ 是信道切换耗时,若 $Ch_{\mathrm{s}}^{*} = Ch_{\mathrm{r}}^{*}$,则 $\lambda = 0$。

8.4.3　网络结构自适应机制设计

1. 网络结构互切换方案

基于上述认知无线网络在三种网络结构下的工作模式,可提出一种网络结构互切换方案,切换方案框图如图 8-4-7 所示。

认知无线网络初始工作在集中控制式网络结构,周围 SU 可以同步地向 AP 上传或从 AP 下载数据,一旦 AP 出现故障,认知无线网络就会自主切换至单跳 Ad Hoc 结构,网络中的 SU 可以互相直接通信,若检测到 AP 恢复,则网络又会重新回到集中控制式结构。在单跳 Ad Hoc 网络结构下,若直传链路不可用,例如,若 NCDC 或者 OOR 情况出现,则认知无线网络又会切换至协同中继网络结构,并且使用相应情况下的控制帧和数据帧交换过程来建立协同中继链路。当直传链路可用时,意味着 SD 重新回到 ST 的通信范围或者 ST 与 SD 之间又重新出现公共数据信道,则认知协同网络又会重新回到单跳 Ad Hoc 结构。

2. AP/直传链路检测

通过自适应切换方案可知,需要着重解决的问题是何时切换,也就是网络结构自适应切换条件评估,包括 AP 故障/恢复检测和直传链路可用性探测。前者是集中控制式网络结构和单跳 Ad Hoc 网络结构之间,以及协同中继网络结构至集中控制式网络结构切换的触发条件,后者则是单跳 Ad Hoc 网络结构和协同中继网络结构间切换的触发条件。

（1）AP 故障/恢复检测

在集中控制式网络结构下,由于网络工作在同步模式下,每个终端 SU 能够在 CCC 上周

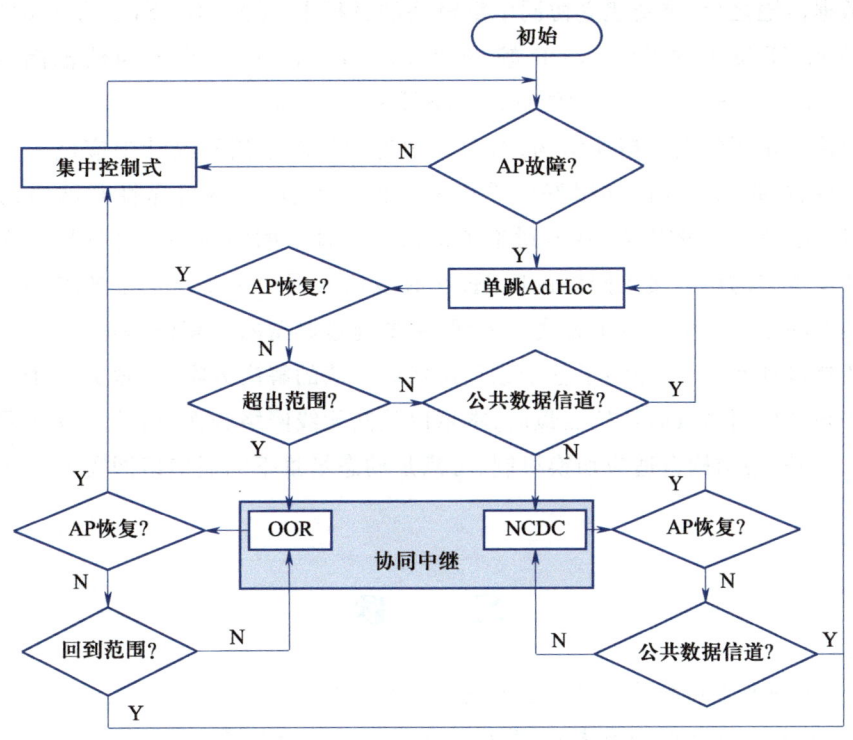

图 8-4-7　网络结构互切换方案框图

期性地从 AP 接收到帧控制头,因此,如果终端 SU 在一段时间,定义为 T_{ap_detect}(T_{ap_frame} < T_{ap_detect} < $2T_{ap\_frame}$)内没有收到任何控制信道,则认为 AP 已经发生故障。在单跳 Ad Hoc 网络结构下,没有数据传输需求,即一直处在 CCC 上保持侦听的 SU 能够及时接收到恢复后的 AP 所广播的帧控制头并重新与 AP 保持同步。对于正处于数据传输阶段的 SU 来说,考虑到单跳 Ad Hoc 和协同中继网络结构下,ST 在发送一个 DPS 后必须重新回到 CCC 上进行协商,因此,当恢复后的 AP 在 CCC 上侦听到控制帧后,例如 RTN/CTN,RTH/CTH,RTN*/CTN*,AP 会回复一个 AP 恢复帧(AP-revives,AR)来通知 SU 其已重新回到网络中。接收到 AR 帧的 SU 会立即终止现有通信并等待与 AP 同步。

(2)直传链路可用性检测

NCDC 情况的出现与消失检测:由于目的节点收到源节点的 RTN 后,也会进行频谱感知得到自身的可用信道,如果没有公共的数据信道,便会广播一个 RTH_NCDC 帧,因此 ST 与 SD 之间的 NCDC 情况很容易被检测。在协同中继网络结构中,在经过一轮的数据传输之后,ST 与 SD 需要跳至 CCC 上重新建立协同中继链路,若 ST 与 SD 之间重新出现公共的数据信道,则在交换 RTN/CTN 的过程中能够被成功检测,之后,ST 与 SD 直接进行通信。

OOR 情况的出现与消失检测:在单跳 Ad Hoc 网络结构中,ST 在超时时间内没能收到 CTN 帧可能由三种情况引起,从概率论的角度来讲,连续多次发送 RTN 帧而未能接收到 CTN 帧,很大概率上是由 SD 超出 ST 的通信范围引起的。因此,连续协商失败次数达到一个预先设定的阈值 N_{max_neg},则 ST 认为 SD 已经超出自身的通信范围。在协同中继网络结构中,

经过一轮数据传输之后,重新建立协同中继链路的过程中,重新回到 ST 通信范围内的 SD 可以直接侦听到 ST 发送的 RTH_OOR 帧,这时,该 SD 回复一个重返通信范围帧(back-to-range,BTR),来宣告 ST 与 SD 之间的直传链路可用。

　　本章讨论了常用的网络拓扑结构,然后详细论述了网络拓扑设计中应该关心的基本问题,一个可行的网络拓扑应能够很好地平衡网络的成本、网络的可靠性和网络的传输能力(通过量和时延)等方面的因素,接着讨论了接入网和骨干网的拓扑设计问题。在接入网中要解决怎样使更多的用户接入网络的问题,在有线接入网中主要讨论了各终端如何连接到 m 个集中器上的数学模型。对于无线接入网,主要通过典型的蜂窝网络进行了详细的讨论。在骨干网拓扑设计问题中,介绍了基于原型迭代试探法的解决方案,在该方法中可通过支路交换试探法来产生网络试验拓扑。最后,本章以认知无线网络为例,讨论了动态网络拓扑设计,提出了一种网络结构自适应切换机制,可满足动态场景下的通信组网需求。

习　　题

8-1　常见的网络拓扑结构有哪些? 请简要分析它们的优缺点。

8-2　简述接入网络的分类方法,并列举 4 类常见的接入网分类。

8-3　列举骨干网拓扑设计需要遵循的准则。

扩展阅读:6G 空-天-地一体化网络架构

第 9 章

网络性能分析与仿真

随着网络新技术、新业务的飞速发展,人们对网络性能的研究越来越重视。一方面,网络用户变得越来越成熟,人们希望得到更好的服务和更快的联网速度;另一方面,网络提供商也要尽力提供最好的服务给用户,以在激烈的竞争环境下生存。不可避免地,网络性能越来越成为人们关注的焦点。本章将首先介绍网络性能的指标;然后,分别依次介绍进行无线网络容量分析的基础理论和方法、无线网络提供服务质量保证的方法和网络可靠性的分析方法;最后,介绍几种常用的网络仿真工具。

9.1 网络性能分析概述

9.1.1 典型性能指标

为了使通信网能快速、有效、可靠地传递信息,必须提出一系列性能指标对新建或已经存在的通信网进行评价,以判断其是否合理以及需要在哪些方面进行改进。通信网络典型的性能指标主要包括网络容量、对业务服务质量的支持能力和可靠性等。其中,网络容量指网络能承载多少用户业务;网络对业务服务质量的支持能力又可细化为端到端吞吐量、端到端时延以及时延抖动等具体指标;可靠性主要包括网络的故障概率(从丢包率、中断概率等量化指标中得以反映)和故障修复概率等。

9.1.2 性能分析主要方法

网络性能分析的主要手段包括现场测量和试验、计算机仿真、半实物仿真和理论分析这四类。

现场测量和试验最贴近实际网络,可以直接推广应用,多用于商业化运作之前的实际检验。该方法的基本工作过程就是对网络的性能指标进行检测、量化、记录与分析,发现网络瓶颈,优化网络配置,并进一步发现网络中可能存在的潜在危险,从而更加有效地进行网络性能管理,提高网络服务质量的验证性和控制性。要了解网络的运行状态,往往需要对相关的对象进行一段时间的测量,因而这种方法的缺点是开销巨大,试验周期长。

　　计算机仿真利用数学模型,通过计算机模拟来进行网络性能的评估和分析。相较于现场测试,计算机仿真更简单易行,几乎不需要硬件成本,且评估周期也大大缩短,多用于不便于进行现场测量和实验的复杂网络性能的评估和分析。然而,计算机仿真得到的网络性能一般是基于统计的,其缺点是对稀疏事件难以仿真。另外,得到的结果可信度也没有现场测试强。

　　半实物仿真介于现场测试和计算机仿真之间,它在计算机仿真回路中接入一些实物进行试验,因而相较于单纯的计算机仿真更接近实际情况。它本质上是将数学模型与实物或物理模型相结合进行试验、分析和评估的过程。一般而言,半实物仿真对系统中比较简单的部分或对其规律比较清楚的部分建立数学模型,并在计算机上加以实现;对比较复杂的部分或对其规律尚不清楚的部分,则直接采用实物或模型。

　　理论分析的方法通过掌握网络规律完成对其的数学建模,然后通过推导和分析来评估网络的性能。因而,一般来说该方法更简单易行,且容易抓住问题的实质。但是考虑到数学模型的复杂度,该方法多用于简单网络的性能预测和评估规划,而且一般需要引入近似,且难以应用到大规模复杂网络。

　　当前的网络性能分析往往需要借助于多种手段,理论分析的结果需要通过仿真或者实测进行验证,而其他的三种性能分析手段,都需要理论分析作为指导。

9.1.3　性能测量与分析的基本类型

1. 主动测量与被动测量

　　主动测量就是通过向网络、服务器或应用发送测试数据流,以获取与这些对象相关的性能指标。例如,可以向网络发送数据包并不断提高发送速率直至网络饱和,以此来测量网络的最大负载能力。

　　被动测量通过监测网络通信状况进行,因此不会影响网络。被动测量通常用于测量通信流量,即经过指定源和目的地之间路由器或链路的数据包或字节数,也可用于获取网络节点的资源使用状况的信息。

　　主动测量与被动测量各有其优、缺点,而且对于不同的性能参数来说,主动测量和被动测量也都有其各自的用途。因此,将主动测量与被动测量相结合将会给网络性能测量带来新的发展。

2. 分点测量

　　单点测量依赖于在网络的某个点上进行监测。例如,要测量一个数据包从主机 A 到主机 B 所需的时间,则需使用准确、同步的时钟记录数据包离开主机 A 和到达主机 B 的时间。

　　多点测量。对于大型网络上通信流量的测量,也可考虑在多点监测流量,以收集数据包通过该网络的详细信息。

3. 分层测量

　　应用层测量。在网络的应用中进行数据的综合测量,可以使大家对整个应用的性能有

一个清楚的认识,而这是很难从低层测量数据综合得到的。同时,应用层测量也能提供客户机和服务器之间、网络链路之间的性能参考。

　　网络层测量。网络层是 OSI 参考模型中的第三层,是通信子网的最高层,对于 ISP 提供的骨干网一般采用网络层测量,以评估其提供的网络链路或路由器、服务器等网络节点的性能。

9.2　无线网络容量分析

　　本章讨论的无线网络容量是指网络能达到的饱和吞吐量。自从香农创立信息论以来,无线信道容量估计就成为无线通信系统发展的基础性课题之一。随着无线网新技术的演进,分布式、自组织网络技术得到了迅猛发展,研究重点开始由无线信道容量估计向网络容量估计转移。容量估计理论对于优化网络部署、提高网络效率、增强网络业务保障能力具有重要的理论意义。然而,无线自组织网中的不确定因素增加了容量分析问题的复杂度:一方面无线网信道属于竞争信道,移动节点拓扑动态性较强,个别节点位置的变化可能会显著影响网络容量;另一方面,分布式环境下节点之间协同计算行为较为复杂,使无线自组织环境下网络容量估计理论遇到了前所未有的挑战。

　　对分布式无线网络环境的容量估计理论研究中,具有代表性的是多跳无线网络"逼近容量或渐近容量"(asymptotic capacity)问题。渐近容量是一种理想情况,即节点数目趋于无穷的极限模型。由于无线信道具有广播特性,需要对节点之间的干扰行为建模,目前应用最广泛、也最有代表性的是协议层干扰模型和物理层干扰模型。目前,绝大多数关于网络容量估计或优化的研究工作都建立在这两个模型的基础上。

9.2.1　协议干扰模型和物理干扰模型

　　协议干扰模型与物理干扰模型可针对不同的网络场景和所关心的问题,描述不同情况下干扰对传输结果的影响。下面首先介绍两种模型,然后简单分析它们的不同和分别的应用范围。

　　假设单位平面内随机分布 N 个无线节点,令 $i(1 \leqslant i \leqslant N)$ 表示每个节点,d_{ij} 表示节点 i 与节点 j 之间的距离。令 R_{TX} 与 R_{CS} 表示节点的通信范围与载波侦听范围,并假设网络中所有节点采用同一无线信道进行通信。

　　(1) 协议干扰模型。只有当下述两个条件都满足时,节点 i 向节点 j 的传输才能成功:① $d_{ij} \leqslant R_{TX}$;② 满足条件 $d_{kj} \leqslant R_{CS}$ 的任意节点($k \neq i,j$)在节点 i 的发送过程中不进行传输。

　　(2) 物理干扰模型。对于不考虑热噪声的干扰受限系统,令 $SIR(i,j)$ 表示节点 j 接收到的来自节点 i 的信号的信干比(这里的干扰是指网络中除节点 i 之外其他正在传输的节点在

节点 j 处的信号功率之和），那么只有当 $SIR(i,j)$ 不小于某一阈值时，节点 i 向节点 j 的传输才能成功，而这一阈值正是捕获阈值 CP_{TH}。

上述两个干扰模型主要考虑了接收端的干扰，虽然发送端的干扰会触发发送节点的载波侦听机制，使得发送被推迟，但是对于已获得发送机会的发送-接收节点对来说，上述两个模型足以有效地描述干扰对传输结果的影响。协议干扰模型与物理干扰模型的本质区别在于是否考虑了捕获效应。对于不考虑捕获效应的协议干扰模型，任何在接收节点载波侦听范围内出现交叠的传输都会导致失败；而在考虑捕获效应时，物理干扰模型指出了传输的成败依赖于该次传输的信干比。显然，物理干扰模型更能反映实际无线通信系统的干扰特性，而协议干扰模型的使用则更为简便。

因此，在研究单跳无线网络时，不需要考虑节点位置对网络性能的影响，可以采用协议干扰模型来进行分析；而在多跳无线网络中，一般就需要使用物理干扰模型来建模隐藏节点对网络的影响。

9.2.2　任意网络和随机网络

很多学者利用协议干扰模型和物理干扰模型对无线网络的容量进行了定性或定量的分析，其中会用到两个典型的网络场景，即任意网络和随机网络。

1. 任意网络(arbitrary networks)

在该网络场景下网络节点可以任意分布在单位面积的圆盘上，发送节点任意选择目的节点，具有任意的传输半径和传输功率，传输方式也没有任何限制。在该场景下，协议模式和物理模式可表述如下。

（1）协议模型(protocol model)。在某信道上，节点 i 到节点 j 的通信满足 $|X_k-X_j| \geq (1+\Delta)|X_i-X_j|$ 时，两者之间就可以通信成功。其中，X_i 和 X_j 分别表示节点 i 和 j 的位置，X_k 表示其他任意节点 k 的位置，$\Delta>0$ 是保护带区域。该模型的物理意义就是当其他任何节点（比如节点 k）到节点 j 的距离比节点 i 到节点 j 的距离大，并且前者超过后者的 $(1+\Delta)$ 倍时，节点 i 到节点 j 的通信就可以避免任意节点 k 的干扰，视为节点 i 和 j 通信成功。该模型主要考虑的是距离的影响。

（2）物理模型(physical model)。在某信道上，节点 i 到节点 j 的通信满足

$$\frac{\dfrac{P_i}{|X_i - X_j|^\alpha}}{N + \sum_{\substack{k \in T \\ k \neq i}} \dfrac{P_k}{|X_k - X_j|^\alpha}} \geq \beta$$

时，两者就可以通信成功。其中，β 为最小信干比(SIR)门限；P_i 和 P_k 分别是节点 i 和 k 的发射功率；$|X_k-X_j|$ 是其他节点 k 和目的节点 j 之间的距离；N 是噪声功率；T 表示网络中所有节点的集合。根据大尺度衰落原理，信号功率随通信距离 d 以 $d^{-\alpha}$ 衰落，其中 α 是信道衰落系数，这里取 $\alpha>2$。该模型的物理意义是：从接收节点 j 的角度来看，如果节点 j 收到节点 i 信号的信号干扰比（信干比）的值大于一定门限值 β，就可视为节

点 i 和节点 j 通信成功。式中,分母中的干扰功率是指节点 j 收到网络中除节点 i 的其他所有节点的接收功率之和,即 $\sum\limits_{\substack{k \in T \\ k \neq i}} \dfrac{P_k}{|X_k - X_j|^{\alpha}}$。

2. 随机网络(random networks)

在该网络场景下,网络中的节点在平面单位面积圆盘上或三维单位圆球面上随机分布,节点 i 的吞吐量为 $\lambda(i)$ bit/s。每个点独立随机选择最近的目标点,并假设所有点有相同的传输半径和发射功率(注意这一点和任意网络模型相区别)。在该场景下,协议模型和物理模型可表述如下。

(1) 协议模型。在某信道上,节点 i 到节点 j 的通信满足 $|X_i - X_j| \leqslant r$ 且 $|X_k - X_j| \geqslant (1+\Delta)r$ 时,两者就可以通信成功。其中,r 表示所有点相同的最大通信距离。因为随机网络中所有节点视为同一类型,有相同的传输半径,故可以统一设为 r。这点和任意网络模型相区别,但是物理意义相同,都是基于距离的模型。

(2) 物理模型。某子信道上 T 个节点 $\{X_k, k \in T\}$ 同时传输时,若满足 $\dfrac{\dfrac{P}{|X_i - X_j|^{\alpha}}}{N + \sum\limits_{\substack{k \in T \\ k \neq i}} \dfrac{P}{|X_k - X_j|^{\alpha}}} \geqslant \beta$,则认为节点 $i\{i \in T\}$ 到节点 j 可以成功通信。其中,T 中节点的发射功率 P 相同(与任意网络相区别);β 是最小信干比;N 是噪声功率,信号功率随距离 d 以 $d^{-\alpha}$ 衰落,α 是信道衰落系数,这里取 $\alpha > 2$。物理意义同任意网络相同,也是基于信干比的模型。

9.3 无线网络时延分析

9.2 节介绍的协议干扰模型和物理干扰模型都没考虑排队的影响,而要考虑网络的有效容量(在一定延迟概率下的端到端吞吐量),就要分析网络中数据的传输时延带来的影响。

实际网络的业务源具有随机特性,在某些时刻,报文产生速率会大于 MAC 层的处理能力,这就需要在业务源与 MAC 层之间加入一个队列用来缓存报文。队列的出现给网络的性能带来很大影响,例如,报文经历的时延除了 MAC 时延外还包括排队时延,而无线节点发生报文丢弃的原因除了达到 MAC 层重传限制之外,还包括有限长度队列发生溢出。因此,在研究网络性能时,除了需要对 MAC 层进行分析,还需要建立排队模型将排队时延带来的影响考虑在内。在第 2 章中已经详细介绍了排队论的相关知识,在本章以 IEEE 802.11 无线网络为例来具体介绍排队系统时延模型。

9.3.1 单节点的排队系统时延模型

对于只具有一个无线接口、运行 IEEE 802.11 协议的节点,其报文处理过程可以等效为

如图 9-3-1 所示的单个服务台服务单个队列的排队模型。排队模型的输入过程依赖于该节点的业务源与转发自其他节点的外部输入,输出过程受 MAC 层对报文处理方式的制约。当节点不采用主动队列管理策略时,报文的处理过程遵循先到先服务[①](first come first service, FCFS)原则。

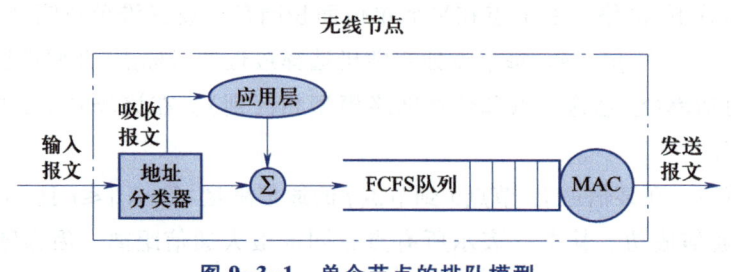

图 9-3-1　单个节点的排队模型

采用经典的 Kendall 符号来描述排队模型。一个排队模型可以表述为

$$A/B/m\text{-}discipline$$

其中,A 表示报文到达间隔时间的概率分布,即输入过程的统计特性;B 表示服务时间的概率分布,即输出过程的统计特性;m 为排队模型中服务台的个数,在本章后续的分析中,取 $m=1$;$discipline$ 表示排队规则,对于采用静态路由的无线网络,排队规则为 FCFS。

根据上述符号表示,对于具有泊松业务源的非中继节点,当分别采用无限队长假设与有限队长假设时,节点分别等效为 M/G/1 与 M/G/1/K 排队模型,这里 M、G 与 K 分别代表指数分布、一般分布与队列长度,这两种排队模型一般适合研究单跳网络中节点的性能。当节点可能为其他节点转发报文时,例如,多跳网络里的节点,即使其应用层仍然以泊松过程产生报文,但是与外部输入叠加后队列的输入过程不再具有马尔可夫特性,因此可以用 G/G/1 排队模型来描述这样的节点。

9.3.2　排队网络时延模型

多跳 Ad Hoc 网络中的节点不但自己可能产生报文,还可能为其他节点转发报文。同时,每个节点还可能因其是业务流的终点而使得报文在这样的节点离开网络。于是,多跳 Ad Hoc 网络可以抽象为图 9-3-2 所示的开放排队网络。

在图 9-3-2 中,排队网络中的每个节点可看作是一个 G/G/1 排队模型,并且对应多跳 Ad Hoc 网络中一个网络节点。p_{ji} 为报文在节点 j 服务完毕后进入节点 i 的队列的概率,又称路由概率。p_{0i} 表示报文经由节点 i 进入网络的概率,即节点 i 产生的负载占整个网络总负载之比。p_{j0} 表示报文在节点 j 处理完毕后离开网络的概率。

---

① 严格地讲,无线节点的队列其实是优先级队列。例如,采用广播方式进行发送的路由协议控制报文具有高优先级,它们进入队列后会直接插入到队列首部优先进行发送。这样做的目的是保证路由信息是最新的并且路由控制操作能及时执行。但是,当只考虑数据报文时,队列服从 FCFS 原则。

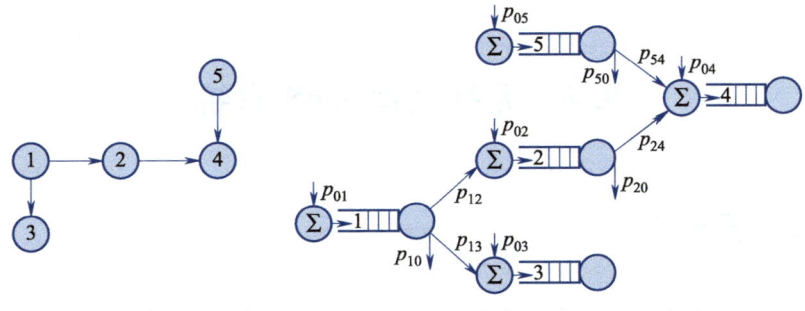

(a) 多跳网络示例　　　　　(b) 对应的开放排队网络

图 9-3-2　多跳 Ad Hoc 网络的排队网络模型

对于输入是泊松过程的单节点排队模型,当已知其服务时间统计特性时,可以通过嵌入式马尔可夫链法求得其平稳解。但是排队网络是一个比较复杂的服务系统,只有在一些严格的假设条件下才存在可以计算的解,而即便如此,有些问题的计算量也相当大。因此,需要通过近似算法,在满足需要的计算精度下求解排队网络。开放排队网络的近似算法主要包括扩散近似法、最大熵法以及开放网络分解法等。其中,扩散近似法因其算法难度低、计算量小(无须迭代运算)、近似精度高等特点而非常适用于求解多跳网络模型。

扩散近似法作为非乘积形式排队网络的近似算法,最早是在 1974 年提出的,其基本思想是将报文进入队列的离散随机过程近似为连续随机过程,该连续随机过程又称为扩散过程,其概率分布由相应的扩散方程描述。在排队网络中,扩散方程使用每个网络节点的报文到达与服务过程的方差-协方差矩阵来描述它们之间的相互影响。每个网络节点的扩散方程在适当的边界条件下能求得解析解,并且整个排队网络状态的概率分布可通过每个单独队列状态的乘积来表示。也就是说,扩散过程通过考虑网络节点之间的相互影响从而将非乘积形式网络近似成了乘积形式网络。这使得扩散近似法成为能精确分析非乘积网络的有力工具,同时也是现有其他分析手段很难达到的目标。

扩散近似法在求解排队网络时具有很高的精确度,因为它通过方差-协方差的形式考虑了排队网络中节点间的相互影响。与指数近似法[①]相比,在轻负载条件与重负载条件下,求解开放排队网络时扩散近似法的误差分别介于 1.5%~15% 与 1%~6% 之间,而在相同条件下简单地采用指数近似法的误差则分别介于 30%~65% 与 30%~100% 之间。扩散近似法的误差远小于指数近似法,尤其是在负载较重时,几乎可以忽略,这是因为在重负载条件下,离散马尔可夫过程能更精确地近似为连续马尔可夫过程。

尽管扩散近似法的推导过程非常复杂,但是其最终结果的表现形式却比较简单,非常适用于解决实际问题。

---

① 早期对排队网络的研究通常采用指数近似法,即假设网络中节点的输入间隔时间与服务时间都服从指数分布,并且指数分布的平均值等于实际概率分布的平均值。

9.4　无线网络 QoS 分析

9.4.1　服务质量定义

视频：网络服务
质量

服务质量是一个主观性比较强的概念,也存在多种定义形式。例如,ITU-T
定义 QoS 是一个综合指标,用于衡量一个服务的满意程度;IETF 定义 QoS 是在
传输一个流时,网络能够满足相应的服务需求;思科公司则定义 QoS 是指一个
网络能够利用各种底层技术向选定的网络业务提供更好的服务的能力。这些底层技术包括帧
中继、ATM、以太网、同步光网络(synchronous optical network,SONET)以及 IP 网络等。尽管这
些定义形式上有所差别,但其本质上都反映了 QoS 指的是网络满足用户服务需求的能力。

9.4.2　QoS 模型

为了给用户提供更好的服务质量,IETF 在 20 世纪 90 年代就提出了综合服务(integrated
services,IntServ)模型、区分服务(differentiated services,DiffServ)模型,以及两者的混合模型。
这些模型非常具有代表性,时至今日仍然得到广泛的应用。

1. 综合服务模型

综合服务模型由 IETF 的 IntServ 工作组于 1994 年提出。它将网络提供的服务划分为不
同类别,可对单个的应用会话提供服务质量的保证。具体而言,该模型定义了三种不同等级
的服务类型:有保证的服务(guaranteed service)、受控负载的服务(controlled-load service)和
尽力而为的服务(best effort service)。有保证的服务能够提供定量的带宽和端到端的延迟,
而且保证合法的数据包不会被丢失;受控负载的服务提供一种类似于网络低负载情况下的
尽力而为传输服务,它比尽力而为的服务效果要好,但它并不提供严格的服务质量指标,不
保证确定的排队延迟,允许一定量的数据包丢失;尽力而为的服务就是在多种负载环境下提
供的尽力而为的传输服务,它不提供任何类型的服务保证。

IntServ 是端到端的基于流的 QoS 技术。在发送数据分组流前,网络设备需要通过资
源预留协议(resource reservation protocol,RSVP)也即信令协议向网络申请特定服务质量,
包括带宽、时延等。在确认网络已经为该数据分组流预留了资源后,网络设备才开始发送
数据分组报文。IntServ 能很好地满足 QoS 的要求,但所有的网络节点必须支持 RSVP 信
令协议,并且维护每个数据分组流的状态和交换信令信息,在大型网络内这可能会要求数
量极大的带宽。

如图 9-4-1 所示,IntServ 的四个组成部分包括分类器(classifier)、接入控制(admission
control)、资源预留协议(也就是信令协议)和调度器(scheduler)。

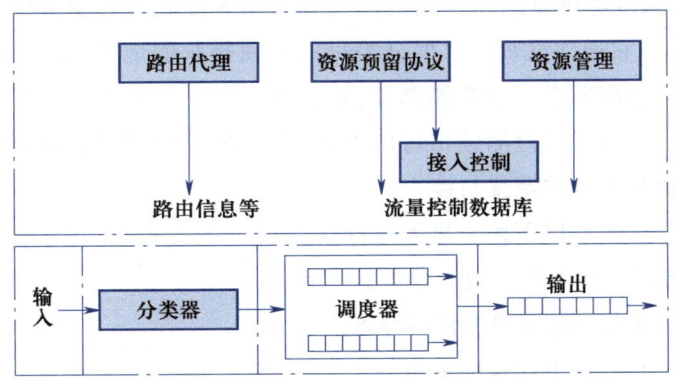

图 9-4-1 IntServ 模型结构及工作流程

（1）分类器

为了进行流量控制，每个进入路由器的数据分组流必须被映射到某个服务类型（class）上，所有属于同一个服务类型的数据分组流得到调度器同样的处理。其中，这个映射过程就是由分类器实现的。分类器根据数据分组流的分组头和（或者）分组中添加一些附加分类进行服务类型的映射，完成多字段（multi-field，MF）分类。

（2）接入控制

接入控制用来决定是否能够在不影响其他数据分组流服务质量的情况下，为某一特定的数据分组流提供其所要求的 QoS 保证。当主机提出服务请求时，该服务途经的每一个路由器的接入控制模块都要判断是否能够接纳该请求。接入控制算法必须与 IntServ 的服务类型一致，策略控制则确定该用户是否有权请求某类 QoS。

（3）资源预留协议

RSVP 是一种主机到路由器或路由器之间进行数据分组流的 QoS 服务信息传递的协议，它与现有的 Internet 网络结构以及路由协议相互兼容，并能够将数据分组流的 QoS 状态传递给通路上的主机或路由器，通过彼此的协商进行资源预留，其工作流程如图 9-4-2 所示，具有以下几个特点。

① 面向接收（receiver-oriented）：由接收方根据需要预留资源。

② 软状态（soft state）：定期发送 PATH 和 RESV 消息维护。

③ 多播支持。

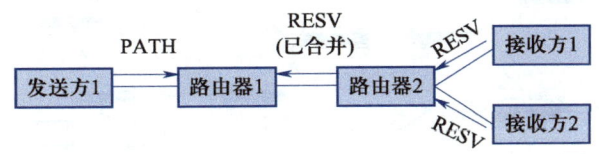

图 9-4-2 RSVP 协议工作流程图

（4）调度器

调度器可采用多重队列调度或其他机制（如定时器机制）来管理属于不同数据分组流的

数据分组的转发。调度器可以采用不同的调度方法来调度转发数据分组,只要它能保证提供相应的 QoS 机制。它通常设置在数据分组可能出现排队的地方,如主机或路由器的输出或输入端口。另外,还应考虑一个功能部件:评估器。它可以看作调度器的一部分,也可以看作独立的部件,评估器用来检测输出流的特性,生成统计数据,反馈给包调度器和接入控制部件,从而更好地控制包的调度与接入。

综上所述,IntServ 具有以下两个显著的特点:

① 它是基于流的细粒度进行资源分配;

② 它能够提供绝对有保证的端到端 QoS。

当然,IntServ 也存在以下明显的缺点。

① 可扩展性能差。因为 IntServ 要求端到端的信令,在每一个路由器上,都要检查每一进入的包并保证相应的服务,因而每一路由器都必须维护每一条流的状态信息,从而增加了综合服务的复杂性,导致可扩展性差。

② 如果存在不支持 IntServ 的节点/网络,虽然信令可以透明通过,但对应用来说,已经无法实现真正意义上的资源预留,所希望达到的 QoS 保证也就大打折扣。

③ 对路由器的较高要求。由于需要端到端的资源预留,必须要求从发送者到接收者之间所有路由器都支持所实施的信令协议,因此所有路由器必须实现 RSVP、接入控制、MF 分类和包调度。

2. 区分服务模型

区分服务模型是 IETF 工作组为了克服 IntServ 的可扩展性差的问题而在 1998 年提出的服务模型,目的是制定一个可扩展性相对较强的方法来保证服务质量。与综合服务不同,区分服务是基于类的 QoS 技术,它不需要信令。在网络入口处,网络设备检查数据包内容,并为数据包进行分类和标记,所有后续的 QoS 策略都依据数据包中的标记做出。DiffServ 结构模型如图 9-4-3 所示。

边缘路由器主要完成业务量分类和调节,对分组头中的区分服务域进行标记;核心路由器根据 IP 分组的区分服务代码点(differentiated services code point,DSCP)来选择对应的转

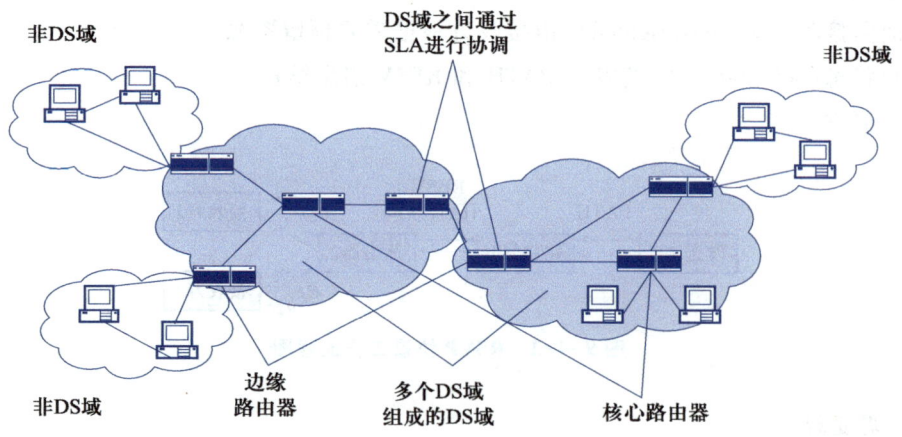

图 9-4-3　DiffServ 结构模型

发处理,即逐跳行为(per hop behaviors,PHB),从而对分组进行调度转发;服务等级协议(service level agreement,SLA)协商不同 DS 域(differentiated services domain)之间的分类规则、重新标记规则以及业务流应该符合的业务量配置文件。

区分服务无须保存流状态和信令信息,可扩展性好,但由于缺少端到端的带宽预留,在负载较重的链路上服务保证可能会被削弱。

在 DiffServ 模型中,一种服务由某些重要特征所定义,这些特征可能包括吞吐率、时延、时延抖动、丢包率和优先级的量化值或统计值等。DiffServ 模型根据这些服务的不同首先在网络边缘处对它们进行分类,然后分配到不同的行为集合中。每一个行为集合由唯一的 DS 域编码点标识。在网络核心处,数据包根据 DS 编码点对应的每一跳行为转发。DiffServ 的处理流程如图 9-4-4 所示。

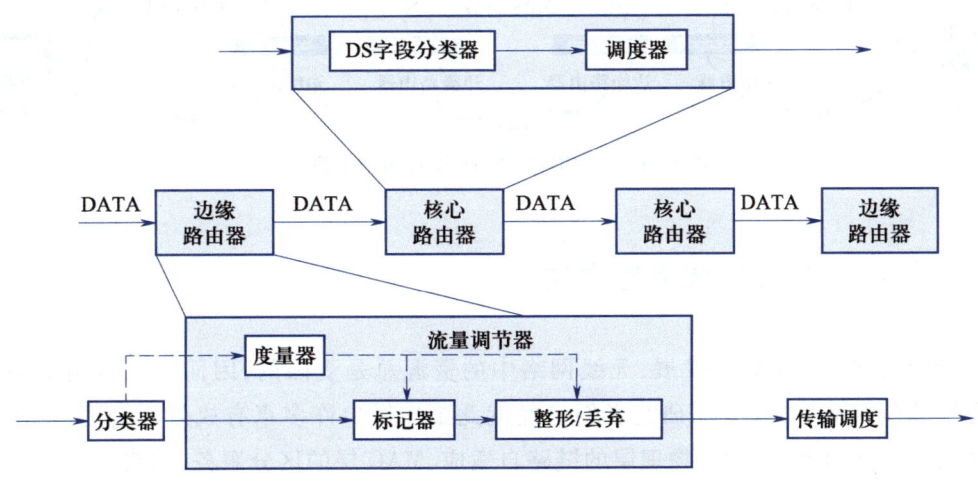

图 9-4-4 DiffServ 的处理流程

DiffServ 的最大特点就是只在网络的边界节点上实现复杂的分类和调节功能,而且区分服务只包含有限数量的业务级别,状态信息的数量少,因此实现简单,可扩展性较好。它采用聚合的机制将具有相同特性的若干业务流聚合起来,为整个聚合流提供服务,而不再面向单个业务流。也就是说,在 DiffServ 网络的边缘路由器上保持每个流状态,核心路由器只负责数据包的转发,而不保存状态信息。

综上所述,DiffServ 具有以下显著的特点。

(1)它基于聚合类的粗粒度进行资源分配。

(2)它具有较好的可扩展性,可根据在分组中携带的信息决定如何处理,而不需要使用 RSVP 协议。DS 字段只是规定了有限数量的业务级别,状态信息的数量正比于业务级别,而不是流的数量。

(3)它易于实现。只在网络的边界上才需要复杂的分类、标记、整形等操作。

当然,因为 DiffServ 是基于类(而不是基于流)进行资源分配,它无法提供端到端的 QoS 保证。

3. Diff-IntServ 混合模型

为了最大限度地利用 DiffServ 和 IntServ 两种机制的互补特性,当前网络中为服务提供 QoS 往往结合两种模型使用。

IETF 提出了两种 DiffServ 和 IntServ 的结合方法。一种方法是将 IntServ 视为 DiffServ 的接入域,将 DiffServ 视为 IntServ 的核心域的组网方法(图 9-4-5):RSVP 信令透明地通过 DiffServ 网络,由网络边缘的设备处理 RSVP 消息,并根据 DiffServ 网络中资源的可用性提供许可控制,DiffServ 网络边缘将 IntServ 的业务类型映射为 DiffServ 的业务类型。另一种方法是为 DiffServ 网络中的节点配置 RSVP 功能,并采取一定的策略决定哪些包用 RSVP,哪些包用 DiffServ 机制进行处理。

图 9-4-5　Diff-IntServ 混合模型示意图

9.4.3　保证 QoS 的代表性方法

无论无线网络技术如何发展,无线网络中的资源总是受限的,因而在无线网络中提供 QoS 支持是有挑战性的工作。研究者们已经就此工作做出许多卓有成效的努力,这些研究成果主要集中在四个层次上:物理层的链路自适应、MAC 层的区分服务、网络层的 QoS 路由协议以及系统级的 QoS 模型和信令机制。

1. 物理层的链路自适应

物理层链路自适应的思想是使节点根据信道质量选择合适的数据发送速率或者发送质量,从而充分利用无线网络资源,为支持业务的 QoS 提供尽可能好的服务。为了能够适应信道质量的变化,现在很多厂商提供的无线电设备都具备根据信道质量选择合适的发送速率的能力。在 IEEE 802.11 标准中,就通过采用不同的调制方式在物理层汇聚过程(physical layer convergence procedure,PLCP)头中定义了多个发送速率。不过,IEEE 802.11 标准并没有规定具体如何选择合适的发送速率,链路自适应的速率选择算法仍然是一个开放的研究内容。

图 9-4-6 给出了物理层链路自适应算法的分类框图。其中,大部分的算法在不对标准进行修改的情况下选择在 PLCP 中定义的各个发送速率。也有一些算法,对 IEEE 802.11 标准进行简单的修改,根据链路信道情况来自适应地调整直接序列扩频(direct sequence spread spectrum,DSSS)中的 PN 码的长度。用于进行信道情况判断的参数包括信噪比(signal-to-noise ratio,SNR)、载波干扰比(carrier-to-interference ratio,CIR)和接收信号强度指示(received signal strength indicator,RSSI),以及负载长度、重传次数、接收到的 ACK 等,这些参数在一些算法中也结合起来使用。

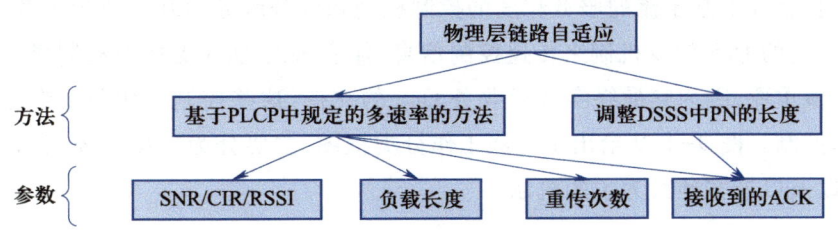

图 9-4-6 物理层链路自适应算法的分类框图

2. MAC 层的区分服务

MAC 层支持 QoS 的主要途径是区分服务:使不同的数据帧获得不同的发送优先级,高优先级的数据帧以更高的概率获得无线信道。对服务的区分通常采用以下几种技术中的一种或多种。

(1)给每个不同优先级的数据帧设定不同的退避时间,这通过设定不同的竞争窗口的大小或者采用不同的退避算法来实现。退避时间越短,优先级越高。

(2)不同优先级数据帧对应的帧间隔(inter-frame space,IFS)不同。数据包间隔越短,优先级越高。

(3)根据数据包的长短,优先发送短数据包,因为无线信道质量较差,长数据包比短数据包更易出错,这样在一定条件下能提高效率。

(4)根据等待时间的不同,让等待信道更久的数据包优先获得发送权。

其中,前三种主要是设置不同业务的优先级,而第四种主要是保证业务的公平性。图 9-4-7给出了 MAC 层区分服务算法的分类框图。

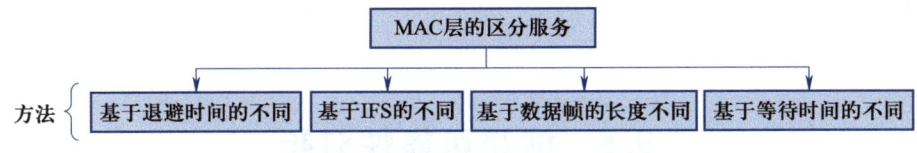

图 9-4-7 MAC 层区分服务算法的分类框图

3. 网络层的 QoS 路由协议

网络层 QoS 路由协议完成的功能不仅仅是找到一条从源节点到目的节点的路径,而是要找到一条能满足一定 QoS 参数要求的路径。在多跳无线网络中,QoS 参数既包括节点本身的参数,如节点电池的剩余能量,同时又包括路径性能参数,主要有可用带宽、时延和链路稳定性等。图 9-4-8 给出了其分类框图。

4. 系统级的 QoS 服务模型和信令机制

系统级 QoS 服务模型和信令机制侧重于从系统的层面给出提供 QoS 保证的方法,其中

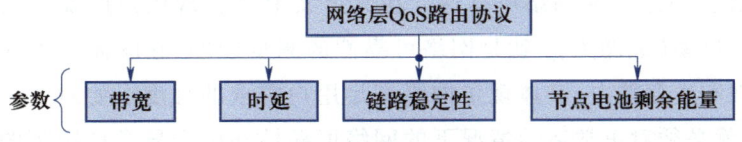

图 9-4-8 QoS 路由协议的分类框图

包括汲取综合服务中基于流的服务粒度的控制机制和区分服务中基于类的服务粒度的控制机制;寻求合适的 QoS 信令机制来传递控制信息;能实现对 QoS 支持的控制操作。其中,最后一个方面最重要,因为它最终实现对业务 QoS 的支持,这些控制操作包括带宽预留、接入控制和速率控制。图 9-4-9 给出了这些工作分类框图,主要分为以接入控制和速率控制为主的机制,以及以带宽预留为主的机制。

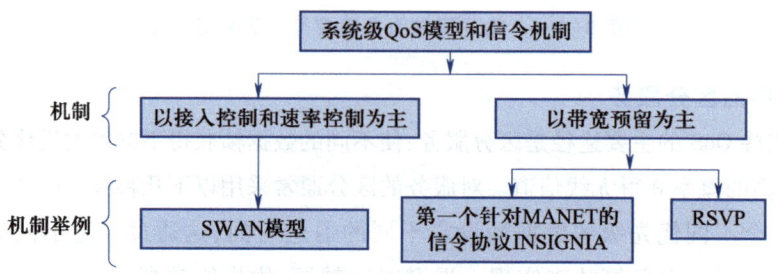

图 9-4-9 系统级的 QoS 服务模型和信令机制的分类框图

总结以上相关研究可以看出,物理层链路自适应的目的是使无线节点根据信道情况选择合适的发送速率,从而可以更好地利用无线网络资源;MAC 层区分服务的主要功能是使优先级高的业务能以更高的概率获得信道,但并不提供保证。这两种方法对提供 QoS 支持很有帮助,但它们都不能提供确定的 QoS 保证,特别是在高业务量的网络内,区分服务并不能表现出好的性能。真正能够为业务提供比较确定的 QoS 保证的方法有网络层 QoS 路由协议、接入控制和带宽预留等,而这些方法的性能在很大程度上都依赖于系统获取可用带宽信息的能力。

9.5 网络可靠性分析

可靠性是通信网络规划、设计和管理中需要考虑的一个重要性能指标,也越来越受到人们的重视。可靠性不高的网络容易出现故障,一旦造成通信中断不仅会给用户带来不便,也会给社会政治、经济等各方面带来严重影响。

9.5.1 可靠性定义及相关概念

视频:网络的
可靠性

把网络系统在规定的持续运转过程中,成功实现用户所要求的正常通信任务的概率(或能力)定义为网络可靠性。在此定义中,"实现用户所要求的正常通信任务的概率(或能力)"就是网络可靠性的测量标准,它既体现了网络系统的有效性和生存能力,又体现了网络满足用户需求的程度。要对整个网络运行过程进行综合测量,就必须对正常运转情况下的网络可靠性和出现异常情况下的网络可靠性同时进行研究。

目前,国内外对网络可靠性的研究,通常将网络看作是由节点和通信链路构成,能够传输各种业务流的流图。抗毁性、生存性和有效性是网络可靠性的三种测量标准。

(1) 抗毁性(invulnerability)指的是在外界损毁的情况下网络的可靠性。抗毁性是一个图论中的概念,它描述了网络拓扑对网络可靠性的影响,但其立足点是网络连通性。

(2) 生存性(survivability)研究的出发点是随机性破坏。它是从概率论和图论的角度出发的,其测量标准的是连通性(即网络节点到节点的连通性概率)。

(3) 有效性(availability),又称完成性(performability),目前国内外对此指标的研究相对频繁。所谓网络的完成性,是指当网络的某些部分失效时,网络的业务性能仍处于一个可接受范围之内,则把这个状态称为网络的有效状态,所有这种有效状态的出现概率相加得到的结果,便是网络的完成性。这一概念表明,不仅网络分离可以导致网络失效,而且网络业务性能的降低同样可以导致网络失效。在这一层面上,研究网络可靠性要同时考虑网络的连通性和网络业务性能。通过对实际电信通信网络的研究发现,网络不同状态量之间存在一般性关系,并提出了一种只需分析部分网络状态便能求得网络可行性精确值的由部分到整体的可靠性评估方法。这种方法的局限性很明显,即在节点和链路性能下降时,其状态的变化可能是断续的,也可能是逼近连续的,不仅不可能分清状态数,而且会导致可行性计算的运算量巨大。

9.5.2 可靠性分析基础理论

当网络丧失了在给定条件下和规定时间内完成规定功能,并把其业务质量参数保持在规定值以内的能力,就是出了故障。由于网络出现故障的随机性,研究网络的可靠性要使用概率论和数理统计的知识。通信网的可靠性一般可以用可靠度、不可靠度、平均故障间隔时间以及平均故障修复时间来描述。

1. 可靠度

可靠度是系统在给定条件下和规定时间内完成所要求功能的概率,用 $R(t)$ 表示,若用一非负随机变量 x 表示系统的故障间隔时间,则 $R(t)$ 定义为

$$R(t) = P(x>t) \qquad (9-5-1)$$

即系统在指定时间间隔 t 内不发生故障的概率。

2. 不可靠度

不可靠度与可靠度正好相反,用 $F(t)$ 表示,它是指系统在指定时间间隔 t 内发生故障的概率

$$F(t) = P(x \leq t) \qquad (9-5-2)$$

一般而言,为了得到系统的可靠度,必须首先知道该系统的故障间隔时间分布函数。例如,对指数分布函数,故障间隔时间 x 不大于 t 的概率(即为系统的不可靠度)可表示为

$$F(t) = P(x \leq t) = 1 - e^{-\lambda t} \qquad t \geq 0, \quad \lambda > 0 \qquad (9-5-3)$$

式中,λ 为系统在单位时间内发生故障的概率,称故障率。根据可靠度定义

$$R(t)=P(x>t)=1-F(t)=\mathrm{e}^{-\lambda t} \tag{9-5-4}$$

3. 平均故障间隔时间(mean time between failures,MTBF)

平均故障间隔时间是两个相邻故障间的时间的平均值,也称为平均寿命。在故障间隔时间分布函数服从指数分布的条件下,系统故障间隔时间 x 的概率密度函数为

$$f(t)=\frac{\mathrm{d}F(t)}{\mathrm{d}t}=-R'(t)=\lambda \mathrm{e}^{-\lambda t} \tag{9-5-5}$$

系统的平均故障间隔时间可用下式计算:

$$MTBF=\int_0^\infty tf(t)\,\mathrm{d}t=\int_0^\infty R(t)\,\mathrm{d}t \tag{9-5-6}$$

注意,当 λ 为常量时,根据上式可得 $MTBF=1/\lambda$。

$MTBF$ 是表征网络可靠性的重要参量。定性地说,$MTBF$ 越大,系统越可靠。若 λ 为常量,$MTBF$ 与 λ 一样,都可以用来充分描述系统的可靠性。

4. 平均故障修复时间(mean time to repair,MTTR)

用来衡量系统或设备发生故障后修复所需的平均时间的指标。这个指标衡量了设备维修的效率和速度,平均故障修复时间越短,意味着设备在发生故障后能够更快地恢复正常运行,减少了网络中断时间和影响,计算公式可表示为

$$MTTR = 维修时间/已维修故障$$

其中,维修时间是指在一段时间内设备发生故障后,所有故障修复所花费的总时间,已维修故障是指在同一段时间内设备发生故障并已维修的次数。

9.5.3　复杂系统的可靠度计算

复杂的网络系统往往由多个部件或者子系统组成,在上一节的基础上,本节研究复杂系统的可靠性分析和可靠度计算方法。构成复杂系统的部件或者子系统之间一般是串联、并联或者串并混合,下面分别进行分析。

1. 串联系统

对于由 n 个部件(或者子系统)串联组成的系统,如图 9-5-1 所示,当 n 个部件有一个失效时,该串联系统就发生故障。

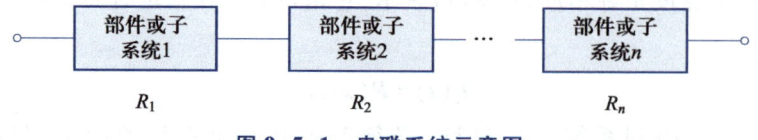

图 9-5-1　串联系统示意图

设各个部件的故障间隔时间(即其寿命)为 x_i,可靠度为 $R_i(t)$,$i=1,2,\cdots,n$。假设各部件相互独立,该串联系统的故障间隔时间 x 是 n 个部件的故障间隔时间 x_i 中最小值,即

$$x = \min(x_1, x_2, \cdots, x_n) \qquad (9\text{-}5\text{-}7)$$

根据定义,该串联系统的可靠度可用下式计算:

$$R(t) = P\{x > t\} = P\{\min(x_1, x_2, \cdots, x_n) > t\}$$

$$= P\{x_1 > t, x_2 > t, \cdots, x_n > t\} = \prod_{i=1}^{n} R_i(t) \qquad (9\text{-}5\text{-}8)$$

当 $R_i(t) = \mathrm{e}^{-\lambda_i t}$ 时,该串联系统的可靠度为

$$R(t) = \prod_{i=1}^{n} \mathrm{e}^{-\lambda_i t} = \exp\left(-t \sum_{i=1}^{n} \lambda_i\right) \qquad (9\text{-}5\text{-}9)$$

其平均故障间隔时间为

$$MTBF = \int_0^\infty R(t)\,\mathrm{d}t = \int_0^\infty \exp\left(-t \sum_{i=1}^{n} \lambda_i\right)\mathrm{d}t = 1 \Big/ \sum_{i=1}^{n} \lambda_i \qquad (9\text{-}5\text{-}10)$$

作为特例,当 $\lambda_1 = \lambda_2 = \cdots = \lambda_n = \lambda$ 时,

$$R(t) = \exp(-n\lambda t) \qquad (9\text{-}5\text{-}11)$$

$$MTBF = \frac{1}{n\lambda} \qquad (9\text{-}5\text{-}12)$$

2. 并联系统

对于由 n 个部件(或子系统)并联组成的系统,如图 9-5-2 所示,当 n 个部件全部失效时该并联系统才发生故障。记各部件的故障间隔时间和可靠度分别为 x_i 和 $R_i(t)$,$i = 1, 2, \cdots, n$。

设各部件相互独立,并联系统的故障间隔时间为

$$x = \max(x_1, x_2, \cdots, x_n) \qquad (9\text{-}5\text{-}13)$$

根据定义,该并联系统的可靠度可用下式计算:

$$R(t) = P\{\max(x_1, x_2, \cdots, x_n) > t\}$$

$$= 1 - P\{\max(x_1, x_2, \cdots, x_n) \le t\}$$

$$= 1 - P\{x_1 \le t, x_2 \le t, \cdots, x_n \le t\} = 1 - \prod_{i=1}^{n} [1 - R_i(t)]$$

$$(9\text{-}5\text{-}14)$$

当 $R_i(t) = \mathrm{e}^{-\lambda_i t}$ 时,该并联系统的可靠度为

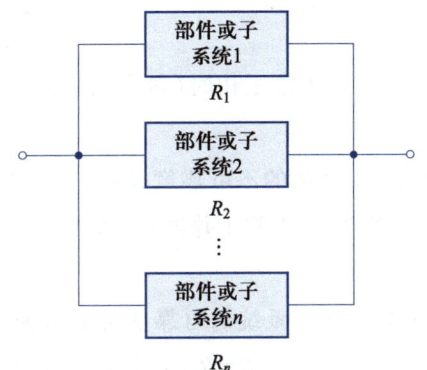

图 9-5-2 并联系统示意图

$$R(t) = 1 - \prod_{i=1}^{n} (1 - \mathrm{e}^{-\lambda_i t}) \qquad (9\text{-}5\text{-}15)$$

其系统的平均故障间隔时间为

$$MTBF = \int_0^\infty R(t)\,\mathrm{d}t = \int_0^\infty \left[1 - \prod_{i=1}^{n}(1 - \mathrm{e}^{-\lambda_i t})\right]\mathrm{d}t \qquad (9\text{-}5\text{-}16)$$

作为特例,当 $\lambda_1 = \lambda_2 = \cdots = \lambda_n = \lambda$ 时,

$$R(t) = 1 - (1 - \mathrm{e}^{-\lambda t})^n \qquad (9\text{-}5\text{-}17)$$

$$MTBF = \sum_{i=1}^{n} \frac{1}{i\lambda} \qquad (9\text{-}5\text{-}18)$$

3. 更一般的系统

一般的复杂系统往往并不只是由多部件串联或并联组成的,而是串并混合或更复杂的系统,这些系统的可靠度常常可通过等效系统的方法用串联、并联系统可靠度的计算方法得到。

例 9.1   求图 9-5-3(a)中 1 和 2 两点间的可靠度。

解:要求 1 点和 2 点间的可靠度,可以分别考虑 R_5 的有效和失效两种状态。这样,图 9-5-3(a)所示的网络可以分别转换为图 9-5-3(b) 和图 9-5-3(c) 的网络。其中,图 9-5-3(b)是 R_1 和 R_2、R_3 和 R_4 分别并联然后串联的系统,图 9-5-3(c)是 R_1 和 R_3、R_2 和 R_4 分别串联然后并联的系统。

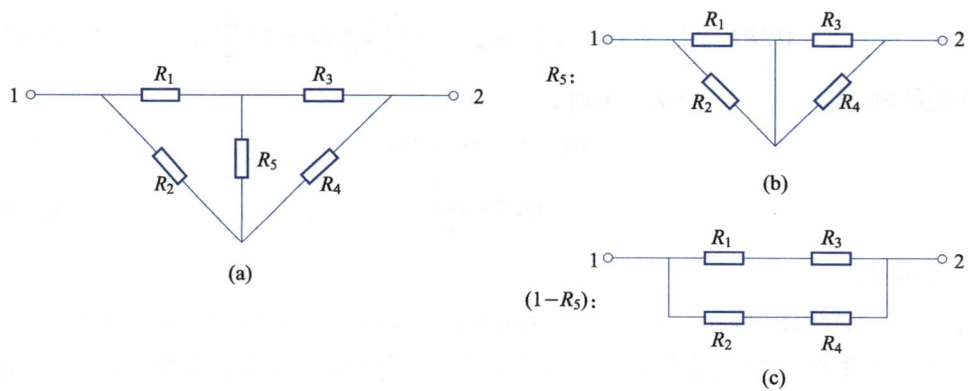

图 9-5-3   可靠性分析示例

当 R_5 正常工作时(概率为 R_5),系统可靠性可计算为

$$R_a = (1 - F_1 F_2)(1 - F_3 F_4) \tag{9-5-19}$$

其中,F_i 为 R_i 的不可靠度,$i = 1, 2, 3, 4$。

当 R_5 非正常工作时(概率为 $1 - R_5$),系统可靠性可计算为

$$R_b = 1 - (1 - R_1 R_3)(1 - R_2 R_4) \tag{9-5-20}$$

这样,该复杂系统的可靠度可表示为

$$R = R_5(1 - F_1 F_2)(1 - F_3 F_4) + (1 - R_5)\left[1 - (1 - R_1 R_3)(1 - R_2 R_4)\right] \tag{9-5-21}$$

9.6   网络性能仿真分析

9.6.1   网络性能仿真方法

网络仿真技术是一种通过建立网络设备和网络链路的统计模型,并模拟网络流量的传输,从而获取网络设计或优化所需要的网络性能数据的仿真技术。一般而言,通信网络仿真不是基于数学计算,而是基于统计模型。

网络仿真技术具有以下几个特点：① 初期应用成本不高，而且建好的网络模型可以延续使用，后期投资还会不断下降；② 随着计算机仿真技术的不断发展，通信网络仿真结果的可信度显著提高；③ 网络仿真的预测功能，可以方便地修改参数来评估网络状态的变化；④ 网络仿真的使用范围不断增大，既可以用于现有网络的优化和扩容，也可以用于新网络的设计，而且特别适用于中大型网络的设计和优化。

9.6.2　常用网络仿真软件

网络仿真的执行只有少数情况下需要仿真者完全自己编写代码，大部分情况需要依赖于网络仿真软件。目前，在工程界和学术界已经存在众多的网络仿真软件，包括 OPNET、NS2/NS3、QualNet、NetSim、OMNeT++、GloMoSim 和 MATLAB 等。本节主要介绍这些常用的通信网络仿真工具。首先，通过表 9-6-1 来比较目前所应用的仿真软件，在 9.6.3—9.6.5 节中将对重点仿真软件逐一进行介绍。

表 9-6-1　仿真软件的对比

仿真软件	类型	操作系统	语言	适用的网络及协议	用户界面情况
OPNET	商用/学术	Windows	C,C++	有线和无线网络的大部分网络协议	友好的图形界面
NS2/NS3	开源	UNIX/Linux	C++,Octl/Python	有线和无线网络的大部分网络协议	少量图形界面
QualNet	商用	Windows	C++	有线和无线网络的大部分网络协议	友好的图形界面
NetSim	商用/学术	Windows	Java	有线和无线网络，重点支持WLAN,Ethernet,TCP/IP 和 ATM 等，主要用于设备级仿真	图形界面
OMNeT++	开源	UNIX/Windows	C++	支持有线和无线网络，协议库较少	图形界面
GloMoSim	开源	Windows	C	无线网络，主要支持移动网络	无图形界面
MATLAB	商用/学术	Windows/Linux	M 语言，Simulink	主要用于无线通信和无线网络链路级仿真	图形界面

9.6.3　OPNET

1. OPNET 仿真平台简介

OPNET(optimized network engineering tool)最早是 MIL-3 公司的核心软件产品。该公司成立于 1986 年，成立目的是为美国军方开发网络及其应用的决策支持软件。与军方合作成

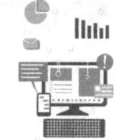

功后,MIL-3 公司逐渐与民用领域的 Cisco、HP 等网络设备大公司建立合作关系,为这些公司提供设备模型、协议模型及技术支持服务,MIL-3 公司逐渐成为世界上领先的网络仿真、建模、决策支持软件公司,后来以主营软件产品命名,改名为 OPNET 公司。

OPNET 公司的产品主要面向专业人士,帮助客户进行网络结构、设备和应用的设计、建设、分析和管理。OPNET 的产品主要针对三类客户:网络服务提供商、网络设备制造商和一般企业。OPNET 网络仿真软件作为 OPNET 公司的核心系列软件产品,大大小小包括了十多项产品,其中重要的有以下几种。

(1) ACE Analyst:提供管理应用性能的高级分析技术,通常用于定位并解决产品应用中的问题,并保证应用在发布的同时能保证质量。

(2) IT Guru Network Planner:提供可预测的网络容量规划和设计优化,也可提供网络配置更改的验证。

(3) IT Guru System Planner:提供服务器的容量规划,包括从物理服务器到虚拟服务器的迁移规划。

(4) IT Netcop:为企业提供集中、实时可见的网络拓扑、业务和状态监视,它提供了一个综合视图,用以识别网络事件的影响,并帮助定位和解决出现的问题。

(5) SP Guru Network Planner:包含对服务提供商很有价值的分析方法,可用于规划、网络优化以及验证配置更改。

(6) SP Guru Transport Planner:用于光网络的网络规划,目标客户是网络设备生产商。

(7) SP Netcop:用一个综合视图提供集中、实时可见的网络拓扑、业务和状态监视。

(8) OPNET Modeler:用于网络建模和仿真,它使用户能够评估网络设备、通信技术、系统和协议在仿真设定的网络条件下的性能。

OPNET 是当前网络仿真领域著名的主流产品,是目前世界上比较先进的网络仿真开发和应用平台。全球有 1 400 多个组织,包括美国军方和许多电信公司都在使用 OPNET 软件。国内用户使用的 OPNET 软件以 OPNET Modeler 产品为主,其用户界面非常友好,如图 9-6-1 所示。

OPNET 仿真软件具有下面的突出特点,使其能够满足大型复杂网络的仿真需要。

(1) 提供三层建模机制,如图 9-6-2 所示。最底层为进程(process)域模型,以状态机来描述协议;其次为节点(node)域模型,由相应的协议模型构成,反映设备特性;最上层为网络(network)域模型。三层模型和实际的网络、设备、协议层次完全对应,全面反映了网络的相关特性。

(2) 提供了一个比较齐全的基本模型库,包括路由器、交换机、服务器、客户机、ATM 设备、DSL 设备、ISDN 设备等。

(3) 采用离散事件驱动的模拟机理,与时间驱动相比,计算效率得到很大提高。

(4) 采用混合建模机制,把基于包的分析方法和基于统计的数学建模方法结合起来,既可以得到非常细节的模拟结果,又大大提高了仿真效率。

(a) 主界面

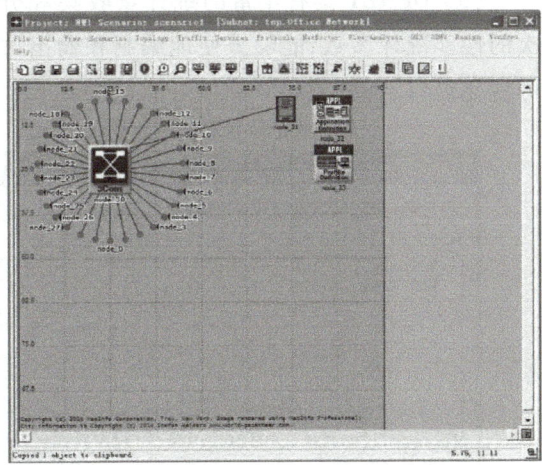

(b) 简单拓扑配置的网络模型

图 9-6-1 OPNET 仿真软件界面

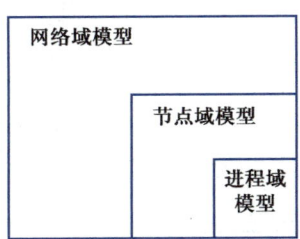

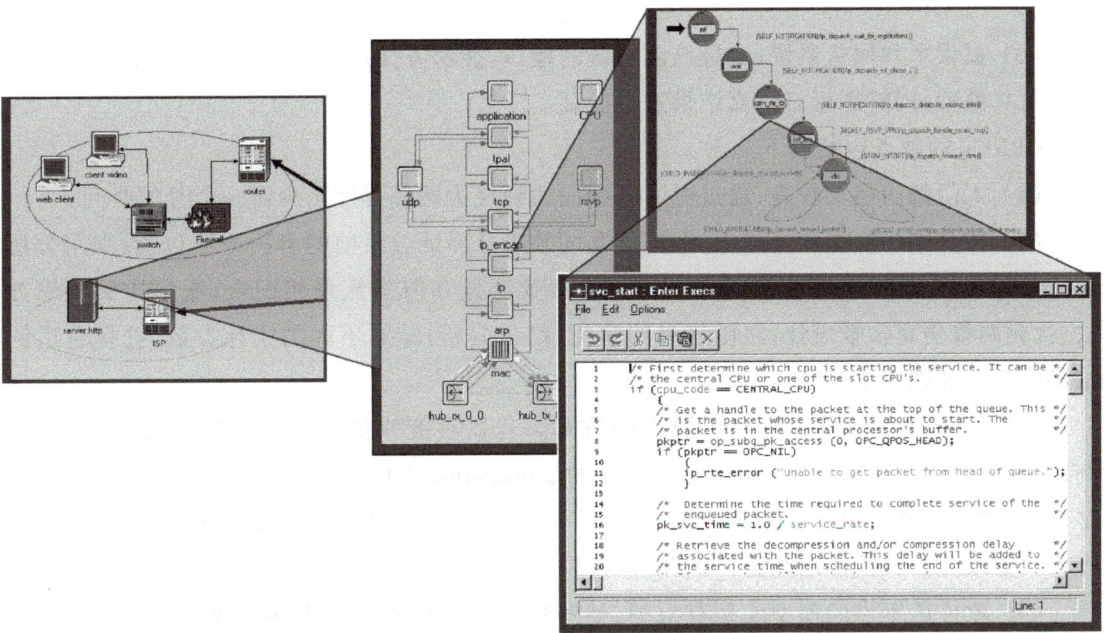

图 9-6-2 三层建模机制框架图

（5）OPNET 具有丰富的统计量收集和分析功能。它可以直接收集常用的各个网络层次的性能统计参数，能够方便地编制和输出仿真报告。图 9-6-3 所示为网络仿真结果统计可视化窗口示例。

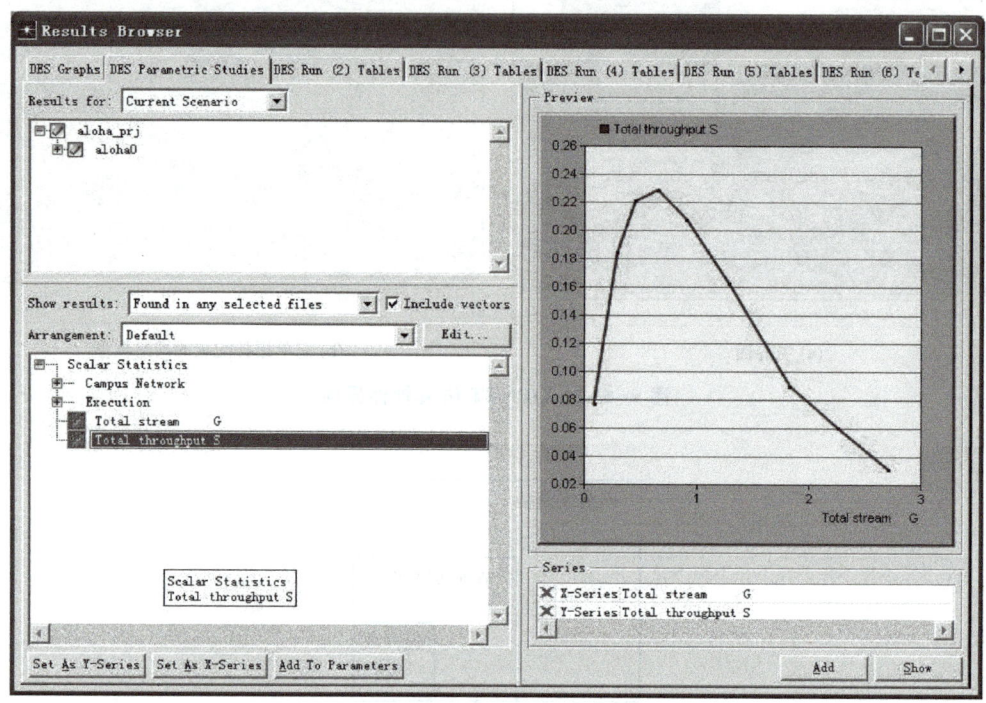

图 9-6-3　网络仿真结果统计可视化窗口示例

（6）提供了和网管系统、流量监测系统的接口，能够方便地利用现有的拓扑和流量数据建立仿真模型，同时还可对仿真结果进行验证。

OPNET 的缺点包括以下几点。

（1）入门的门槛比较高，通过专门培训而达到较为熟练程度至少需一个月的时间。

（2）仿真网络规模和流量很大时，仿真的效率会降低。目前的解决方法包括：采用分层的建模方法，汇聚网络流量，简化网络模型；背景流量和前景流量相配合；流量比例压缩方法；优化调整仿真参数设计；路由流量的简化；结果分析；针对不同的统计参数，选择合适的结果收集和处理方法。

（3）OPNET 比较适合对路由协议的仿真。若要对链路仿真，只能借助 Pipeline stage。例如，有用户尝试把 Pipeline stage 中 radio 的 propagation delay model 的传输速度（default 值是光速）改为声波在海水中的速度（1 500 m/s），但是仿真出来的 propagation delay 结果却没有太大的改变。根据使用经验，MATLAB 比较适合做链路层的仿真。

（4）软件所提供的模型库是有限的，某些特殊网络设备的建模必须依靠节点和进程层次的编程方能实现。具体来说：① 网络仿真软件提供的标准的结果参数，往往不能满足实际用户的全部需要，如果用户需要收集网络设备的某些特殊参数，必须通过进程层次上的编

程来收集自己感兴趣的网络参数;② 一般来说,厂家提供的网络协议的模型都滞后于标准颁布之日数月甚至一年,当急需使用厂家模型库中没有提供的新协议、新标准时,就只有通过编程的方法,开发自己的协议模型;③ 对于大型网络的仿真,有时需要根据实际情况,通过编程改变模型的某些特性来提高仿真计算效率。涉及底层编程的网元建模具有较高的技术难度,因为需要对协议和标准及其实现的细节有深入的了解,并掌握网络仿真软件复杂的建模机理。因此,一般需要经过专门培训的专业技术人员才能完成。

2. OPNET 仿真流程

OPNET 仿真流程如图 9-6-4 所示。

（1）理解系统,明确仿真目标。这是准确建立模型的关键,通过充分理解被分析系统的结构和各构成模块之间的关联来理解系统;通过明确仿真目标,才能突出建模仿真的重点,简化次要问题,模型中不需要包含被分析系统的所有细节。

（2）创建模型。依据确定的仿真目标,通过 OPNET 仿真软件建立网络模型、节点模型和进程模型,并配置网络的业务。建模过程可以直接利用 OPNET Modeler 标准模型库中的模型,也可以利用有限状态机、C/C++和 OPNET 提供的 400 多个核心函数开发自定义的模型。

（3）收集统计量。OPNET 使用探针将需要分析的数据存储到输出文件中,探针可分为统计探针、动画探针和属性探针三种类型。使用探针可以对仿真过程中的全局参数、节点参数和链路参数进行统计,也可以通过编程实现自定义统计参数。仿

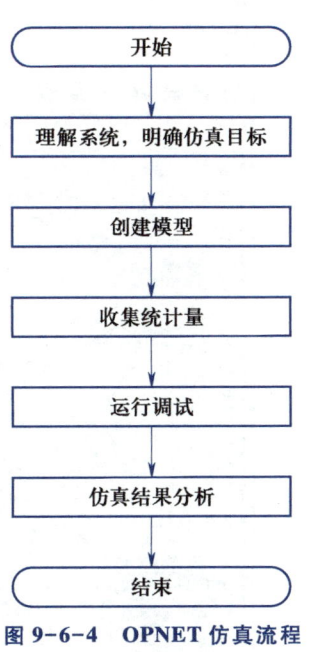

图 9-6-4　OPNET 仿真流程

真运行结束之后,统计数据会以标量或者矢量的方式表示,OPNET Modeler 自带的统计工具提供信息分析和汇总的方法。

（4）运行调试。设置仿真运行参数,运行仿真程序。通过 OPNET 仿真调试器（OPNET simulation debugger,ODB）,使用断点、跟踪等调试手段发现仿真代码中可能存在的问题。对仿真模型进行交互式调试,跟踪仿真运行过程中的数据和结果,修改完善代码直到确认代码的正确性。

（5）仿真结果分析。运行仿真获得仿真结果,调整配置参数进行多次仿真,比较不同配置下的网络性能。重复上述过程多次,直到完成预定仿真目标,得到需要的网络性能分析结果。

3. OPNET 三层建模机制

OPNET 采用三层建模机制对网络进行模拟,自上而下分别是网络域模型、节点域模型和进程域模型。

（1）网络域模型

网络域模型是基于地理位置和运行业务,采用子网、通信节点和通信链路三种模块构建的反映真实网络结构的拓扑模型。子网包括一组节点和链路,表示大网络中某个小部分的抽象。通信节点代表路由器、交换机、服务器、工作站等网络中的物理设备及业务配置。通

信链路代表各物理设备间的连接链路,包括点到点链路、总线链路和无线链路三种。一条链路由一条或多条信道组成,它将源节点中发送机的输入流和目的节点中接收机的输出流连接起来,只有数据速率和包格式一致时才能正确传递数据。

OPNET Modeler 中使用如图 9-6-5 所示的项目编辑器进行网络域模型的创建和编辑。在项目编辑器中还可以创建自定义的链路模型、定义网络环境、运行仿真和分析仿真结果。

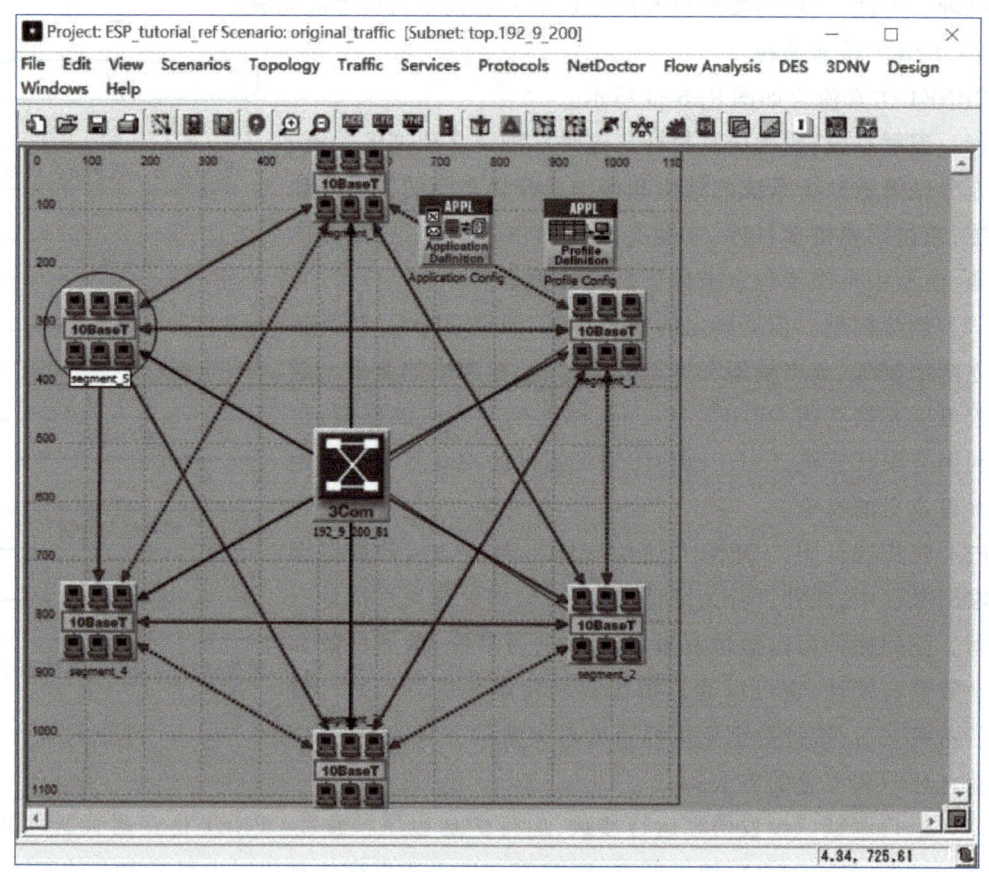

图 9-6-5　项目编辑器

（2）节点域模型

OPNET 中的节点按功能可以分为两类:一类是用于产生、接收和处理数据的终端节点;另一类是用于交换和转发数据的交换节点。节点域模型是用包流线(packet stream)或统计线(statistic wires)连接多个节点模块(modules)组成的功能完整的节点模型。包流线用于节点模块之间传递数据包,用于模拟节点内流过硬件和软件接口的数据。统计线用于传递控制信息、监督信息和收集统计量,统计线传递的是单个值,常用于通知目的模块某个特定条件需满足。节点模块根据功能可以划分为处理器模块、队列模块和收/发机模块三种。处理器模块是用于产生、接收和处理数据的最常用的节点模块,其功能由模块属性中的 process model 指定的进程模型决定。队列模块在处理器模块的基础上扩展增加了报文的缓存和管理子队列的功能,可以模拟排队过程。收/发机模块通过管道阶段模型来模拟物理信道的发

送时延、传播时延、差错率等特性。每个节点模块实现节点行为的某一个方面,一般的节点域建模都是采用 OSI 或 TCP/IP 参考模型的分层协议结构来做功能分解,拆分为不同的节点模块。

如图 9-6-6 所示,OPNET Modeler 中使用节点编辑器进行节点域模型的创建和编辑。在节点编辑器中,还可以创建自定义的节点模型、编辑节点和接口的属性等。

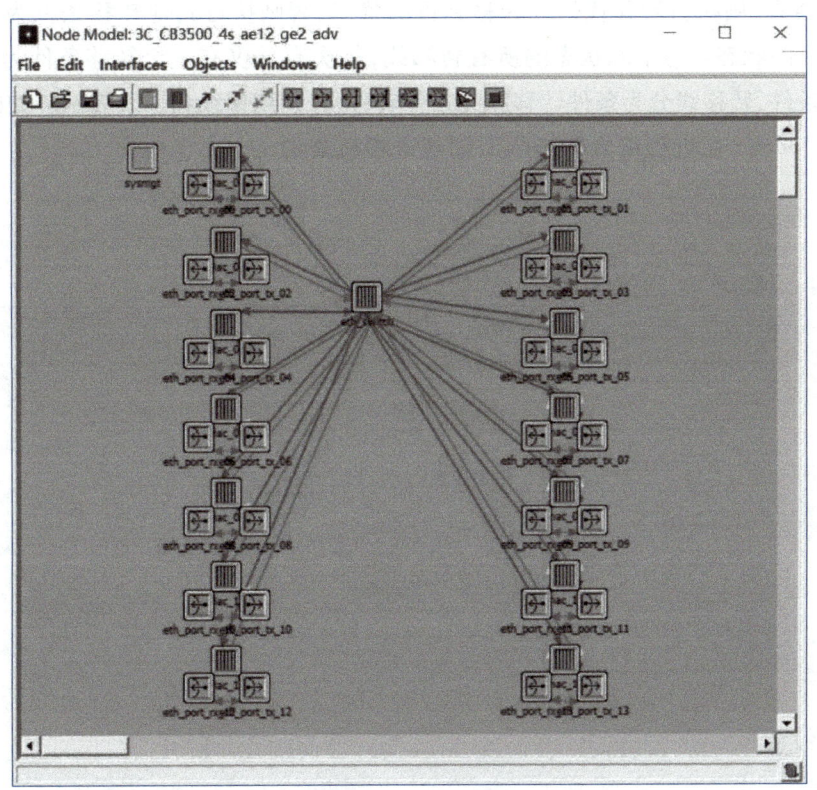

图 9-6-6 节点编辑器

（3）进程域模型

进程域模型是各种网络协议实现的最终载体,包括通信协议、算法、排队策略、共享资源、定制业务源等。进程域模型实现节点模型中处理器模块和队列模块的具体功能,用于模拟现实世界中软件或硬件系统的工作过程。

进程域模型使用由状态和转移线构成的 OPNET Modeler 状态机来表示算法,在状态的进入代码、退出代码、转移过程、状态变量、临时变量、头文件区、函数区、外部头文件和源文件中进行代码编写,完成算法功能。状态表示进程在仿真过程中与特定事件的发生相对应的一个阻塞点,采用中间带矩形分割的圆形表示。其中,圆形上半部分称为进入代码,包含由 OPNET 核心函数和标准 C/C++编写的程序来描述进入状态时所执行的操作;圆形的下半部分称为退出代码,包含由 OPNET 核心函数和标准 C/C++编写的程序来描述离开状态时所执行的操作。OPNET 中的状态分为绿色的强制状态、红色的非强制状态和带箭头的初始状态三种。进程进入强制状态后不允许停留,执行完进入代码和退出代码后立刻转移到下一个状态;进程进入非强制状态时,执行完进入代码后保存进程相关信息处于阻塞状态,等待事件、其他进程或者仿真核心激活后执行退出代码,然后根据条件转移到下一个状态;初始状态是进程第一次调用的状态,可以是强制状态也可以是非强制状态,一般用于完成初始化的功能。转移线描述了从一个状态到另一个状态的过程和条件,包括源状态、目的状态、转移条件和转移执行代码四个部分。进程离开源状态后,对转移线上的转移条件进行判断,如果转移条件为真,则执行转移代码并转移到目的状态,否则执行其他转移条件为真的代码并转移到对应目的状态。每个源状态的所有转移线,每次有且仅有一个转移条件为真。根据是否设置转移条件,转移线分为条件转移和无条件转移,分别用虚线和实线表示。如图 9-6-7 所示,OPNET Modeler 在进程编辑器提供了创建进程所需的工具。

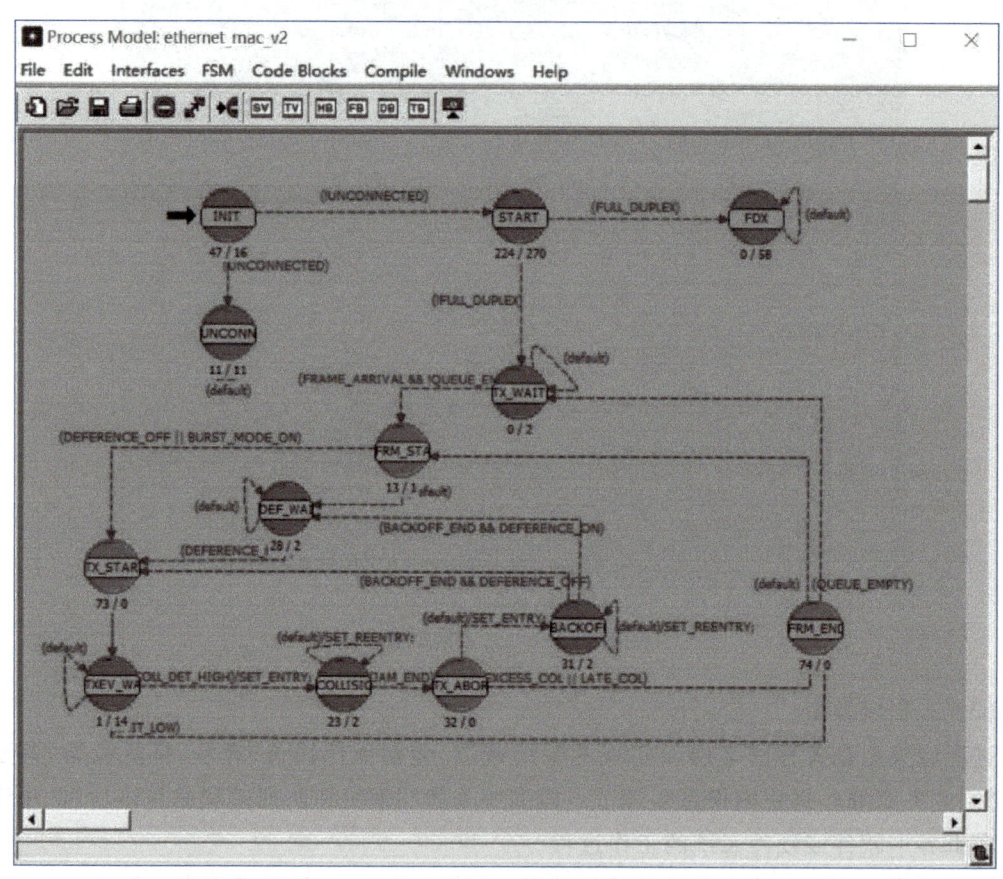

图 9-6-7　进程编辑器

OPNET Modeler 有一套高效创建进程的系统化方法,称为进程域建模方法,该方法包含以下五个步骤:上下文定义、进程分解、事件枚举、填写事件响应列表并发掘状态、OPNET 代码实现。

（1）上下文定义

找到与本进程模块相关的所有其他节点模块,以及本模块与这些节点模块之间的通信机制。相互关联的节点模块不仅包含物理上采用包流线、统计线等方式直接相连的模块,还

包括采用远程调用方式的模块。

（2）进程分解

根据要仿真的协议确定采用单进程模型还是多进程模型。对于多进程模型要确定每个进程各自的任务和功能、进程创建的条件和各进程之间的关系。

（3）事件枚举

针对前一阶段确定的进程，把每个进程中可能发生的事件一一列举出来，并指定其在 OPNET 中是什么中断类型。每个进程的唤起运行都是由于某个事件的发生，事件转化成中断之后由仿真核心将中断传递到进程。

（4）填写事件响应列表并发掘状态

事件响应列表是描述进程模型在不同状态下对各种事件的响应行为。状态获取采取逐层遍历的方法：任意选取一个状态作为起点，遍历所有事件和所有转换条件，确定响应行为和目标状态，重复上述过程以获得进程的所有状态。这一步是进程建模的核心。

（5）OPENT 代码实现

根据事件响应列表绘制状态转移图，在状态转移线上定义转移条件和执行的函数，进行代码编写。

9.6.4 NS2/NS3

1. NS 仿真平台简介

NS(network simulator)是一个由 UC Berkeley 开发的主要用于仿真各种 IP 网络的优秀的仿真软件。该软件的开发最初是针对基于 UNIX 系统下的网络设计和仿真而进行的，目前是在学术界应用最广泛的仿真软件之一。

Tcl(tool command language)与 Tk 是安装在 UNIX/Linux 环境下的两个包，它们共同构成了一套开发系统应用程序和图形用户界面接口（GUI）应用程序的环境。Tk 是 Tcl 在 X Window 环境下的扩展，它包含了 Tcl 的全部 C 库函数，以及支持 X Window 的窗口、控件等 C 库函数，为用户开发图形用户界面提供了方便。

NS 使用两种程序设计语言，即 C++和 OTCL。这两种程序设计语言都是面向对象的。C++程序模块的运行速度非常快，是强制类型的程序设计语言，容易实现精确的、复杂的算法，但是发现和修正 bug 所花费的时间较长。OTCL 是脚本程序设计语言，是无强制类型的，比较简单，但是它的运行速度比 C++要慢很多。

NS 仿真的关键是网络组件。NSObject 是所有基本网络组件的父类，它的父类是 TclObject 类。这个类的对象有一个基本功能，就是处理数据包（packet）。所有的基本网络组件可以划分为两类，分类器（classifier）和连接器（connector），它们都是 NSObject 的直接子类，也是所有基本网络组件的父类。分类器的派生类组件对象包括地址分类器和多播分类器等。连接器的派生类组件对象包括队列、延迟、各种代理和追踪对象类。应用程序是建立在传输代理上的应用程序的模拟，NS2 中有两种类型的"应用程序"，数据源发生器和模拟的应用程

序。NS 是离散事件驱动的网络仿真器,它使用 Event Scheduler 对所有组件希望完成的工作和计划该工作发生的时间进行列表和维护。

NS 运行在 Linux、Unix 等操作系统上,要求系统装有 C++编译器。NS 的工作流程包括:NS 代码使用 OTCL 语言编写,通过 OTCL 语言解释器解释,使用 NS 仿真库进行编译和仿真,输出仿真结果。根据仿真结果记录,可进一步进行相关内容分析,生成网络拓扑图或者得到数据的可视化的图表。使用辅助的 NAM 工具,在 NS 中可以清晰显示网络拓扑图,使用 X Graph工具,可以将 NS 的仿真结果用图表形式表示。

NS 设计的出发点是基于网络仿真,它集成了多种网络协议、业务类型、路由排队管理机制、路由算法。此外,NS 还集成了组播业务和应用于局域网仿真有关的部分,以及 MAC 层协议,其仿真主要针对路由层、传输层、数据链路层展开,因此 NS 可以实现对固定网络、无线网络、卫星网络以及混合网络等多种网络的仿真,但它最适用于 TCP 层以上的模拟。

与 OPNET 相比,NS 的优点是它为免费软件、源代码公开、可扩展性强,缺点是没有 OP-NET 这种商业软件的界面友好。

2. NS3 网络仿真模型

如图 9-6-8 所示,NS3 的网络仿真模型是由节点、信道、网络设备、协议栈和应用程序这五类网络元素构成的。每类网络元素对应一个 C++基类。

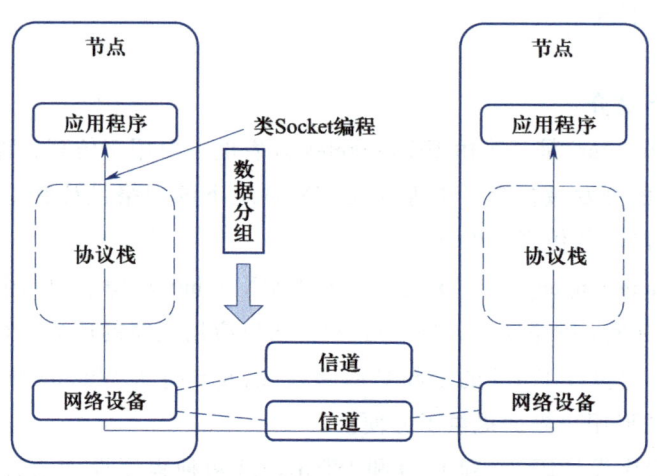

图 9-6-8　NS3 网络仿真模型

(1)节点。NS3 中的节点对应物理网络中的主机或路由器等原始网络元件,使用 Node 类表示。节点是一个不包含任何功能的框架,创建完成之后需要添加相应的网络设备、协议栈和应用程序之后才具有收发和处理数据的能力。

(2)信道。NS3 中的信道对应物理网络中的物理层传输媒介,用于连接不同节点,完成节点之间的数据传输,使用 Channel 类表示。信道模拟数据传输过程中的传播时延、能量损耗、噪声干扰、误码率等特征。NS3 目前提供了三种信道类型:点对点信道(point-to-point,PPP)、载波侦听多路访问信道(carrier sense multiple access,CSMA)和 Wi-Fi 信道。

(3)网络设备。NS3 中的网络设备对应物理网络中的数据链路层,用于连接节点的协

议栈和信道,使用 NetDevice 类表示。一个节点可以绑定多个网络设备,用于绑定多个信道和其他节点进行通信。与信道类似,NS3 提供了三种类型的网络设备,分别是点对点网络设备、有线局域网设备和无线局域网设备。

(4)协议栈。NS3 中的协议栈对应物理网络中的传输层和网络层协议栈,使用 Internet-Stack 类来表示。协议栈提供链接管理、传输控制、路由、IP 地址等功能,位于应用程序和网络设备之间。

(5)应用程序。NS3 中的应用程序对应物理网络中应用程序的网络传输部分,主要负责数据分组的发送、处理和接收,使用 Application 类来表示。应用程序发送和处理分组通过网络套接字(network socket)与下层协议交互。

3. NS3 仿真流程

NS3 网络仿真流程如图 9-6-9 所示,主要包括四步:选择或开发仿真模块、编写网络仿真脚本、分析仿真结果、修改脚本或源代码直至实现仿真目标。

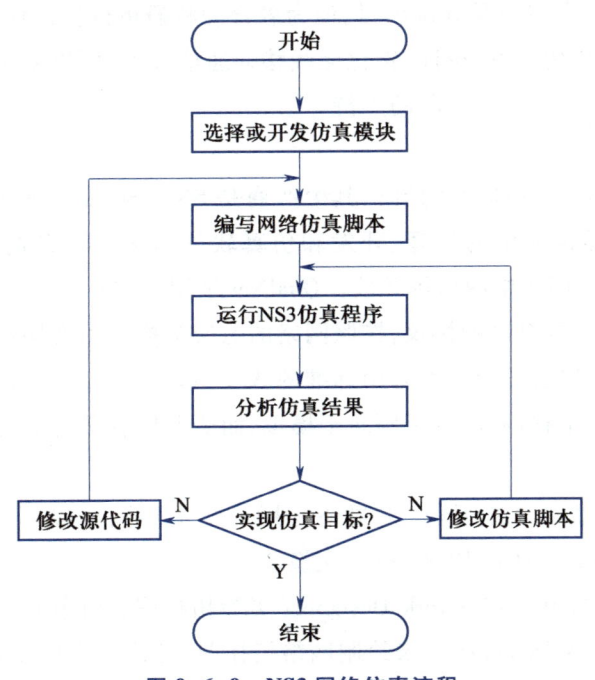

图 9-6-9 NS3 网络仿真流程

(1)选择或开发仿真模块。根据仿真场景的需要选择或开发相应的仿真模块。如果NS3 提供的类符合需求则可以直接调用已有的类,否则需要使用者修改已有的类或者用C++设计开发自己的仿真模块。

(2)编写网络仿真脚本。根据仿真实验的场景,使用 C++或者 Python,应用上面的仿真模块搭建网络仿真环境,主要过程包括:生成节点、安装网络设备、安装协议栈、安装应用程序、设置移动性等其他配置。脚本中还可以通过日志对数据进行记录。

(3)分析仿真结果。运行 NS3 仿真之后会输出简单的打印结果或文本文件,此时可以通过 PyViz 或 NetAnim 可视化模块和动画演示工具来直观地展示网络运行的效果;通过

Wireshark 或 tcpdump 网络数据分析工具读取 NS3 的 trace 文件进行统计分析;通过 NS3 的统计模块 status 来分析数据分组的延迟、网络吞吐量、分组丢失率等。

（4）根据分析结果修改源码或者仿真脚本。通过分析,如果发现程序有错误,则需要修改 C++源代码,重新编译运行;如果没有达到仿真目标,可能需要调整网络配置参数,修改 C++或 Python 脚本重新仿真。重复上述过程直至达到仿真目标,获得满意的结果。

9.6.5　其他仿真软件

1. GloMoSim

GloMoSim 是美国加州大学洛杉矶分校计算机系开发的网络仿真平台,它用 PARSEC(parallel simulation environment for complex system)语言写成,该语言实质上是 C 语言的并行编程扩展。GloMoSim 最早为 DARPA 的全球移动信息系统(global mobile information system,GloMo)提供仿真服务,所以不是开源项目,但为教育和科研单位提供免费的使用权限。该项目旨在为商业及军事应用开发、论证、转化无线移动通信技术,所以 GloMoSim 主要针对无线网络仿真,对有线网络仅提供很有限的支持。

2. QualNet

QualNet 是 GloMoSim 的商业化延续,其生产商是 SNT(Scalable Network Technologies)公司,该公司以大规模异构网络的管理、开发和仿真软件的销售和咨询业务为主,主要产品 QualNet 于 2004 年 5 月面向中国市场开放。QualNet 采用标准 C 语言编译,同时也支持C++,用户易于修改、调用、仿真自己的协议,按照网络的七层架构采用模块化设计,有利于用户直接选择想仿真的协议模块,各层之间采用标准的 API 接口。但 QualNet 为了提高仿真运行速度,对仿真细节做了很多省略,所以更倾向于模拟,而非严格意义的仿真。

3. NetSim

NetSim 有商用和学术两种版本(主要还是用于学术界),可以用于多种网络协议的仿真,包括 WLANs、Ethernet、TCP/IP 和 ATM 交换。

NetSim 有两个组成部分:Network Designer(实验拓扑图设计软件)和 NetSim(实验环境模拟器)。其中,Network Designer 用来绘制网络拓扑图,可让用户构建自己的网络结构或在实验中查看网络拓扑结构。NetSim 用来进行设备配置练习,是最重要的组件,用户可以选择网络拓扑结构中不同的路由、交换设备并进行配置,也就是说输入指令、切换设备都是在 NetSim 下的控制面板(control panel)中进行。全部的配置命令均在这个组件中输入。值得一提的是,NetSim 的命令和最新的 Cisco 的 IOS 保持一致,它可以模拟出 Cisco 的部分中端产品 35 系列交换机和 45 系列路由器。通过 Boson 的自定义网络拓扑结构可以更好地理解网络结构,深入地掌握路由、交换设备的配置命令,利用它可以搭建出自己需要的网络。

4. OMNeT++

OMNeT++英文全称是 Objective Modular Network Testbed in C++,发布于 1997 年,是一款面向对象的离散事件网络模拟器,是一个免费的、开源的多协议网络仿真软件,具有较好的

图形用户界面接口,目前也积累了不少用户。与 NS2 或 NS3 不同,OMNeT++不仅可以进行网络仿真,还可以建模仿真多处理器、分布式硬件系统和复杂软件系统的性能。具体而言,其可以实现的功能包括:① 模拟协议;② 模拟队列网络;③ 模拟多处理器和其他分布式硬件系统;④ 确认硬件结构;⑤ 测定复杂软件系统多方面的性能。

值得注意的是,OMNeT++本身并不是所有现实系统的模拟器,它主要为实现仿真提供了基础底层结构和工具。这种基础底层结构的基本成分之一是一种用于仿真模型的组件体系结构,模型由可重复使用的元件(即模块)组成。写好的模块可以重复使用,并且能够以各种方式组合。

OMNeT++还支持分布式并行仿真,OMNeT++可以利用多种机制来进行用于几个并联的分布式模拟器之间的通信仿真,比如消息传递接口(message passing interface,MPI)和指定的通道。这种并行仿真算法可以很容易地进行扩展,也很容易加入新的模块。各个模块不必采用特定的结构来并行运行,这只是一个配置的问题。OMNeT++甚至还可以被用于并行模拟仿真算法的多层次描述,因为模拟器可以在图形用户界面(graphical user interface,GUI)下并行运行,这种 GUI 为运行过程提供了详细的反馈。

5. MATLAB

在国际学术界,MATLAB 已经被确认为准确、可靠的科学计算标准软件。在许多国际一流学术刊物上,都可以看到 MATLAB 的应用。在设计研究单位和工业部门,MATLAB 被认为是进行高效研究、开发的首选软件工具。如美国 National Instruments 公司的信号测量、分析软件 LabVIEW,Cadence 公司的信号和通信分析设计软件 SPW 等,这些软件或者直接建筑在 MATLAB 之上,或者以 MATLAB 为主要支撑。又如 HP 公司的 VXI 硬件、TM 公司的 DSP、Gage 公司的各种硬卡、仪器等都接受 MATLAB 的支持。

MATLAB 的缺点是它和其他高级程序相比,程序的执行速度较慢。由于 MATLAB 的程序不用编译等预处理,也不生成可执行文件,程序为解释执行,所以速度较慢。MATLAB 另一个缺点是不能实现端口操作和实时控制,但结合 C++ Builder 运用,就可以克服这一缺点,实现优势互补。

6. SPW

SPW 仿真软件是 Cadence 公司的产品,提供面向电子系统的模块化设计、仿真及实施环境,是进行算法开发、滤波器设计、C 代码生成、硬/软件结构联合设计和硬件综合设计的理想环境。SPW 最出众的地方就是和 HDS 的接口以及和 MATLAB 的接口。MATLAB 里面的很多模型可以直接调入 SPW,然后用 HDS 生成 C 语言仿真代码或者是 HDL 语言仿真代码。也就是说,要是简单行事的话,就可以直接用 MATLAB 建立模型,然后调用到 SPW 中去。可以说,SPW 包括了 MATLAB 的很多功能。它常应用的领域包括无线和有线载波通信、多媒体和网络设备。

通过上面的分析可以发现,目前存在众多通信网络仿真软件,它们各有优缺点,用户要根据仿真对象和自身的实际情况选择合适的仿真软件。

习　题

9-1　简述通信网性能分析的几种主要手段,并分析其各自的优缺点。

9-2　简述 IntServ 和 DiffServ 两种网络服务质量模型的特点。

9-3　简述 Diff-IntServ 混合模型的机理,画出该模型的示意图。

9-4　无线网络提供服务质量的方法有哪些?

9-5　IEEE 802.11e MAC 协议是一种可以提供 QoS 支持的 MAC 层机制,简述其为了提供 QoS 支持所采用的方法。

9-6　三个不可修复的子系统串并联组成如题图 9-6 所示的系统,各子系统同时工作,且平均寿命均为 T,求总系统的平均寿命 T_w。

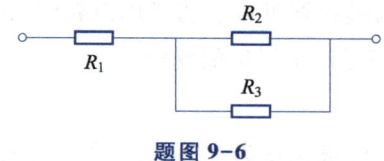

题图 9-6

9-7　五个不可修复的子系统构成如题图 9-7 所示的系统,各子系统的可靠度在其附近标注(即 $R_1 \sim R_5$)。求题图 9-7 中 1 点与 2 点之间的可靠度。

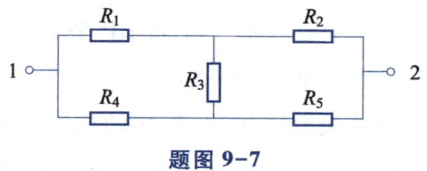

题图 9-7

9-8　试用 NS3 或者 OPNET 仿真软件,自己设定网络场景,仿真和分析 IEEE 802.11 DCF 协议的性能。

扩展阅读:ALOHANET 的历史

第10章

新一代通信网络技术

新一代通信网络已经远远超越了传统通信网络的范畴,它如同一个庞大的分布式神经网络,融合了通信、感知与计算等多重能力。新一代通信网络不仅连接了物理世界、生物世界与数字世界,更引领我们迈入一个真正的"万物智联"的新纪元。

本章将着重介绍新一代通信网络的三项基础性技术,分别是软件定义网络、云计算与物联网、智能化通信网络。

10.1   软件定义网络

10.1.1   软件定义网络的基本概念

软件定义网络(software defined network,SDN)是一种新型的网络架构,起源于 2006 年斯坦福大学的研究课题,由美国斯坦福大学的 Clean Slate 研究组提出,其核心理念是将网络设备的控制面与数据面分离开来,从而实现对网络流量的灵活控制,使网络变得更加智能。这种架构为核心网络及应用的创新提供了良好的平台,被认为是网络领域的一场革命。

软件定义网络通过采用集中控制方式以及提供开放的可编程接口等技术手段,实现了对网络资源的灵活调配和高效管理。这种新型的网络架构为云计算、大数据等新兴技术的发展提供了强大的网络支持,其基本原理和主要特征如下。

(1) 控制与转发分离:在 SDN 架构中,网络的控制平面与数据转发平面被分离开来。这意味着网络设备只负责单纯的数据转发,而控制逻辑则由独立的网络操作系统来负责。这种分离带来了更高的灵活性和可编程性。

(2) 集中控制:SDN 通过一个集中的控制器来管理整个网络。这个控制器拥有全局网络视图,可以动态地、集中地控制网络资源的分配和流量的转发。这种集中控制方式使得网络管理更为高效和灵活。

(3) 开放接口和可编程性:SDN 提供开放的可编程接口,允许开发者通过编程来定义和控制网络行为。这大大增加了网络的灵活性和可扩展性,使得网络能够更快速地适应不断变化的需求和业务场景。

(4) 三层架构:SDN 架构通常分为应用层、控制层和基础设施层,如图 10-1-1 所示。应用层

负责实现各种网络服务和应用,控制层负责维护全局网络视图并提供可编程接口,基础设施层则提供网络设备硬件支持。这三层之间相互独立又协同工作,共同实现了 SDN 的核心理念和功能。

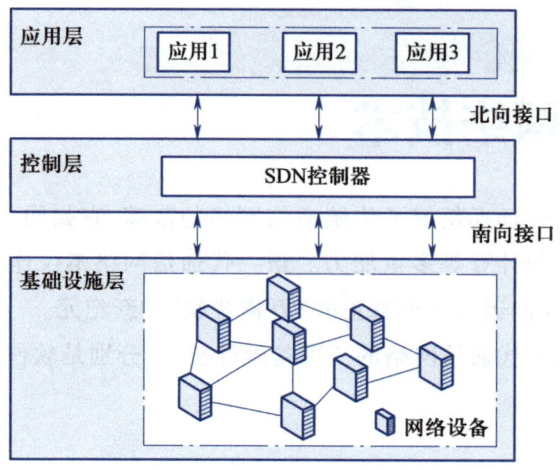

图 10-1-1　SDN 三层架构

具体来看,应用层包含了各种基于 SDN 的网络应用。这些应用可以利用 SDN 提供的开放接口和抽象网络视图,编程和部署新的网络服务。用户无须关心底层网络的细节,就可以通过这些应用来控制和管理网络。控制层是 SDN 架构的核心,它由一个或多个 SDN 控制器组成。这些控制器具有逻辑中心化的特点,能够掌握全局网络信息,负责管理和配置网络,以及部署新协议等。控制器通过南向接口与数据平面的网络设备通信,下发统一标准的规则,指导数据包的转发行为。控制层还提供了北向接口,与应用层进行交互。通过这些接口,应用层可以获取网络状态信息,下发控制指令,实现网络资源的灵活调配和优化。基础设施层由网络通用硬件组成,如交换机和路由器等网络设备。这些设备主要负责根据控制层下发的规则进行数据包的转发。与传统网络设备不同的是,SDN 中的数据平面设备通常只提供简单的数据转发功能,可以快速处理匹配的数据包,以适应流量日益增长的需求。

此外,在 SDN 架构中,南向接口用于连接控制层和基础设施层,如 OpenFlow 等协议,实现控制器对网络设备的配置和控制。北向接口为应用层提供抽象的网络视图和编程接口,使得应用能够直接控制网络行为。

总的来说,软件定义网络的体系架构通过分层设计实现了控制逻辑和数据转发的分离,提供了开放的可编程接口和集中的网络控制,从而增强了网络的灵活性、可编程性和可管理性。

10.1.2　OpenFlow 协议

OpenFlow 协议是 SDN 中的一项关键技术,它允许网络管理员通过远程控制器精确地控制网络交换机中数据包的转发行为。OpenFlow 协议起源于斯坦福大学的 Clean Slate 项目,旨在重塑互联网架构,提供更灵活、可扩展的网络资源管理和使用方式。该协议由开放网络

基金会(ONF)负责推广和标准化,自2009年发布1.0版本以来,已经历多个版本的演进。

　　OpenFlow协议是一个网络通信协议,工作在网络的数据链路层,允许外部控制器动态地管理网络流量的路由。我们将支持OpenFlow协议的网络交换机称为OpenFlow交换机,如图10-1-2所示。OpenFlow交换机是SDN中将控制平面和数据平面分离的关键设备,其中控制平面负责决策和控制逻辑,而数据平面负责数据转发。通过流表(flow tables)来控制数据包的转发行为,流表由一系列流表项组成,每个流表项包含匹配字段、计数器和指令。当数据包到达OpenFlow交换机时,会根据流表中的匹配字段检查数据包。如果数据包与流表项匹配,交换机会执行相应的指令,如转发、丢弃或修改数据包。控制器可以根据网络策略和实时网络状况动态更新流表项,以调整网络流量的处理规则。

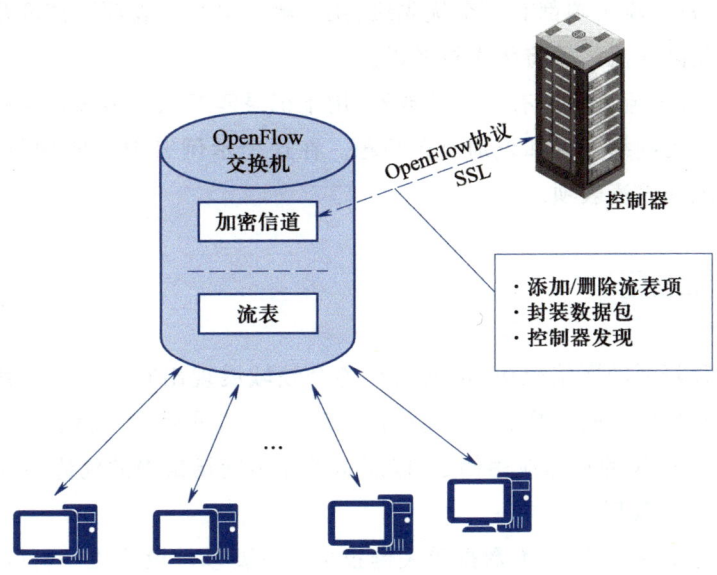

图 10-1-2　OpenFlow 交换机

　　在OpenFlow交换机中,流表用于指导数据包的转发。数据包通过交换机内部的流表进行匹配和转发,每个流表项包含匹配字段、优先级、计数器和动作等部分。一个简单的流表示例如表10-1-1所示。

表 10-1-1　流 表 示 例

匹配字段	值	动作	优先级	计数器
入端口	端口1	转发至端口2	10	匹配包数:0
以太网源地址	00:1A:2B:3C:4D:5E	无操作	20	匹配包数:0
以太网目的地址	FF:FF:FF:FF:FF:FF	丢弃	30	匹配包数:0
VLAN ID	100	设置VLAN优先级为3	40	匹配包数:0
IP源地址	192.168.1.2	无操作	50	匹配包数:0
IP目的地址	192.168.1.1	转发至端口3	60	匹配包数:0
TCP源端口	12345	无操作	70	匹配包数:0
TCP目的端口	80	转发并计数	80	匹配包数:0

其中,流表的各表项含义描述如下。

(1)匹配字段:这是数据包头中可以被 OpenFlow 交换机用来匹配流表项的字段。这些字段可以包括物理端口、MAC 地址、VLAN ID、IP 地址、TCP/UDP 端口等。

(2)值:这是匹配字段应该匹配的具体值。例如,如果数据包的以太网源地址是 00:1A:2B:3C:4D:5E,那么它将与表中相应的流表项匹配。

(3)动作:这是当数据包与流表项匹配时,交换机将执行的动作。动作可以包括转发数据包到特定端口、修改数据包的内容、丢弃数据包等。在这个示例表中,"无操作"意味着没有特定的动作与该匹配字段相关联,这通常用于更复杂的匹配逻辑,其中某些字段的匹配可能不直接导致动作,而是作为整个匹配逻辑的一部分。

(4)优先级:每个流表项都有一个优先级,用于解决多个流表项可能匹配同一个数据包的情况。优先级较高的流表项将优先被考虑。

(5)计数器:每个流表项都有一个计数器,用于记录匹配该流表项的数据包数量。这有助于网络管理员监控网络流量和识别潜在问题。在这个示例表中,"匹配包数:0"表示目前还没有数据包匹配到该流表项。

10.1.3 系统应用

SDN 作为一种新型的网络架构,正逐渐在各个领域展现出其强大的应用潜力。通过将网络的控制平面与数据平面分离,SDN 使得网络变得更加灵活、可编程和可扩展。下面,我们将详细介绍几个 SDN 的具体应用例子,以展示其在不同场景中的优势和价值。

1. 数据中心网络管理

数据中心作为支撑云计算、大数据等关键技术的重要基础设施之一,其网络性能和管理效率至关重要。SDN 技术在数据中心网络管理方面展现出了显著的优势和应用价值。

(1)网络虚拟化与资源隔离

在数据中心内部署 SDN 控制器和 OpenFlow 交换机可以实现网络虚拟化并为每个租户提供独立的网络资源隔离环境。这使得多个租户可以共享同一套物理网络设备而彼此之间互不干扰,从而提高了网络资源的利用率和管理效率。

(2)动态流量调度与负载均衡

通过 SDN 控制器的全局视图和集中控制能力可以实现对数据中心内部流量的动态调度和负载均衡。当某个服务器的负载过高时,控制器可以自动将部分流量迁移到其他负载较低的服务器上,以确保整体性能的均衡和稳定。

(3)安全策略的动态部署

数据中心面临着严峻的安全挑战如 DDoS 攻击、数据泄露等。通过 SDN 技术可以动态地部署和调整安全策略,以应对各种安全威胁。例如,当检测到某个 IP 地址存在异常流量时,控制器可以自动下发流表规则来阻断该 IP 地址的访问请求,从而保护数据中心的安全。

2. 广域网优化

广域网(WAN)连接着分布在不同地理位置的企业分支机构、数据中心和云服务提供商等。SDN 技术在广域网优化方面发挥着重要作用。

(1) 路径选择与流量工程

传统的广域网通常基于静态路由协议进行路径选择,这往往导致部分链路拥堵而其他链路闲置的问题。通过 SDN 技术,我们可以根据实时流量数据和链路状态信息动态地选择最佳路径进行流量转发,从而提高网络带宽利用率和降低网络延迟。

(2) 服务质量(QoS)保障

对于关键业务应用如 VoIP、视频会议等,需要保障其服务质量以避免延迟、抖动和丢包等问题。通过 SDN 技术,我们可以为这些应用提供专门的 QoS 策略,确保其在广域网中的传输质量。

(3) 多租户支持与安全管理

广域网通常承载着多个租户的业务流量,因此需要提供多租户支持和安全管理功能。通过 SDN 技术,我们可以为每个租户提供独立的网络切片,实现流量的隔离和管理,同时还可以通过集中的安全策略来确保整体网络的安全性。

3. 移动网络创新

移动网络作为连接移动设备的重要基础设施,其性能和灵活性对于用户体验和业务创新至关重要,而 SDN 技术的应用为移动网络带来了诸多创新机会。

(1) 网络切片与虚拟化服务

通过 SDN 技术,我们可以将移动网络划分为多个独立的网络切片,每个切片可以根据不同的业务需求进行定制和优化,如为车联网应用提供低延迟、高可靠性的网络连接,为智能家居应用提供大带宽、低成本的数据传输服务等。这种网络切片技术使得移动网络能够更加灵活地满足各种业务需求,并提高网络资源的利用率。

(2) 流量调度与负载均衡

在移动网络中,流量通常会因为用户行为、地理位置等因素而呈现不均衡的分布状态,通过 SDN 技术,我们可以实现对流量的动态调度和负载均衡,确保每个用户都能获得良好的网络体验。例如,当某个基站负载过高时,控制器可以自动将部分流量迁移到相邻的基站以平衡网络负载并提高整体性能。

(3) 智能化运维与管理

通过 SDN 技术我们可以实现对移动网络设备的智能化运维和管理功能,包括设备的状态监测、故障预警、远程配置等,这不仅可以提高运维效率,还可以降低运维成本并提升用户体验。例如,当某个设备出现故障时,控制器可以自动检测并定位故障点,同时下发指令进行远程修复或替换设备等操作。

综上所述,SDN 技术在数据中心网络管理、广域网优化和移动网络创新等领域都展现出了强大的应用潜力和价值,随着技术的不断发展和完善,SDN 将在未来网络发展中扮演更加重要的角色,并为人们提供更加高效、灵活和安全的网络服务。

10.2　云计算与物联网

10.2.1　基本概念

　　云计算和物联网是当今信息技术领域中的两大引领性技术,它们各自独立发展,同时又相互影响、相互促进。下面我们将详细探讨云计算和物联网的基本概念、特点以及它们在智能家居和工业自动化等领域的应用前景。

　　云计算,这个词汇对于现代人来说已经不再陌生,它是一种基于互联网的新型计算方式。通过虚拟化技术,云计算能够将分散的计算资源,包括服务器、存储设备、网络设备等,有效地汇聚到一个虚拟的资源池中。这种资源池就像一个大型的、高效的"计算机",能够按需为用户提供各种计算服务,如图 10-2-1 所示。云计算模式的出现,彻底改变了传统 IT 架构的局限性,使得用户可以随时随地、按需使用计算资源,大大提高了资源利用率和工作效率。

图 10-2-1　云计算概念图

　　云计算的弹性可扩展性是它的一大特点。当用户需要更多的计算资源时,云计算平台可以迅速地为用户分配更多的资源,而当用户需求减少时,平台又可以自动地释放这些资源,从而实现资源的动态管理。这种弹性可扩展性使得用户无须担心因业务需求增长而带

来的 IT 资源压力。此外,云计算还采用了按需付费的模式,用户只需为自己使用的资源付费,这大大降低了用户的 IT 成本和维护负担。

而物联网则是另一项革命性的技术。它通过网络连接各种智能设备,使得这些设备能够相互通信、协同工作。物联网设备种类繁多,可以是智能家居设备、智能穿戴设备、工业传感器等。这些设备通过互联网进行数据传输和信息共享,形成了一个庞大的、互联互通的网络。在这个网络中,每个设备都能够收集、处理和交换数据,为用户提供更加智能、便捷的服务。

物联网技术的应用场景非常广阔,如图 10-2-2 所示。其中,智慧物流通过信息技术对货物及运输车辆的全过程进行监控;智能制造对厂房的机械设备及室内环境等情况进行联网监控;智能交通以图像识别为核心技术,监控车辆、道路及信号灯等情况。此外,智慧能源涵盖了能源和环保两个方面,通过实时监测以节约能源和保护环境;智慧农业利用传感器实时监测作物及畜牧产品的生长情况;智能医疗通过传感器或移动设备对人的生理情况进行捕捉,发展数字化医院;智能安防通过摄像头等装置实时采集数据、监控外界环境;智能家居将家庭内单品进行联网,通过语音实时控制,打造智能家居平台;智慧建筑利用传感器将建筑内的设备数字化、智能化,以节约能源。这些领域共同体现了物联网技术的广泛性和实用性。

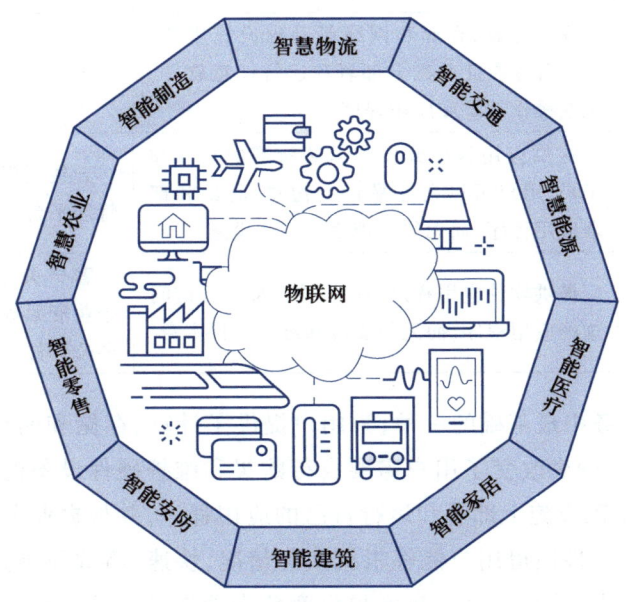

图 10-2-2　物联网应用场景

云计算和物联网的结合将为我们带来更加智能化、高效化的生活方式和工作方式。在智能家居领域,云计算可以提供强大的数据存储和处理能力,支持物联网设备的数据分析和挖掘。通过云计算平台,用户可以轻松地管理和控制自己的智能家居设备,实现家居生活的智能化和便捷化。同时,云计算还可以为物联网设备提供安全、可靠的运行环境,保障用户数据的安全性和隐私性。

在工业自动化领域,云计算和物联网的结合将带来更加深远的变革。通过云计算和物联网技术,生产设备可以实现智能化管理和优化。工厂可以通过物联网设备收集生产现场

的数据,然后通过云计算平台对这些数据进行分析和处理,及时发现生产过程中的问题和瓶颈。同时,云计算还可以为工厂提供弹性可扩展的计算资源,支持生产设备的实时监控和控制,提高生产效率和降低成本。

总的来说,云计算和物联网是当今信息技术领域中的两大热门话题。它们的结合将为我们带来更加智能化、高效化的生活方式和工作方式。未来,随着技术的不断发展和完善,云计算和物联网将在更多领域得到广泛应用,为人们的生活和工作带来更多便利和创新。

10.2.2 云计算服务

云计算服务是现代信息技术的重要组成部分,根据其提供的服务层次和内容,通常被划分为三种主要类型:基础设施即服务(IaaS)、平台即服务(PaaS)以及软件即服务(SaaS),如表 10-2-1 所示。

表 10-2-1 云计算服务类型

服务层次	描述	示例
基础设施即服务(IaaS)	提供计算、存储和网络等基础设施服务,用户可以在此基础上部署和运行任意软件,包括操作系统和应用程序	云服务器、云存储、虚拟网络
平台即服务(PaaS)	提供应用程序开发和部署所需的平台和工具,用户可以在此平台上构建、测试和部署应用程序,而无须管理底层基础设施	云数据库、应用开发平台、API 管理平台
软件即服务(SaaS)	提供软件应用程序,用户可以通过云访问这些应用程序,而无须安装和维护软件本身	客户关系管理系统(CRM)、企业资源规划系统(ERP)、在线办公套件

IaaS 是云计算服务中最基础的一种,为用户提供了计算、存储和网络等基础设施资源。这种服务模式的出现,彻底改变了用户需要自行购买和维护硬件设备的传统方式。用户可以在 IaaS 提供商的基础设施上部署和运行自己的应用程序,并根据业务需求动态地调整资源的使用量。这种灵活性使得用户能够根据实际情况,快速、高效地调整资源配置,从而满足不断变化的市场需求。同时,由于 IaaS 提供商负责硬件设备的采购、维护和管理,用户无须担心这些烦琐的工作,可以专注于自己的核心业务。

PaaS 在 IaaS 的基础上更进一步,为用户提供了一个完整的开发和部署应用程序的平台。在这个平台上,用户可以轻松地创建、测试和运行应用程序,而无须关心底层复杂的基础设施。PaaS 不仅提供了高效、稳定的开发环境,还大大降低了开发和运维的成本。此外,PaaS 还提供了丰富的 API 和工具,这些工具可以帮助用户更加便捷地开发和部署应用程序,从而提高工作效率。对于企业而言,PaaS 可以大大加快应用程序的开发速度,提高市场竞争力。

SaaS 是最上层的云计算服务,它直接为用户提供了软件应用程序。用户无须安装和维护软件本身,只需要通过网络访问即可使用这些应用程序。这种服务模式不仅为用户提供

了便捷的使用体验,还大大降低了成本。用户无须购买和安装昂贵的软件,也无须担心软件的升级和维护问题。同时,SaaS还提供了灵活的付费模式,用户可以根据自己的使用量来付费,这进一步降低了成本,使得用户能够更加灵活地控制成本。

这些服务模式不仅为用户提供了灵活且可扩展的计算资源,更重要的是,它们打破了传统 IT 架构的限制,使用户无须大量投资硬件和基础设施,即可实现高效的计算需求。

10.2.3 移动云计算

移动云计算(mobile cloud computing,MCC)是云计算和移动通信技术相结合的产物。它将云计算的强大计算能力和存储空间与移动通信的便携性和即时性相结合,为用户提供了一种新型的服务模式,其模型包括云计算平台、移动网络和用户设备三个部分,如图 10-2-3所示。作为移动云计算通信网络的核心,云计算平台提供了弹性的计算和存储资源。它可以根据用户需求动态分配资源,确保高效、稳定的服务。移动网络(如 4G、5G、卫星网络等)是连接用户设备和云计算平台的桥梁,保证了数据的快速传输和交互。用户设备包括智能手机、平板电脑等便携设备,用户通过这些设备访问云计算服务。

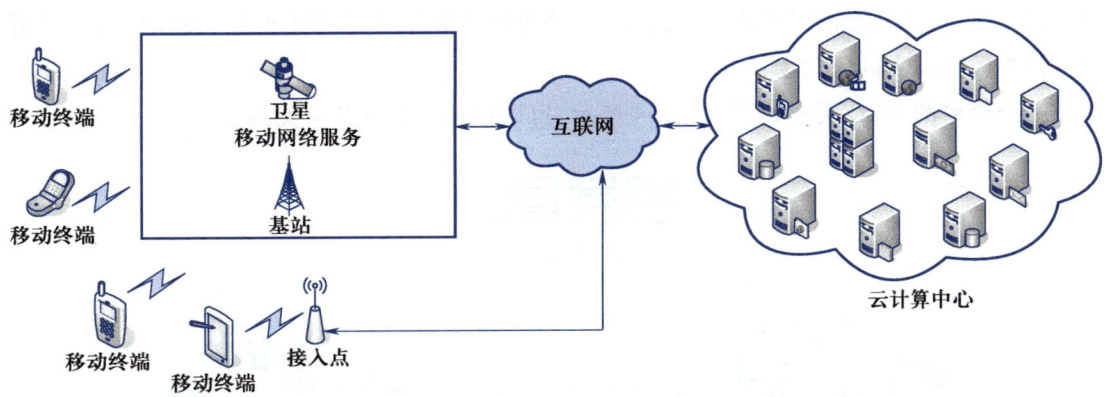

图 10-2-3　MCC 模型

计算卸载(computation offloading)是云计算的主要工作模式,它是一种将计算任务从资源有限的设备迁移到资源丰富的云计算环境中的技术,其原理是通过将计算密集型或数据密集型的任务卸载到云端执行,可以突破本地设备的计算和存储限制,提高处理效率,并降低设备能耗。计算卸载的工作流程可以大致分为以下几个步骤。

(1) 节点发现:设备需要寻找可用的云计算节点(高性能服务器),这些节点将用于后续的计算任务卸载。

(2) 任务分割:在确定了卸载节点后,需要对需要卸载的计算任务进行分割。分割过程中应尽量保持各部分程序的功能完整性,以便在云端进行有效的处理。

(3) 卸载决策:根据任务的性质、网络条件、云端资源的可用性等因素,决定是否将任务(或部分任务)卸载到云端执行。

（4）任务传输：一旦做出卸载决策，设备将通过网络将分割后的任务数据传输到选定的云计算节点。

（5）云端执行：云计算节点接收到任务数据后，利用其强大的计算和存储资源进行处理。

（6）结果返回：云端处理完成后，将结果通过网络传回原设备。

在整个过程中，计算卸载技术能够有效地利用云端的计算资源来增强设备的计算能力，同时减轻设备的负担，延长电池寿命，并提高应用程序的响应速度和用户体验。

值得注意的是，计算卸载技术也面临一些挑战，如网络延迟、数据传输的安全性和隐私保护等问题。因此，在实际应用中需要综合考虑各种因素，以确保计算卸载的有效性和高效率。

10.2.4　移动边缘计算

移动边缘计算（mobile edge computing，MEC）的原理是将计算和数据存储功能从中心化的云端推向网络的边缘，即靠近用户终端设备的基站、路由器等边缘节点。这样，用户的数据可以在本地进行快速处理，大大减少了数据传输延迟，提高了处理效率。具体来说，移动边缘计算通过在边缘节点部署计算和数据处理资源，实现数据的近端存储和处理，从而为用户提供高性能、低延迟的网络服务。此外，移动边缘计算还支持弹性扩展和协同工作，以满足不同规模和需求的应用场景。

一个简单的 MEC 模型如图 10-2-4 所示，可以描述为以下几个关键部分。

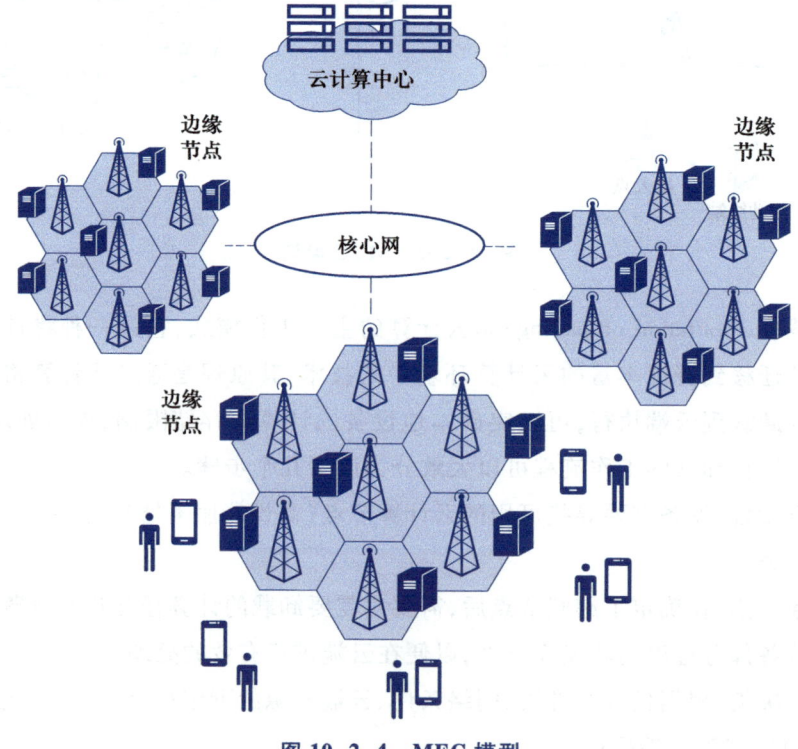

图 10-2-4　MEC 模型

（1）边缘设备：边缘设备是移动边缘计算模型的基础组件，它们位于网络的边缘，靠近数据源。这些设备可以是智能手机、传感器、智能家居设备等，具有计算、存储和网络连接的能力。边缘设备负责收集数据，并执行一些初步的数据处理或计算任务。

（2）边缘节点：边缘节点是部署在网络边缘的计算和存储资源，通常比边缘设备具有更强大的计算和数据处理能力。它们可以是边缘服务器、边缘网关等，负责执行复杂的计算任务，并存储和管理数据。边缘节点还可以与云中心进行通信，实现数据的进一步分析和处理。

（3）边缘网络：边缘网络是实现边缘设备和边缘节点之间通信的关键。它可以是局域网、无线网络、移动网络或专用的边缘网络，确保数据和计算任务在边缘环境中的快速传输和交互。边缘网络的低延迟和高可靠性是移动边缘计算模型的重要特点。

（4）边缘应用和服务：在边缘设备和边缘节点上，可以部署和执行各种应用和服务，如实时数据分析、物联网应用、人工智能推理等。这些应用和服务能够更接近数据源和终端用户，提供低延迟和高效的计算和响应。

在计算卸载方面，移动边缘计算和移动云计算的基本工作原理是相同的，但是二者也存在一定的差异，如表 10-2-2 所示。

表 10-2-2　移动边缘计算和移动云计算在计算卸载方面的差异

	移动边缘计算	移动云计算
卸载位置与延迟	网络边缘、低延迟	远程云端服务器、可能高延迟
带宽使用和成本	本地处理、节省带宽、低成本	大量数据传输、占用带宽、可能高成本
数据隐私和安全性	本地处理、减少数据传输风险、较高安全性	数据传输风险增加、安全性相对较低
灵活性和可扩展性	分布式部署、灵活配置和扩展	集中式架构、相对灵活性较低

10.2.5　物联网架构及应用

物联网通常被划分为感知层、网络层和应用层。这三个层次各司其职，共同构成了物联网技术的基础，如图 10-2-5 所示。

首先，感知层作为物联网架构的起始点，承担着数据采集的核心任务。该层级配备了各类传感器，如温度传感器、湿度传感器和光照传感器等，它们能够实时捕捉并反馈环境中的各种参数变化。这些传感器就像是物联网的"感官"，为整个系统持续提供丰富的基础信息，这些信息构成了物联网数据分析与应用不可或缺的原始材料。

紧接着的是网络层，在物联网架构中，它扮演着数据传输的关键桥梁角色。网络层通过运用各种网络通信技术（例如 ZigBee、LoRa、NB-IoT 等），将感知层所采集的数据高效、准确地传输到上层应用系统中。在这一过程中，数据的准确性、及时性和安全性都得到了严格保证，这是物联网系统中至关重要的环节。网络层的有效运行，确保了数据能够顺畅地从感知层传输到应用层，为之后的数据处理与应用打下了坚实的基础。

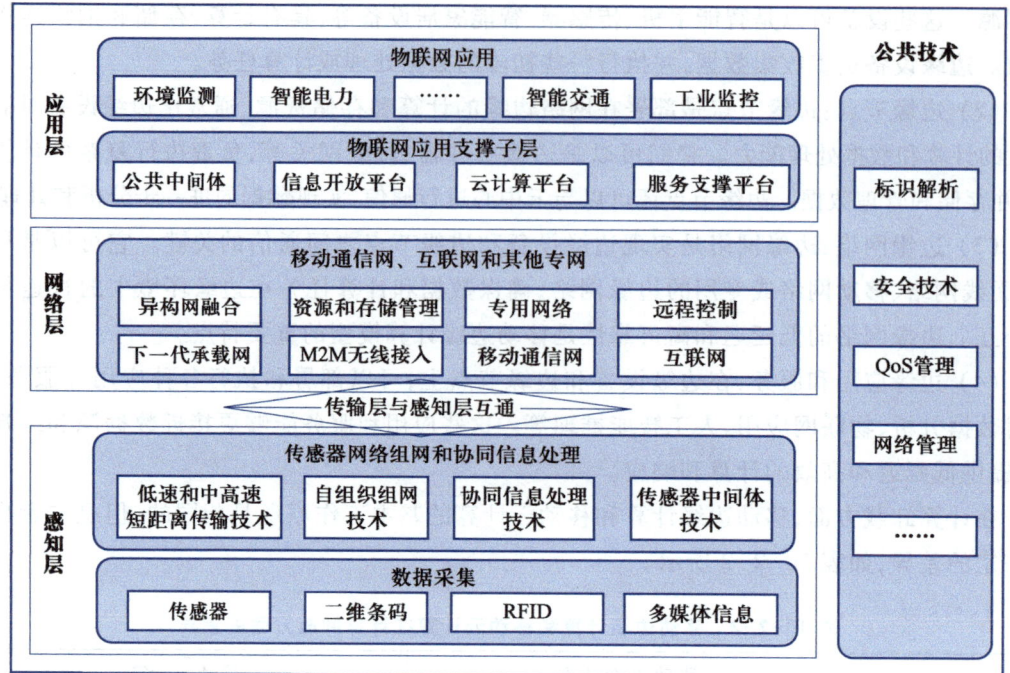

图 10-2-5　物联网分层

　　最终,应用层位于物联网架构的最顶层,它直接与用户对接,并提供多样化的智能化服务。在这一层级,开发人员会依据实际需求,利用大数据分析、云计算等先进技术,对网络层传输过来的数据进行深入挖掘与应用。这些应用涉及智能家居、智能交通、工业监控等多个领域,并在城市管理、环境监测等方面发挥着举足轻重的作用。应用层不仅是物联网架构的终端展示,更是将物联网技术与实际生活紧密相连的重要纽带。

　　物联网技术在各个领域的应用前景是广阔的。在智能家居领域,物联网技术使得家居设备能够实现自动化控制和智能化管理。想象一下,当你回家时,智能门锁能够识别你的身份并自动开门,空调能够根据你的习惯自动调节温度,这样的生活是多么的便捷和舒适。

　　在智能交通领域,物联网技术的应用同样令人瞩目。通过智能化控制交通信号,物联网能够实时调整信号灯的时长,使得交通流更加顺畅。同时,车辆上的传感器可以实时监测车辆的状态和行驶情况,为驾驶员提供安全驾驶的提示,从而大大提高交通的安全性。

　　在工业监控领域,物联网技术发挥着举足轻重的作用。通过实时监测生产设备的运行状态,物联网系统能够及时发现潜在的问题并发出预警。这不仅有助于企业及时采取措施解决问题,避免生产事故的发生,还能提高企业的生产效率,降低运营成本。

　　综上所述,物联网架构是一个复杂而庞大的系统,它通过感知层、网络层和应用层的紧密协作,实现了对各种类型数据的采集、传输和应用。物联网技术在智能家居、智能交通、工业监控等领域的应用前景广阔,将为人们的生活和工作带来更多的便利和效益。

10.3 智能化通信网络

10.3.1 智能化通信网络的概念

智能化通信网络是通信网络技术与 AI 技术深度融合的产物,它标志着新一代通信网络进入智能化时代。这一概念主要包含两个方面:一是利用 AI 技术优化网络运营,即"AI For Networks";二是通过网络数据反哺 AI 训练,提升 AI 效率,即"Networks For AI"。它的主要特征体现在以下几个方面。

(1)技术融合与创新

智能化通信网络首先体现在多种先进技术的融合上,包括人工智能、大数据分析、云计算等。这些技术的结合赋予了网络更强大的数据处理能力、高效的资源分配策略以及智能的决策机制。

(2)智能感知与优化

智能化通信网络能够智能感知当前的网络状态、用户需求及安全风险,并根据这些信息实时优化和调整。例如,通过监测网络流量,动态调整资源分配和路由策略,确保通信的高效性和可靠性。

(3)自适应学习与性能提升

智能化通信网络具备自适应学习能力,通过不断学习和优化来提升性能和稳定性。这得益于机器学习和深度学习算法的应用,使网络能自动识别和解决问题。

(4)高效资源利用与运营管理

智能化的资源分配和管理让网络能更高效地利用资源,满足用户需求,降低成本。这种智能化的运营管理不仅提升了网络整体性能,也优化了运营成本。

(5)安全保障与隐私保护

该网络注重用户数据的安全和隐私保护。通过先进的安全技术和加密算法确保数据传输和存储的安全性,同时具备实时监测和应对网络攻击的能力。

10.3.2 新一代通信网络机器学习算法

智能化通信网络是当代通信技术的重要发展方向,它结合了先进的通信技术与前沿的人工智能方法,尤其是人工神经网络(artificial neural network, ANN)和强化学习(reinforcement learning, RL),从而显著地优化了网络性能,提高了网络资源利用率,加强了网络安全。在本小节中,我们将深入探讨智能化通信网络如何运用 ANN 和 RL 来实现其智能化和自适应性。

ANN 是一种模拟人脑神经元连接方式的计算模型。在智能化通信网络中,ANN 发挥着核心作用。

首先,ANN 具有强大的特征提取和模式识别能力,能够自动识别和分析网络流量的复杂特征。例如,通过训练深度神经网络,可以准确地预测网络流量的变化趋势,为网络资源分配提供重要依据。

其次,ANN 还用于网络性能的优化。通过构建预测模型,ANN 可以预测不同网络配置下的性能表现,从而指导网络参数的自动调整,以达到最佳的网络状态。这种自优化的能力极大地提升了网络的灵活性和效率。

ANN 的主要类型和应用场景如表 10-3-1 所示。

表 10-3-1　ANN 的主要类型和应用场景

ANN 类型	主要特征	在通信网络领域的应用场景
FNN(前馈神经网络)	(1) 单向多层网络结构 (2) 全连接层,每个节点与前一层所有节点连接 (3) 信息从输入层传递到输出层	(1) 信号调制与解调 (2) 信道估计与均衡 (3) 干扰抑制与信号检测
RNN(循环神经网络)	(1) 处理序列数据的能力 (2) 具有记忆单元,可捕捉序列依赖性 (3) 参数共享,减少模型参数数量	(1) 时序数据预测与建模 (2) 流量预测与网络资源管理 (3) 异常检测与故障预测
CNN(卷积神经网络)	(1) 利用卷积操作提取特征 (2) 参数共享,降低模型复杂度 (3) 层级结构,逐层抽象特征	(1) 图像与视频传输优化 (2) 通信网络中的图像与视频处理 (3) 信号质量评估与改善
SNN(脉冲神经网络)	(1) 模拟生物神经元的脉冲传递 (2) 时间编码信息处理方式	(1) 异步通信与信号处理 (2) 能效优化与低功耗通信
DNN(深度神经网络)	(1) 多层网络结构,深度特征学习 (2) 高层次特征抽象与分类 (3) 强大的表征学习能力	(1) 大规模数据处理与分析 (2) 通信网络故障检测与诊断 (3) 网络优化与资源配置
LSTM(长短期记忆网络)	(1) 记忆单元捕捉长期依赖关系 (2) 门控机制控制信息流动 (3) 解决梯度消失/爆炸问题	(1) 时序数据预测与建模 (2) 流量预测与网络资源管理 (3) 异常检测与故障预测
GAN(生成对抗网络)	(1) 生成器与判别器的对抗训练 (2) 生成逼真的数据样本 (3) 可用于数据增强与生成	(1) 通信信号生成与模拟 (2) 网络攻击检测与防御 (3) 通信网络中的隐私保护
Transformer	(1) 自注意力机制捕捉长距离依赖 (2) 并行计算能力,提高处理效率 (3) 适用于长序列数据处理	(1) 序列数据建模与预测 (2) 自然语言处理在通信网络中的应用(如智能客服) (3) 通信网络中的文本数据分析

RL 是一种通过与环境的交互来学习最优决策策略的机器学习方法。在智能化通信网络中,RL 被广泛应用于网络资源分配、路由策略优化等任务。

具体来说,RL 智能体通过与网络环境的不断交互,学习如何根据当前网络状态动态地分配资源和调整路由,以最大化网络通信的效率和稳定性。这种动态调整的能力使得智能化通信网络能够实时响应网络负载的变化,确保网络通信的高效性和可靠性。

此外,RL 还在网络安全领域发挥着重要作用。通过训练智能体识别并应对网络攻击,RL 可以显著提升网络的防御能力,保护用户数据的安全。

RL 的主要类型和应用场景如表 10-3-2 所示。

表 10-3-2　RL 的主要类型和应用场景

分类维度	类别	主要特征	在通信网络中的应用场景
基于模型与否	基于模型的强化学习（model-based RL）	（1）构建环境模型进行学习和预测	（1）网络资源分配优化:通过建立网络模型预测流量模式,优化资源分配
		（2）可以进行规划和模拟	（2）网络拥塞控制:预测拥塞情况并提前调整路由策略
	无模型的强化学习（model-free RL）	（1）直接与环境交互学习	（1）信道选择:智能体通过试错学习选择最佳通信信道
		（2）无须构建环境模型	（2）功率控制:根据网络环境动态调整发射功率以优化通信质量
学习方式	在线学习（online learning）	（1）智能体在实时环境中边学习边决策	（1）动态资源分配:根据实时网络状态动态分配资源,如频谱、带宽等
	离线学习（offline learning）	（2）利用历史数据进行学习,然后在实际环境中应用所学策略	（2）网络优化:从历史数据中学习最优的网络配置策略
策略更新方式	回合更新（monte carlo update）	（1）等待一个完整的回合结束后进行策略更新	（1）路由优化:在路由选择任务中,一个回合结束后根据总奖励更新路由策略
	单步更新（temporal difference update）	（2）在每一步之后都进行策略更新,无须等待回合结束	（2）实时流量控制:根据每一步的奖励反馈实时调整流量控制策略

续表

分类维度	类别	主要特征	在通信网络中的应用场景
基于价值与策略	基于价值的强化学习（value-based RL）	（1）学习每个动作或状态的价值	（1）信号质量评估：评估不同信号传输策略的价值，选择最优策略
	基于策略的强化学习（policy-based RL）	（2）直接学习策略，输出动作概率	（2）网络故障恢复：学习策略以快速恢复网络连接，减少故障时间
	演员-评论家方法（actor-critic methods）	（3）结合价值与策略方法，同时学习动作价值和策略	（3）功率和频谱资源联合优化：同时考虑动作的价值和策略，实现资源的高效利用

10.3.3　机器学习在通信网络中的应用

机器学习技术在通信网络中发挥着日益重要的作用，其应用范围广泛且效果显著。本节将聚焦于流量分类、TCP 传输优化以及路由优化这三个核心领域，深入阐述机器学习如何在这些方面为通信网络带来创新与提升。

1. 流量分类

流量分类在智能化通信网络中扮演着举足轻重的角色，对于网络监控、入侵检测和服务质量保障都至关重要。它也是 IP 网络工程、管理和控制等核心技术的关键组成部分。

传统的流量分类依赖于深度包检测（DPI）技术，该技术能准确检测数据包内容，从而识别和控制业务流。然而，DPI 面临诸多限制，如数据包内容加密、私有协议使用和 P2P 端口加密等，这导致它无法有效识别所有数据流，并且识别底层协议需要大量逆向工程。此外，随着网络应用的激增和服务的同质化，DPI 在识别具体应用和维护数据库方面效率低下。更重要的是，DPI 技术在实际网络中会消耗大量计算资源，引入时间延迟，降低网络响应速度。

为克服这些挑战，学者们提出将机器学习应用于流量分类。与传统的 DPI 方法不同，基于机器学习的分类方法无须检查数据包内容，而是专注于提取流级别的特征，如数据包大小、源和目的 IP 地址、使用的协议等。这种方法不仅计算复杂度更低，还能处理加密流量的分类问题。

在软件定义网络（SDN）环境下，流量分类的应用场景得到了进一步扩展。借助 SDN 的数控分离和集中式控制的优势，我们可以实现更为精确的流量分类。核心思想是利用从 OpenFlow 交换机接收到的数据包头部信息和控制器中的统计数据对 SDN 上的流量进行分

类。通过提取流量统计信息,并结合神经网络等机器学习技术,可以构建一个高效、准确的在线流量分类框架,如图 10-3-1 所示。

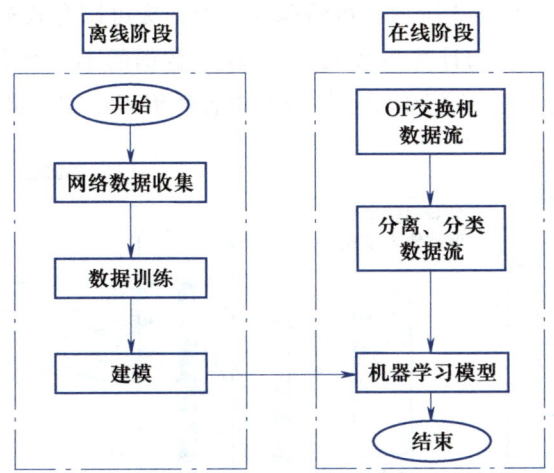

图 10-3-1　SDN 网络环境下流量分类实施流程

2. TCP 传输优化

借助机器学习和网络测量技术,智能化通信网络能够实现更精细的数据流感知与控制,从而在错误恢复、带宽利用和吞吐量提升方面实现卓越性能,有效优化用户服务质量(QoS),实现更高效的数据传输。

由于互联网的动态特性,预定义的自适应算法难以满足未来应用对网络资源的需求,因此难以保证 QoS。为解决此问题,研究者提出利用机器学习根据当前网络状态实时调整网络参数,以稳定或优化用户体验。例如,可以采用基于监督分类的无监督特征学习架构来控制视频准入和资源管理。

此外,机器学习技术还可用于优化无线传感器网络的 QoS。通过采用基于多参数自组织映射神经网络的集中式自适应能量聚类(EBC-S)协议,可以对传感器节点能量水平和坐标进行聚类,形成能量均衡的群集并平均分配能量消耗,如图 10-3-2 所示。这种方法能够延长网络的生命周期,同时通过分布式节点部署确保网络具有更大的覆盖范围。

3. 路由优化

随着网络规模的扩大和网络应用的多样化,网络流量呈现指数增长。在此背景下,流量控制和路由优化对保证服务质量至关重要。特别是在实时多媒体网络中,不当的路由选路可能导致拥塞和丢包,而重传又会加剧拥塞。因此,需要对路由选路进行优化。

传统路由协议的核心在于选择具有最大或最小度量值的路径,如最短路径(SP)算法。然而,传统 SP 算法存在收敛速度慢的问题,不适合动态网络,对网络变化的延迟响应可能导

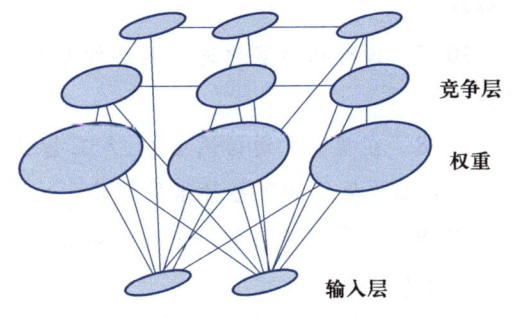

图 10-3-2　EBC-S 组织架构

致严重的拥塞。

通过采用深度学习方法,可以实现一种高效的异构网络流量控制路由方案,其中本地节点的流量处理模式如图 10-3-3 所示。虽然深度学习方法可以有效提升路由选择效率,但收集具有标签的异构流量所需的计算量较大,并且输入数据的不平衡和过度拟合可能降低该方法的容错率。因此,在实际应用中需要综合考虑各种因素以实现最佳的路由优化效果。

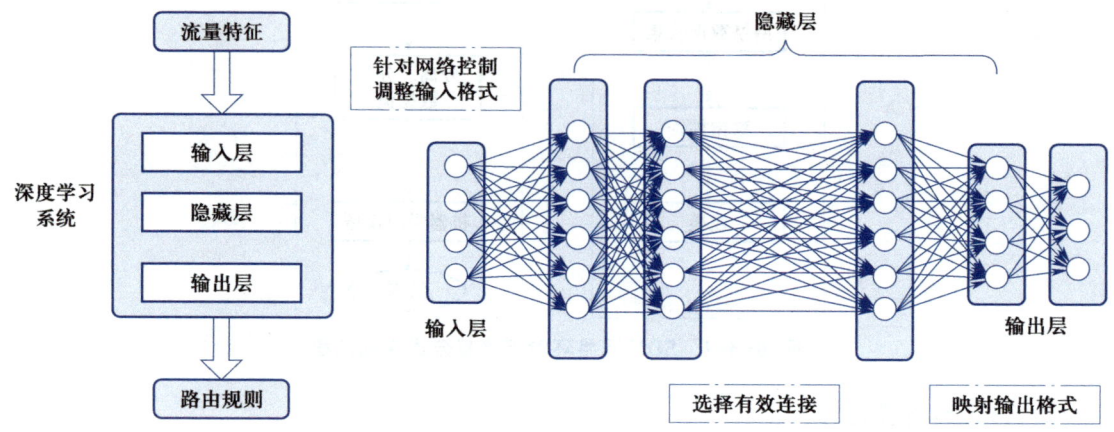

图 10-3-3　本地节点流量处理模式

习　　题

10-1　请简述软件定义网络的基本概念及其主要特点。

10-2　在 SDN 架构中的控制器、交换机、应用层和网络操作系统,哪个组件负责数据平面的转发决策?

10-3　分析软件定义网络(SDN)中的南北向接口与东西向接口的作用及其差异。

10-4　云计算的哪种部署模式(私有云、公有云、混合云和社区云)是由云服务提供商运营和维护所有硬件、软件和网络设备,客户通过互联网访问和使用这些服务的?

10-5　请简述物联网的基本概念和它在通信网络中的作用。

10-6　分析云计算在物联网中的应用,并讨论云计算如何支持物联网数据的存储、处理和分析。

10-7　请简述智能化通信网络的基本特征,并解释这些特征如何提升网络的效能和用户体验。

10-8　在智能化通信网络中,人工智能技术如何被应用于流量管理和网络优化?请具体说明其工作原理和可能带来的好处。

10-9　智能化通信网络中的自动化运维是如何实现的?它相比传统运维方式有哪些显著的优势?

10-10　请描述在智能化通信网络背景下,网络安全面临的新挑战以及可能的应对策略。

参考文献

读者意见反馈

为收集对教材的意见建议,进一步完善教材编写并做好服务工作,读者可将对本教材的意见建议通过如下渠道反馈至我社。

咨询电话　400-810-0598

反馈邮箱　gjdzfwb@pub.hep.cn

通信地址　北京市朝阳区惠新东街 4 号富盛大厦 1 座
　　　　　高等教育出版社总编辑办公室

邮政编码　100029

防伪查询说明

用户购书后刮开封底防伪涂层,使用手机微信等软件扫描二维码,会跳转至防伪查询网页,获得所购图书详细信息。

防伪客服电话　(010)58582300